Nutrition Education & Counseling

NEW

영양교육 & 상담

개정판

이론 및 실제지도

김영현 · 유경혜 · 이병순
최향숙 · 한성희 · 허은실

지구문화사
JIGU PUBLISHING Co.

머리말 Preface

경제의 발전에 따른 풍족한 영양섭취와 활동량의 감소, 더불어 글로벌 시대의 식생활의 서구화는 현대인에게 영양소 결핍에 의한 건강상의 문제보다는 비만, 편식, 결식 등에 의한 영양불균형과 같은 심각한 영양문제를 가져와 당뇨병, 심혈관계 질환 등 만성퇴행성 질환 등과 같은 생활습관병 발생이 증가하고 있습니다.

또한 의술의 발달로 인간의 평균수명이 길어지면서 장수시대 질병 예방을 위한 건강 증진에 대한 관심도 증가하고 있습니다.

단순한 수명의 연장인 평균수명의 증가보다는 건강하게 질병없이 노년을 즐기는, 즉 삶의 질을 높일 수 있는 건강수명의 연장을 많은 사람들이 기대하고 있습니다.

따라서 질병의 치료와 더불어 예방차원에서 건강한 식생활을 영위하기 위한 올바른 식습관 형성을 위한 영양교육과 상담에 대한 인식과 필요성이 더욱 중요해지고 있습니다.

먹는 것이 그 사람의 건강에 영향을 준다는 것은 잘 알려진 사실입니다.

영양교육의 진정한 목표는 "무엇을 먹어야 하는가?"와 "어떻게 먹어야 하는가?"에 대한 교육으로 단순히 영양과 식품에 대한 지식의 전달이 아니라 대상자의 태도를 변화시키고 바람직한 식생활을 행동으로 실천할 수 있게 도와주어 올바른 식생활을 영위 하게 하는 실천적인 교육입니다.

이 책의 전반부는 영양교육의 방법과 상담에 필요한 매체의 종류, 기술 등 영양교육 기초이론을 제시하였고, 후반부에서는 응용편으로 생애주기별, 질환별, 기관 및 단체급식소의 구체적인 영양교육 방법과 사례 등을 자세히 설명하였으며, 또한 정부, 유관기관 및 매스미디어에 의한 최신 영양교육자료를 수록 하였습니다.

2,3,4년제 대학에서 식품영양학을 전공하는 학생들 뿐만 아니라 보건소, 산업체, 병원 등 영양교육과 상담 관련 분야에서 종사하는 많은 분들이 이 책을 활용하여 국민의 건강증진을 이룩할 수 있는 영양교육과 상담에 작은 도움이 되기를 기대합니다.

이 책이 나오기까지 수고를 아끼지 않은 여러분들께 감사를 드리며, 아울러 출판하는데 도움을 주신 지구문화사의 임직원들께도 진심으로 감사드립니다.

정유년 새 봄에

지은이 일동

차례 Contents

chapter 4 개인지도

chapter 5 집단지도

chaper 6 영양교육매체의 제작과 활용

chapter 7 영양교육 지도안의 실제

chapter 8 영양상담의 이론과 실제

chapter 9 매스미디어와 영양교육

chapter 10 영양상태 판정법

chapter 11 대상별 영양교육

CHAPTER 01

Nutrition Education and Consultation

영양교육의 개념

Section 1 영양교육의 의의

1. 영양교육의 정의

영양교육이란 건강 유지 및 증진, 그리고 질병 예방을 목적으로 교육 대상자에게 올바른 영양지식과 태도를 전달하고 실천방법을 지도함으로써 합리적인 식생활을 유지하게 하고 잘못된 식습관을 개선하여 균형잡힌 식생활을 영위하도록 하기 위한 것이다. 영양교육은 사회와 국가의 역사적 상황과 경제적 조건, 식량수급 상태 등과 밀접한 관계를 갖고 있으며 국민의 문화와 도덕에까지 영향을 미친다.

영양교육이란 개개인이 적절한 식생활을·실천하는 데 필요한 모든 영양 관련 지식과 기술을 활용하여 실천하게 만드는 것이라고 정의할 수 있다. 이는 전문적인 지식을 습득한 영양사가 영양문제에 대한 올바른 지식을 교육 대상자에게 바르게 이해시킨 다음 영양에 대하여 바람직한 태도를 가지고 실천하게 하는 것으로, 일련의 캡(KAP; Knowledge, Atttitude, Practice) 과정을 말한다.

> *Guide*
> **캡(KAP)과정**
> 영양사가 영양교육을 하는데 있어서 가져야 할 지식과 기술, 태도 방식 그리고 실행하는 일련의 과정을 말한다.

영양교육은 학습을 통하여 개인이나 집단이 영양에 대한 지식과 태도, 그리고 행동의 변화와 식생활 개선을 위해 노력하도록 유도하는 것을 말한다. 따라서 영양교육에서는 대상자의 의지를 행동에 옮길 수 있도록 동기를 부여하는 것이 중요하다. 따라서 영양교육에서 영양상담은 매우 중요한 부분이다.

영양상담은 현재 영양문제를 가지고 있거나 혹은 그럴 가능성이 있는 사람을 대상으로 친밀한 인간관계를 기반으로, 정확한 의사소통을 통해 교육 대상자가 스스로 새로운 식습관을 습득하여 영양문제를 해결할 수 있도록 전문적인 입장에서 도와주는 것을 말한다. 영양교육은 식생활 개선을 위한 사회교육인 동시에 문화운동이다.

이는 생활교육의 일부로 이루어져야 하며, 여러 학문과 연계하여 교육 대상자에게 적합한 교육을 실시함으로써 올바른 영양과 식생활에 관한 지식을 이해시키며, 일상생활 속에 밀착된 교육이어야 한다.

2. 영양교육의 목적

영양교육은 교육 대상자들의 식생활을 변화시켜 영양상태를 향상시키고 건강의 유지와 증진을 달성하는 데 중점을 두고 있다. 나아가 질병 예방을 통해 국민 건강을 위한 의료비용을 줄이고, 작업에 대한 의욕을 더욱 촉진하며, 쾌적한 생활을 유지하여 국민의 체력을 향상시키고 국민과 국가의 복지와 번영에 이바지하는 데 그 목적이 있다.

국민에게 영양에 관한 지식과 기술을 보급하고 영양 수준을 향상시키기 위해 교육하는 것이 주요 목적이며, 구체적으로 필요한 영양 지식을 교육 대상자가 습득하여 실천하도록 하는 것이다. 영양교육을 통하여 영양개선을 이룩함으로써 국민의 질병을 예방하고 건강을 증진시킴은 물론, 개개인의 체위와 체력향상을 도모하여 건강하게 활동하도록 함으로써 국민 전체의 건강과 복지에 기여하는 것이 궁극적 목적이다.

영양교육의 목표는 식품과 영양에 관한 지식을 전달하고, 식사 태도와 행동의 변화를 유도하며, 식생활 개선에 대한 의욕과 관심을 불러일으켜 실천의 계기를 만들어 국민의 건강을 증진시키는 것이다. 교육의 대상이 일반 대중이든 특정인이든 간에 영양에 관한 지식도 정확한 이론과 적절한 기술이 동반되어야 한다. 교육 대상자가 실현 가능한 목표를 세워야 하며, 교육자와 교육 대상자가 함께 참여하여 세우는 것이 바람직하다.

교육 대상자는 영양교육을 통해 교육의 목표인 지식의 이해, 태도 및 행동의 변화를 달성하여 건강을 증진시킬 수 있다. 이를 실천하기 위해 지식면에서는 적절한 식생활을 영위하기 위한 올바른 지식과 기술을 습득해야 하며, 태도면에서는 영양에 관한 관심과 의욕 증진으로 식행동과 식습관을 변화시켜야 한다. 이러한 활동을 통해 생활습관에 대한 자각과 영양에 대한 지식을 갖게 되어 영양수준과 식생활의 향상으로 질병을 예방하고 건강을 증진시킬 수 있다.

Section 2 영양교육의 일반원칙과 난점

1. 영양교육의 실시과정

영양교육의 대상과 내용은 광범위하기 때문에 영양과 식생활에 대한 올바른 지식을 생활화하기 위해서는 대상의 영양상태와 상황을 파악하여 식생활을 개선해야 한다. 영양교육의 실시과정은 교육이 진행되는 순서를 말하며 ① 계획, ② 실행, ③ 평가로 진행되어야 한다. 이 과정을 반복실행해야 영양교육의 효과가 커진다.

(1) 계획(Plan)

영양교육의 실시에 있어 가장 먼저 착수해야 할 것은 교육 대상자의 실태파악이다. 현재 영양상태에 관한 기초조사를 실시하여 문제점을 발견함으로써 교육 대상자에게 영양개선 의욕을 불러일으키고, 교육자에게는 영양교육의 목표와 교육방법을 설정할 기초자료를 제공한다. 그리고 교육의 목표와 수단 · 매체를 검토하고, 구체적인 교육 실행과 평가를 모두 계획하며, 구체적인 지원까지도 계획에 포함된다.

(2) 실행(Do)

영양교육의 실행은 계획적 · 체계적 · 조직적으로 진행되어야 하며, 반복지도가 필수적이다. 특히 학교교육은 사회교육과 연계해야 효과를 얻을 수 있다. 영양교육은 대상자의 생활조건, 사상, 수용능력 등의 조건에 따라서 방법이 달라져야 하므로, 획일적이고 절대적인 방법은 사용할 수 없다.

교육 대상자가 달라지거나 영양교육의 실행시기가 달라지면 여기에 따른 적절한 방법을 강구하여야 효과를 올릴 수 있으므로 지도의 기술이 필요하다. 또한 피교육자의 지식이 높아지는 것만이 교육의 효과가 있는 것은 아니다. 피교육자가 실천해야만 비로소 영양교육의 의의가 달성된다고 할 수 있다.

(3) 평가(See)

영양교육 실행 후 기대한 목표를 달성했는지 알아보는 과정이다. 교육 대상자의 배경은 항상 변하므로 지도 방법도 상황에 따라 달라져야 한다. 교육 방법의 적부를 파악하기 위해서 한 가지 방법을 사용하고 난 후에는 반드시 효과평가를 해야 한다.

그 결과를 통계처리한 분석자료를 통해서 새로운 문제점을 제시하고, 다음 단계 교육 지도의 기초자료를 마련하는 것이다. 생활화된 영양문제는 단시간에 변할 수 없다. 여러 단계의 개선계획을 세워 반복 지도하고, 자발적으로 참여하도록 유도해야 한다. 교육 대상자가 합리적인 식생활을 영위하도록 하는 것이 중요하다.

2. 영양교육 실시에 있어서 어려운 점

영양교육 대상자의 연령, 성별, 교육수준 등은 모두 다르기 때문에 교육 내용과 방법 선정에 어려움이 따른다. 영양교육의 효과는 즉시 나타나지 않으며 눈에 보이지 않는 경우도 많아서 대상자들이 빨리 포기하는 경우도 종종 발생한다.

또한 식생활에 대한 사고방식은 매우 보수적이고, 개인의 경제상태 역시 영양교육에 미치는 영향이 크다. 그러므로 영양교육의 방법과 내용이 대상자에 따라 다양하게 조정되어야 하는 어려움이 생긴다.

영양교육의 효과는 속도가 느리고 매우 장기적으로 나타난다. 교육의 효과가 즉시 나타나지 않으므로 의욕의 결핍이 나타나기 쉬우며 경제적 상태, 지역적인 특수성 등 무수히 많은 요인으로 인해 교육효과에 지장을 가져올 수 있다.

또한 여러 가지 원인이 합쳐져서 결과로 나타나므로 이러한 결과를 영양교육의 효과로 해석하기 힘들고, 교육자나 교육 대상자 모두가 여러 가지 복잡한 원인과 문제에 관련되어 있으므로 영양교육에 의한 효과로 판단하기 어려운 문제점이 있다.

Section 3 영양교육의 필요성과 방향

1. 영양교육의 필요성

영양교육의 필요성은 다음과 같이 나누어 살펴 볼 수 있다.

(1) 인구사회학적 요인

1) 인구 동태적인 변화

경제발전과 함께 핵가족화, 자녀와 가족수의 감소, 독거가구의 증가 등 가족구성원의 변화로 대가족제도에서 볼 수 있었던 식생활의 가족공동체 성격이 점차 약화되고 식생활의 개인화가 촉진되었다. 또한 외식과 단체급식 등 가정 외에서의 식생활 비중이 커지고 있다.

2) 가정 역할의 사회화

주부의 사회 진출이 늘어남에 따라 가사가 주부 전담에서 가족구성원 분담으로 변화하고 있다. 즉, 가사도 점차 사회화하고 있으며, 가정에서의 생활보다 외부에서의 생활 비중이 커짐에 따라 외식 및 가정 밖에서 조리된 음식을 이용하게 되었다.

(2) 산업적 요인

경제발달 및 식품산업의 발달로 다양한 가공식품, 편의식품, 건강기능식품, 특수용도식품 등이 제조되고 있으며, 외식산업의 발달로 세계 각국의 음식전문점, 다양한 형태의 식품점 등이 점차 증가하고 있다. 이에 식품표시제(food labeling), 영양표시제(nutrition labeling)가 요구되며, 소비자 역시 현명하게 식품선택을 할 수 있는 능력이 필요하다.

(3) 사회적 요인

현대사회는 인간적 교류가 점차 쇠퇴하고 개인화가 두드러져 더불어 사는 것이 쉽지 않은 경향을 보이기도 한다. 이러한 현대인의 특성을 극복하기 위해서는 영양교육을 통해 스스로의 문제점을 인식해야 하며, 그러기 위해서는 컴퓨터나 라디오 방송 · 신문 같은 여러 매체를 통한 영양교육이 이루어져야 한다.

Guide

식품영양표시제도

제품에 함유된 영양적 가치를 표기하는데 있어 정해진 규칙에 따라 표기하도록 강제화하여 식품의 영양정보를 소비자에게 제공하는 제도.

(4) 질병양상의 변화

사회가 발달하고 문화교류가 세계적으로 확대됨에 따라 생활습관과 관련된 질병, 식생활과 관련된 여러 가지 질병, 즉 성인병이 증가하고 있다. 그러므로 영양교육을 통하여 식생활 및 생활습관을 개선함으로써 질병의 예방, 조기발견, 치료 및 재활을 돕기 위한 영양교육이 요구되고 있다.

(5) 국가 정책적 요인

1) 의료비의 감소

건강검진으로 질병의 조기발견 · 조기치료 및 예방을 위해 질병위험인자와 스트레스를 조절 · 관리하고, 운동상태 · 영양상태 개선을 위해 전문적인 노력을 기울여야 한다. 영양교육과 상담 및 건강검진은 개인의 경제적 손실을 최소화할 뿐만 아니라 장기적으로는 보험급여비의 지출을 감소시킴으로써 국가 의료비를 절감할 수 있다.

2) 국가 경제적 측면에서의 영양교육

우리나라의 식량섭취 추이는 점차 곡류의 소비량이 감소하고, 밀, 옥수수와 육류, 우유 및 과실류의 소비는 증가하는 추세이다. 또한 식량자급율은 감소하고 식품수입은 증가하는 추세로 국가적인 대처방안이 요구된다.

3) 환경을 고려한 영양교육

우리나라 음식물 쓰레기의 주요 발생원은 음식점과 가정이다. 정부에서는 쓰레기 종량제와 좋은 식단제 등을 도입하고, 시민단체나 소비자 단체 등 민간단체를 지원하여 음식물 쓰레기 줄이기를 시도하고 있다. 이와 더불어 영양교육을 통해 환경을 고려한 식생활을 하도록 지도 및 계몽해야 한다.

2. 영양교육의 방향

오늘날은 고령화, 운동부족, 흡연, 과음 및 불균형된 식생활 등이 주된 건강 위험 요인으로 작용하고 있다. 이들 대부분이 건강에 해로운 생활양식이나 습관에 기인한다고 볼 때, 우리나라 정부도 질병의 치료에 의존하기보다는 질병 발생 이전의 건강증진과 질병 예방을 도모하는 적극적인 정책을 추진해야 한다.

이는 국민의 건강증진 방향을 의료적 접근방식에서부터 건강 및 영양 교육을 강화하는 방식으로 전환하는 것을 의미한다. 따라서 국가 수준에서 여러 가지 영양교육사업이 전개될 것으로 기대된다.

우리나라도 보다 간편한 식사평가나 영양 스크리닝 방법, 실질적인 연령별 식사지침 등에 관한 관심이 높아지고 있어서 이 같은 접근이 가속화될 것으로 보인다.

3. 영양교육이 필요한 분야

(1) 생애주기별 교육

① 임신부와 수유부, 영유아 및 이유기의 영양교육
② 유아원 및 유치원에서의 영양교육
③ 청소년을 위한 학교급식에서의 영양교육
④ 직장 내 단체급식소의 건강증진 교육
⑤ 노인의 영양교육

(2) 질병과 관련된 영양교육

① 병원에서의 영양교육
② 보건소에서의 영양교육

(3) 사회적 소외집단을 위한 영양교육

① 저소득층을 위한 영양교육
② 농촌이나 벽지의 영양교육
③ 독거노인의 영양교육
④ 사회복지 시설에서의 영양교육
⑤ 식품과 소비자와 관련된 분야

CHAPTER

02

Nutrition Education and Consultatio

영양교육의 역사적 배경

Section 1 한국 식문화의 역사적 배경

한 민족의 전통생활양식은 그 민족이 처한 자연환경과 사회적 환경에 의하여 형성되고 발전해 간다. 한 민족이 섭취하는 음식의 종류와 섭취방식은 바로 중요한 식생활 문화양식이 되는 것이다. 따라서 어떤 것을 먹을 수 있고 어떤 것을 먹을 수 없는지, 그리고 어떤 경우에 어떤 음식물을 먹는지를 정하는 것은 그 사회가 가진 문화에 의해 결정된다.

우리나라는 사계절이 뚜렷하여 농업이 발달하였으며 이에 따라 쌀과 잡곡이 다양하고 이것들을 이용한 조리법이 발달했다. 삼면이 바다라 풍부한 수산자원을 얻을 수 있었으며, 장류, 김치류, 젓갈류 등 발효식품이 많고 채소를 이용한 조리법도 매우 다양하다.

한반도는 남북이 길고 동서가 좁은 지형이어서 북부와 남부의 기후차가 크고, 북쪽은 산간지대, 남쪽은 평야지대이므로 지역마다 산물도 다르다. 이러한 자연적인 배경과 지역별 특성에 따라 각 고장의 음식이 발달하여 특징적인 향토음식문화를 형성해 왔다.

다른 나라 음식에 비하여 한국음식은 정성과 노력이 많이 든다. 따라서 음식을 조리하는 과정에서 예의와 바른 태도를 중시하고 이러한 과정을 거치면서 우리의 식생활 문화가 확립되고 유지되어 왔다.

1. 역사적 시기별 식문화의 특징

(1) 신석기시대

한반도의 신석기문화는 빗살무늬토기와 함께 기원전 6000년경에 시작되었다. 신석기인들은 어로와 수렵, 채취생활을 주로 하다가 후기에 들어서서 원시적인 농경 생활로 점차 바뀌었다. 신석기인은 움집을 만들어 살았는데, 움집 속에는 화덕이 있어서 조리를 할 수 있었고 추위를 막고, 조명의 용도로도 사용하였다.

굽는 조리가 주를 이루다가 토기를 사용하면서 삶는 조리가 시작되었다. 또한 연기로 그을리는 조리법도 알고 있었을 것이라고 추정된다.

(2) 청동기시대

빗살무늬토기인 이후 우수한 청동기를 가진 북방유목민들이 한반도에 들어와 토착 원주민들과 연합하여 우리 민족의 원형인 맥족이 형성되고 이들이 고조선을 세웠다.

기원전 1500년에서 2000년쯤부터 한반도에서 벼 재배가 시작되었으며 어패류도 섭취하였음을 패총에서 찾아볼 수 있다. 그 당시 우리 조상들은 처음에는 곡식을 토기 시루에 술밥처럼 쪄서 먹다가 나중에 토기솥을 만들어 물을 붓고 끓여서 죽과 밥을 지어 먹었다. 곡식을 돌절구에 찧거나 맷돌에 갈아 가루로 만들어 토기 시루에 쪄서 떡도 먹었다. 밀도 가루로 빻아서 국수나 수제비 같은 형태로 조리하였고, 소금과 기름도 사용하였다.

채소로는 낙랑고분에서 박이 출토되었고, 중국 문헌에는 아욱, 오이, 참외, 순무, 토란 등이 보여진다. 과일로는 밤, 대추, 복숭아, 오얏, 잣 등도 있었으며, 중국 문헌에 의하면 매실, 살구, 앵두, 배, 모과, 감, 포도, 석류, 호두, 개암 등이 있었다고 한다. 북부지방에는 여우, 너구리, 흰곰, 멧돼지, 고라니, 사슴, 노루 등의 사냥이 활발하였고, 가축으로는 소, 돼지, 개, 닭, 말 등이 있었다.

Guide

청동기 시대를 대표하는 토기는 무문토기이다.

맥족은 가축 사육뿐만 아니라 가축의 조리에도 능숙하여 맥적(貊炙)이라는 고기요리가 있었으며, 이는 한국식 고기구이의 원형이라 볼 수 있다. 중국의 문헌에 따르면 고구려인들은 이미 장, 젓갈, 김치, 술 같은 발효식품을 잘 만들었다고 한다.

(3) 삼국시대

삼국시대에 들어 와서 철기문화가 발달함에 따라 농업의 생산력이 증대되었고 벼농사도 널리 보급되었다. 이에 따라 수렵은 상대적으로 쇠퇴하였으나 소, 돼지, 닭, 양, 염소, 오리 등은 집에서 길렀으며 범, 소, 물소, 여우, 토끼, 이리, 비둘기, 까치, 꿩, 까마귀, 갈매기 같은 짐승들을 먹었다는 기록이 있다.

조선술이 발달하여 먼 바다까지 고기잡이를 갈 수 있었으며, 다양한 물고기와 해초류를 날로 먹거나 구워서 먹었다.

(4) 통일신라시대

통일신라는 고구려와 백제의 문화를 흡수하여 새로운 식생활 체계를 확립하였다. 이 시기의 식생활은 풍요로웠고, 귀족식과 서민식으로 정착되었다. 귀족은 사치스럽고 다채로운 식생활을 하였다. 통일신라시대 이후에는 농경이 더욱 발달하고 쌀의 생산증가로 쌀밥이 주식화되어 우리나라 식생활체계가 정착된 시기라 할 수 있다.

(5) 고려시대

고려시대에는 중농정책을 실시하여 농기구를 개량했다. 상평창이라는 물가조절 기관을 설치하여 곡식을 비축함으로써 곡류의 물가를 조절하였고, 양곡의 수확도 크게 늘었다. 전쟁용과 운반용으로 쓰기 위해 제주도에 목장을 개설하여 말을 사육하였고, 소는 주로 농경에 사용하였다.

태조의 훈요십조에 따라 숭불정책을 실시함으로써 고려 초기에는 살생을 금하고 육식을 절제하였으나, 후기에 원나라의 지배를 받으면서부터 육식의 풍습이 다시 살아나 양고기, 돼지고기, 닭고기, 개고기 등을 먹었다.

소금, 엿, 식초를 사용하였으며 중국에서 수입한 설탕과 향신료인 후추를 사용하였다. 밥, 잡곡밥, 팥죽, 설기떡 등의 곡물음식을 해 먹었다. 조리법이 다양해져서 국수, 만두, 상화, 유과, 유밀과, 다식 같은 음식을 만들었으며 두부와 콩나물도 만들었다. 간장과 된장 그리고 술 등의 발효식품을 제조하기 시작했고, 음다(飮茶)의 풍속과 함께 화채, 숭늉, 꿀물 같은 음청류도 다양하게 발달하였다.

신라시대부터 전해온 음다풍습은 고려에 와서도 왕족, 귀족, 사원에서 매우 성행하였고 이와 함께 병과류가 많이 발달했다. 특히 이 시대의 식생활에는 국제적인 교류가 많이 엿보인다. 만두류의 하나인 상화(霜花)와 소주의 제조법이 원나라로부터 전해져 왔고, 우리의 유밀과와 상추 싸먹는 풍습 등이 이때 원나라에 전해졌다고 한다.

(6) 조선시대

조선시대에는 농업을 적극 장려하였고 수리시설을 확충함으로써 곡식과 채소 생산이 늘어났으며 농업에 관한 서적도 많이 보급되어 농업기술이 발전하였다. 궁중음식, 반가음식, 상민음식이 저마다 다른 특징을 보였으며, 전체적으로 한국음식의 수준을 높이는 데 기여하였다.

이 시대에 고구마, 감자, 옥수수, 토마토, 호박 등이 도입되었으며, 고추도 임진왜란(1592년)을 전후하여 우리나라에 들어왔다. 김치에 고추를 넣기 시작한 것도 이때부터이며, 이에 관한 기록은 〈증보산림경제(增補山林經濟)〉, 〈규합총서(閨閤叢

書)〉, 〈임원십육지(林源十六志)〉 등에 나타나 있다.

조리 및 가공의 방법도 〈도문대작(屠門大嚼)〉, 〈음식지미방(飮食知味方)〉, 〈산림경제(山林經濟)〉, 〈주방문(酒方文)〉 등에 있다. 또한 상차림의 형식이 확립되었다. 반상차림, 의례상차림 등 엄격한 규범하에 상을 차리는 관습이 생겨 우리나라 식생활의 규범이 정립된 시기로 볼 수 있다.

식생활문화가 발달하면서 반가에서 칠첩반상, 구첩반상 등의 상차림이 정착되었다. 상차림과 식사예법이 잘 다듬어져서 의례음식의 차림새나 명절음식의 종류가 표준화되어 전국적으로 보급되었으며 시식과 절식도 더욱 다양해졌다.

Guide

음식지미방(飮食知味方)

양반가의 식생활 및 조리법과 저장법, 술담그는 법 등을 수록.

Guide

산림경제(山林經濟)

식품저장법, 구황식품 및 식생활에 관한 정보를 수록.

(7) 근대

포르투갈 사람들이 중국을 중심으로 동양무역을 시작한 14~15세기경부터 우리는 중국을 통하여 서양의 사정을 조금씩 전해 듣게 되었다. 임진왜란 때에 온 일본인 천주교 신자, 선조 말경의 연경 사신, 청의 볼모가 된 인조의 장자 소현세자, 인조 23년의 하멜 일행 등을 통하여 서양 문물에 대한 지식이 전해지고, 고증적인 학풍은 실학을 낳았다. 서양 영양학의 개념이 소개되었으며, 여러 서적을 통해 서양의 영양학이 우리와는 다르다는 것을 어렴풋이 짐작할 수 있었다.

광무 3년에는 칙령으로 의학교의 교과과정을 발표하였는데 영양학, 식품학이 독립되지는 못했지만 다른 여러 교과 속에 서양 영양학의 지식이 퍼지기 시작했다. 이때부터 오랫동안 내려오던 동양 영양학의 관념이 천천히 사라지면서 서양 영양학의 관념이 자리잡기 시작하였다.

19세기에 접어들면서 우리나라에도 개화의 물결이 밀어닥쳤다. 중국으로부터 천주교, 실학사상이 들어와 일부 지식인들이 서양의 발달된 과학기술을 알게 되고 새로운 가치관이 형성되는 등 큰 변화가 일어났다. 이와 같은 환경에서 서양 선교사들과 서양에서 들어온 신식교육에 의해 다양한 식품, 조리법 등이 보급되기 시작하였다.

광복 이후 극심한 식량부족 상태가 지속되었다. 전쟁과 흉년, 뒤떨어진 농업기술로 해외 원조 식량에 의존하게 되었고 당시 한국인의 식생활은 밥, 국, 김치, 된장찌개, 나물 정도의 기본 식사를 하는 수준으로 대다수 국민의 열량과 동물성 식품 섭취는 결핍상태였다.

식량의 해외 원조를 받으면서 서구식 식생활이 유입되었는데, 이때 도입된 농산물의 주종은 소맥으로 쌀 위주의 한국인 식생활이 밀과 섞이는 계기가 되었다. 미곡의 부족으로 분식과 혼식 장려운동이 전개되어 일반인을 중심으로 밀가루 음식이 확대되기 시작하였다.

(8) 현대

1960년 보건사회부에서는 한국 잠정영양기준을 발표하였다. 1962년 한국인 영양권장량이 제정 · 발표되었고 1967년 1차 개정, 1975년 2차 개정, 1980년 3차 개정, 1985년 4차 개정, 1989년 5차 개정, 1995년 6차 개정, 2000년 7차 개정을 거쳐 2005년에는 '한국인 영양섭취기준'을 설정, 2010년에 7차로 개정을 하였다.

1960년대 이후 현재까지 우리나라는 경제개발 계획의 성공으로 경제가 급성장했다. 경제발전과 더불어 식생활도 배고픔을 없애는 수준에서 영양과 맛을 추구하는 수준의 풍요로운 식생활로 바뀌면서 많은 변화가 일어났다.

1970년대 중반부터 급격한 경제성장이 일어났으며 1988년 서울올림픽을 계기로 우리의 식생활은 급속도로 서구화되었다. 서양의 패스트푸드점과 체인점들이 곳곳에 자리잡음으로써 영양적 이로움을 따져볼 틈도 없이 서구의 식단에 젖어들었고 그 결과로 성인병 등의 문제가 나타나고 있다. 이에 따라 현대는 건강을 생각하는 합리적이고 균형잡힌 식생활 모색 시대라고 볼 수 있다.

[우리나라 식문화의 시대적 구분]

① **선사시대** (구석기, 신석기시대) : 자연식품 채취시대

② **부족국가시대** (삼국정립 이전) : 벼의 재배와 주부식 분리시대
- 농경중심의 식생활
- 가공품(떡)의 등장

③ **삼국시대** (고구려, 백제, 신라 정립) : 식생활의 계층화 시대
- 부엌과 그 용구의 발달
- 명절음식과 계절식이 생김

④ **통일신라시대** (7세기 중반 ~ 10세기 초반) : 식생활 체제의 정착 시대
- 당나라 및 일본과의 교류로 식품의 다양화
- 조리법의 개발과 식기의 변화
- 차의 성행
- 과정류의 등장
- 국의 등장

⑤ **고려시대** (10세기 중반 ~ 14세기) : 식생활의 변천 시대
- 송나라와의 교류
- 여진 및 몽고족과의 교류
- 고려자기 등장
- 주막의 시작

- 연회의 풍습과 관기의 발생
- 명절음식과 계절식의 발달

⑥ 조선전기시대 (15~16세기) : 한식의 발달 시대
- 왕조의 성립과 궁중의 식생활 형성
- 신분사회 형성과 양반의 식생활 형성
- 고추의 전래
- 약재의 식품소재로서의 활용 증가

⑦ 조선후기시대 (17~19세기 초반) : 한식의 완성 시대
- 김치의 발달
- 담배의 전래
- 식품 종류의 다양화와 쇠고기 소비 급증

⑧ 개화시대 (19세기 중반 ~ 19세기 후반) : 식생활의 다양화 시대
- 근대화에 따른 식품유통의 확대
- 서양음식 소개와 근대화의 식생활
- 양식의 전래
- 우유의 보급
- 커피의 전래
- 양주의 전래
- 식품 가공공장의 설립
- 식기 제조공장의 설립

⑨ 일제시대 (20세기 초반 ~ 20세기 중반) : 식생활의 궁핍화 시대
- 화전민과 토착민의 급증
- 서구식 영양이론의 도입
- 식품제조업의 발달

⑩ 근대 (20세기 중반 ~ 20세기 후반) : 식생활의 서구화 시대
- 가공식품의 다양화
- 식사 형태의 변화

⑪ 현대 (21세기) : 건강한 식생활 모색 시대
- 글로벌화로 인한 음식의 세계화
- 웰빙 개념 등장으로 절제하는 식생활 문화 추구

Section 2 우리나라의 영양교육

1. 영양사 탄생과정

(1) 영양사의 정의 및 임무

영양사란 질병예방과 건강증진을 위해 급식관리 및 영양서비스를 수행하는 전문인을 말한다. 한국표준직업분류에는 보건 · 사회복지 및 종교관련직 중 영양사로 분류되어 영양판정, 영양소 섭취조사, 영양교육 및 상담, 영양지원 등 영양치료를 제공하고, 효율적이고 경제적인 급식 서비스를 위해 영양, 식단, 위생, 구매, 생산, 원가 등에 대한 급식경영 업무를 담당한다.

산업체에서 급식관리 업무 외에 질환별 영양관리, 영양교육 및 상담 등 영양서비스를 관리하는 업무를 수행하는 자로 영양사와 영양교사로 분류하고 있으며, 임상영양사, 급식경영 영양사, 산업보건 영양사, 보건 영양사, 관리 영양사, 상담 영양사, 식품위생 영양사 등이 있다.

1) 일반적 의무와 권리

① 영양사는 모든 사람이 건강한 삶을 누리도록 영양서비스를 제공하는 데 헌신하며, 특히 소외된 자들의 영양상태 개선에 앞장선다.

② 영양사는 자기개발을 위한 부단한 노력으로 전문가로서의 능력과 품위를 유지하는 데 힘쓴다.

③ 영양사는 업무를 수행하는 데 있어 개인의 이익보다 국민의 건강과 생명을 더 존중하며, 업무와 관련된 부당한 이익을 취하지 않는다.

④ 영양사는 대한영양사협회의 활동에 적극 참여하여 영양사직의 지위향상과 권익신장을 위해 노력한다.

2) 직업관

① 영양사는 고객에게 최상의 영양서비스를 제공하기 위해서 최신 지식과 기술 습득에 힘쓰고, 이를 활용하고 전파하기 위해 노력한다.

② 영양사는 스스로 명예를 훼손하고 국민의 신뢰를 잃는 행동을 하지 않는다.

③ 전문영양사는 자격유지를 위한 교육을 받아 자격에 적합한 최선의 서비스를 제공하도록 노력한다.

④ 영양사는 모든 사람의 국적, 인종, 종교, 성별, 연령, 사상, 사회적 지위와 관계없이 동등한 영양서비스를 제공한다.

⑤ 직무상 고객과의 관계에서 얻어진 정보는 국민건강증진 및 연구의 목적으로만 사용하고 개인의 이익을 위해 사용하지 않는다.

⑥ 영양사는 어떠한 불의나 부도덕한 행위와 타협하지 않고, 국민건강 지킴이로서 자긍심을 갖고 책임을 다한다.

⑦ 영양사는 다른 보건의료전문인의 고유한 역할을 존중하며, 상호 협조한다.

⑧ 영양사는 과학적 사실에 근거한 정확한 정보만을 제공한다.

3) 국가와 사회에 대한 역할과 임무

① 영양사는 영양전문인으로서 사명감을 갖고 지역사회, 국가 및 인류의 건강증진, 삶의 질 향상, 복지사회 구현을 위해 학문 연구와 기술 개발에 최선을 다한다.

② 영양사는 실무경험과 전문지식을 활용하여 국민영양개선사업에 참여하고, 국가영양정책의 수립 및 집행에 필요한 지원을 한다.

③ 영양사는 자신이 속한 지역사회의 영양문제에 관심을 가지고 이를 해결하는 데 힘쓴다.

4) 소속기관에 대한 책무

① 영양사는 대한영양사협회 활동에 적극 참여하여 협회 및 영양사직의 발전을 위해 노력하고, 다른 회원들과 서로 협조한다.

② 영양사는 소속기관의 규범을 따르며, 직무에 충실함으로써 기관의 발전과 사업목표 달성을 위해 노력한다.

③ 영양사는 영양사 윤리강령에 어긋나는 행위가 발생할 경우 협회에 보고하여 영양사직의 자정과 발전을 도모한다.

5) 영양사 선서

- 나는 영양사로서 책임과 의무를 가지고 모든 사람이 건강한 삶을 누리도록 헌신하겠습니다.
- 나는 최신의 영양정보와 올바른 지식을 국민에게 전달하고 지속적인 자기계발과 연구에 힘쓰겠습니다.
- 나는 영양서비스를 받고자 하는 모든 이들에게 인도적으로 봉사하며 직무상 얻어진 고객의 비밀을 지키겠습니다.
- 나는 개인의 이익보다 국민의 건강과 생명을 더 존중하며 소외된 자들의 영양상태 개선에 노력하여 복지사회 구현에 앞장서겠습니다.
- 나는 국민건강 지킴이로서 영양사직의 발전을 위해 최선을 다하겠습니다.
- 나는 나의 명예를 걸고 이를 엄숙하게 선서합니다.

(2) 우리나라 영양사 탄생과정 및 활동역사

- 1929년 : 이화여자전문학교에 가정과가 창설되면서 과학지식에 근거한 영양학을 교육하기 시작하였다.
- 1945년 : 해방 이후 고등교육기관의 설립과 더불어 영양학을 가정과 교과과정에서 필수과목으로 책정하였다.
- 1950년대 후반 : 가정대 출신의 이학사가 병원에서 급식책임자로 일하기 시작하면서 영양사라는 명칭을 사용하였다.
- 1961년 7월 23일 : 전문적인 영양사 양성의 필요성을 느낀 초급대학 및 4년제 대학교수를 중심으로 한국영양사양성연합회(위원장 : 이순애)가 발족되어 영양사 면허제도를 건의했다.
- 1962년 1월 20일 : 식품위생법 제정과 더불어 영양사 면허제도가 명시되고, 그 해 명지초급대학이 1차로 영양사 양성학교로 지정되었다. 그와 동시에 덕성여자초급대학, 숙명여자대학이 연이어 영양사 양성학교로 신청 · 지정되었다.
- 1962년 9월 22일 : 보건소법이 제정되어 보건소 업무에 영양개선이 명시되었다.
- 1963년 : 보건사회부령 제112호로 영양사에 관한 규칙이 공포되면서 영양사의 자격조건이 규정되었다.
- 1964년 : 영양사면허증이 발급되어 덕성여자초급대학 25명, 명지초급대학 32명, 총 57명이 배출되었고, 그 후 매년 배출학교가 증가했다.
- 1965년 : 영양사면허증 소지자로서 영양사 취업은 공군본부에 유환선(문관)이 처음이고 고대병설초급대학과 명지초급대학 졸업생 6명(각각 3명)이 기술의정 1기생으로 소위 임관하여 항공의료원, 수도육군통합병원 등에서 군대 병원급식관리를 하게 되었다.
- 1966년 : 사업체 급식에서는 태창방직에 처음 영양사가 채용되었고, 병원급식에 있어서는 영양사면허제도가 시행되기 전부터 영양관리를 전담하는 인원이 배치되어 활동하였다. 1956년 진정남 (이대부속병원), 1961년 강유선 (당시 부산침례병원), 송영자(서울적십자병원) 등이 가정과 출신으로 근무하다가 후일 영양사면허를 취득하였고, 1967년 임태주(한일병원)가 채용되었다.
- 1967년 : 식품위생법상 집단급식소에 영양사 배치가 법제화되면서 영양사 채용 수요가 늘어나기 시작하여 약 100여명의 영양사가 병원, 산업체 급식소 등에서 근무하기 시작했다.
- 1969년 : 국민영양개선령이 제정되어 영양개선의 지도 및 관리를 위하여 특별시 · 직할시 · 도 및 시 · 군 · 구 에 영양지도원을 두도록 하였다.
- 1979년 : 국가 공무원법에 의한 정규 보건직 공무원으로 임용되었다.

표 2-1 영양사 자격기준

날짜	관계법	자격기준	
1969. 8 ~ 1994. 2. 15	국민영양개선령	의사 · 약사 · 간호사 또는 영양사	
1994. 2. 16 ~ 1995. 8	국민영양개선령	의사 또는 영양사	없을 경우 약사 또는 간호사
1995. 9. 1 이후	국민건강증진법 시행령	영양사	없을 경우 의사 또는 간호사

대한영양사협회

- 1981년 : 학교급식법이 제정 · 공포되었다.
- 1982년 : 의료법 시행규칙에 병원에서의 영양사 배치가 명시되면서 병원에서의 영양사 활동이 증가하였다(현재 우리나라의 경우 취업영양사의 87%가 사업체, 초등학교, 병원 등의 집단급식소에 배치된 배경이 되었다).
- 1987년 : 집단급식소에 근무하는 영양사의 보수교육이 의무화되었다. 1991년 영유아 보육법이 제정되면서 100인 이상 시설에 영양사 배치가 명시되어 영양사 활동이 시작되었다.
- 1994년 : 보건복지부 보건사업 지침에 영양사업을 실시하도록 하는 등 보건소에서 영양사업의 중요성이 부각되면서 시범보건소를 선정(28개), 자원봉사 영양사를 배치하여 영양사업을 실시하였다.
- 1995년 1월 5일 : 국민건강증진법이 제정(9월 1일부터 시행)됨으로써 국가 및 지방자치단체의 영양개선사업의 실시가 의무화되어 보건소에서의 영양사 활동의 기틀을 마련하였다. 같은 해 24개 보건소에 영양사를 일용직으로 채용하여 보건소에서 영양사가 활동하기 시작했다.
- 1995년 8월 31일 : 개정된 식품위생법 시행규칙에서 영양사 보수교육 대상자가 기존의 집단급식소 영양사 외에 「식품 등의 제조 · 가공업소에 종사하는 영양사」(단 식품위생관리인은 제외)가 포함되었다.
- 1995년 12월 29일 : 지역보건법이 제정되고, 1997년 2월 14일 「보건소 보건의료 전문인력 배치기준」에 영양사가 포함되어 영양개선사업의 수행자로 전국 보건소에 영양사 배치의 근거가 마련되었다.
- 1997년 12월 13일 : 개정된 국민건강증진법에 영양교육과 영양개선에 관한 조사 · 연구사업 등을 영양개선의 주요사업으로 명시하고, 지역주민을 대상으로 한 영양지도의 내용으로 영양상담, 영양조사 및 효과측정, 홍보 및 영양교육, 그 밖의 영양과 식생활 개선에 관한 사항 등을 주 내용으로 명시하였다.

- 2000년 1월 7일 : 「한국표준직업분류」가 개정고시(통계청 고시 제 2000-2호)됨에 따라 영양사가 전문가 중 보건의료전문가로 분류되었으며 임상 영양사, 급식관리 영양사(급식관리 영양사, 학교급식 영양사), 보건 및 상담 영양사(보건 영양사, 상담 영양사), 기타 영양사(식품위생 영양사)로 세분류되었다.
- 2000년 1월 12일 : 「보건의료기본법 제정 · 공포」로 영양사가 보건의료인으로 분류되었다(보건의료인이라 함은 보건의료관계 법령이 정하는 바에 의하여 자격 · 면허를 취득하거나 보건의료 서비스에 종사하는 것이 허용된 자).
- 2000년 3월 1일 : 정신요양시설, 부랑인 시설에 영양사가 배치되었다.
- 2000년 7월 28일 : 식품위생법 개정으로 기업체 영양사 의무고용이 자율화되었다. 영양사 자격시험 대상이 고등교육법에 의한 학교에서 식품학 또는 영양학을 전공한 자로서 교과목 및 학점이수 등에 관하여 보건복지부령이 정하는 요건을 갖춘 자로 바뀌었다.
- 2002년 2월 1일 : 한국 산업안전 공단 산하 5개 기술지도원에 뇌심혈관계질환팀 영양지도 전문요원으로 영양사가 배치되었다.
- 2002년 3월 1일 : 전국 14개 군병원에 영양사가 배치되었다.
- 2002년 4월 1일 : 노인복지시설, 아동복지시설에 영양사가 배치되었다.
- 2003년 5월 15일 : 「행위급여 · 비급여목록표 및 상대가치점수」가 개정고시(보건복지부 고시 제2000-30호)됨에 따라 영양치료행위 요양급여가 인정되었다.
- 2003년 7월 25일 : 초 · 중등교육법(법률 제6934호), 학교급식법(법률 제6935호) 개정 법률이 공포됨에 따라 영양교사 제도가 도입되었다.
- 2004년 1월 20일 : 식품위생법(법률 제7096호) 개정법률이 공포됨에 따라 영양사 교육(보수교육) 근거가 마련되었다.
- 2004년 1월 20일 : 초 · 중등교육법(법률 제7098호) 개정법률이 공포됨에 따라 현재 학교급식전담직원으로 근무하고 있는 학교 영양사의 영양교사자격 취득을 위한 조항이 추가되었다.
- 2004년 10월 : 교정시설 및 소년보호시설에 영양사 전면 배치가 확정되었다.
- 2004년 10월 15일 : 한국산업안전공단 KOSHA CODE 중 「직장에서의 뇌 · 심혈관질환 예방을 위한 발병위험도 평가 및 사후관리지침」에 건강증진지도자로 영양사가 명시되었다.
- 2005년 2월 24일 : 유아교육법 시행규칙에 1회 급식유아가 100명 이상인 유치원의 영양사 배치가 법제화되었다.
- 2006년 5월 25일 : 입원환자 식대 건강보험 급여화 관련 법령이 개정 · 공포되었다.

- **2006년 8월 24일** : 교육공무원 임용령 일부개정령이 공포되어 영양교사 채용 근거가 마련되었다.
- **2006년 9월 27일** : 영양사 교육 실시와 관련하여 식품위생법 일부 개정법률이 공포되었다.
- **2007년 1월 19일** : 학교급식법 시행령 · 시행규칙 전부개정령이 공포되었다.(학교급식 운영관리 원칙, 영양교사의 직무, 학교급식 식재료관리기준, 영양관리기준, 위생안전관리기준 등)
- **2007년 3월** : 1,712명, 9월에 2,386명의 영양교사가 각급 학교에 임용 · 배치되었다.

(3) 영양사의 활동분야 및 전망

우리나라의 영양사는 크게 산업체, 병원, 학교, 보건소, 사회복지시설 등에서 근무하며 최근 급식전문업체가 증가함에 따라 단체급식소에서 근무하기도 한다.

2014년 현재 36,000여 명의 영양사가 사회 각계에서 활동하고 있다. 식품위생법 제35조에 따라 주로 1일 1회 급식인원 50명 이상의 집단급식소에 78% 이상이 근무하고 있으며, 그 밖에 교육, 연구, 급식산업, 공무원, 보건소 등에서 활동하고 있다.

영양사의 업무는 급식관리와 영양서비스로 나눌 수 있다. 급식관리 직무로는 식단관리, 식재료 구매관리, 식재료 보관 및 재고관리, 조리작업관리, 배식 및 식기관리, 위생관리, 급식시설 및 기기관리, 인사관리, 급식경영관리 등이며, 영양서비스 직무로는 영양상태 평가, 영양치료 영양교육 및 상담, 보건영양사업 등이다.

앞으로 우리나라의 영양사는 임상 영양사, 급식관리 영양사, 보건 및 상담 영양사, 영양교사 등 전문사격을 가진 영양사로 더욱 세분화될 예정이다. 활동분야도 더욱 다양하게 확대될 전망이다.

표 2-2 영양사 면허 소지자수(누계)

연도(년)	1964~1980	1985	1990	1995	2000	2005	2015
면허취득자수(명)	14,456	21,731	39,459	60,155	89,958	100,881	142,476

대한영양사협회, 2016

표 2-3 영양사의 분야별 취업현황

(취업영양사수 : 19,017명, 취업률 : 18.9%, 2005년 4월)

집단급식소	산업체	학교	병원	사회복지시설	영유아보육시설	소계
취업인원(명)	5,933	7,930	1,614	619	540	16,636
취업률(%)	31.2	41.7	8.5	3.3	2.8	87.5

비집단급식소	건강기능식품판매업소	교육 및 연구기간	식품제조 가공업소	위탁급식업체	보건소	행정기관	소계
취업인원(명)	500	257	500	687	118	319	2,381
취업률(%)	2.6	1.4	2.6	3.6	0.6	1.7	12.6

대한영양사협회, 2006

표 2-4 영양사의 취업분야 현황

구 분		세부분야
집단급식소	산업체	기업, 관공서, 금융기관, 호텔, 백화점, 연구소, 연수원 등
	학교	유치원, 초등학교, 중학교, 고등학교, 대학(기숙사, 식당), 특수학교 등
	병원	종합병원, 일반병원, 치과병원, 한방병원, 요양병원, 한의원, 군병원, 산부인과, 건강증진센터 등
	사회복지시설	노인복지시설, 아동복지시설, 정신요양시설, 모 · 부자복지시설, 장애인 복지시설, 부랑인 복지시설, 결핵 · 한센장애인 복지시설 등
	보육시설	영유아보육시설 등
	특수시설	직업훈련기관, 캠프수련장, 교정시설, 선수촌, 군대, 선박 등
비집단급식소	보건소	보건소, 보건의료원
	건강상담분야	건강기능식품 판매업체, 건강기능식품 제조업체, 건강기능식품 수입업체, 약국 등
	급식산업	위탁급식회사, 도시락 제조회사, 외식산업(조리지도, 식단개발 등)
	기타	대학, 연구기관, 국가 및 지방자치단체, 식품회사, 요리학원, 스포츠헬스센터, 매스컴관련업, 약국, 다이어트 전문 회사,영양정보센터 등

대한영양사협회

1) 임상영양분야

생활환경의 변화와 노령인구의 증가로 만성퇴행성질환이 증가하면서 국민생활의 질적 저하와 국민의료비의 급증을 초래함에 따라 만성퇴행성질환의 예방 및 치료에 중요한 부분인 영양부분에 대한 관심이 고조되고 있다. 그에 따라 임상영양에 관한 고도의 전문 지식을 갖춘 임상영양사가 개인이나 집단의 건강유지를 위해 영양서비스를 제공하며 관련분야에서 활발히 활동하고 있다.

병원에는 임상영양사가 배치되어 각 분야의 의료전문인들과 병원의료팀의 한 구성원으로 영양서비스 제공을 통하여 환자의 영양적 치료에 기여할 것이며, 환자의 개인별 특성과 요구에 부응하는 적절한 영양서비스의 중요성이 인정되어 적정정원이 확보될 것이다. 가정진료제도의 정착에 따라 퇴원환자의 식품선택 및 조리지도, 영양상담 및 교육 등 각종 영양서비스의 제공을 위해 영양사가 활동할 것이다.

국민의 건강에 대한 관심증가로 건강진단센터, 헬스센터, 체중조절센터 등이 늘어나면서 영양교육 및 상담자로서의 영양사가 늘어날 전망이다. 노인인구의 증가와 노인복지정책의 확대로 양로원과 노인복지시설이 늘어나고, 만성질환의 증가로 장기치료가 필요한 인구가 점차 증대되어 병원 대신에 이들을 보살피고 관리해 주는 요양원이 증가하면서 이들 시설에서 식사제공 및 영양상담자로서의 영양사의 배치가 증가할 것이다.

2) 지역사회 보건영양분야

생활양식의 변화로 인해 비만이나 만성퇴행성질환 등의 식이성 질환이 점차 증가하고 있으며, 우리나라도 국민건강증진법과 지역보건법이 제정되는 등 질병예방과 건강증진을 위한 지역사회의 영양개선사업의 중요성이 강조되는 시점이다.

이에 따라 1997년 2월 14일 지역보건법 시행규칙이 공포됨에 따라 전국 모든 보건소 및 보건지소와 관련 보건기관에 영양사가 배치되어 영양사업의 주도적인 역할을 담당할 수 있는 근거가 마련되었다. 전국 보건소(225개) 및 보건의료원(17개)에 영양사 배치가 확대될 것이며, 도시형 보건지소 신설에 따른 영양사 배치가 증가할 것이다.

3) 학교급식분야

여성의 사회참여가 늘면서 학교급식의 요구가 커지고 이에 따라 초등학교, 중학교, 고등학교에 이르기까지 학교급식이 확대실시되면서 학교영양사의 수요가 늘어날 전망이다. 2006년부터 시행된 영양교사제도 도입과 더불어 학교영양사는 식사제공과 더불어 편식교정, 올바른 식습관 형성, 식사예절 등을 가르치는 교육자로서의 역할과 건강 및 영양상담자로서의 역할이 강화될 것이다.

또한 영양식품, 건강교육 등의 관련자료를 연구 · 개발하고, 어머니교실, 학교급식위원회 등 학부형과의 밀접한 관계를 통해 가정과 지역사회 식생활 개선의 지도자로서의 역할도 하게 될 것이다.

4) 어린이급식관리지원센터 분야

식품의약품안전처는 어린이집, 유치원, 지역아동센터 등 어린이에게 단체급식을 제공하는 집단급식소를 대상으로 체계적이고 철저한 위생관리 및 영양관리를 지원하기 위하여 어린이급식관리지원센터를 설립하였다.

어린이급식관리지원센터 설치 및 운영에 대한 근거는 「어린이 식생활 안전관리 특별법」 제 21조 1항에 의한다 : 시 · 도지사 또는 시장 · 군수 · 구청장은 어린이에게 단체급식을 제공하는 다음 각 호의 급식소에 대한 위생 및 영양 관리를 지원하기 위하여 "어린이급식관리지원센터"를 설치 · 운영할 수 있다.

1. 「영유아보육법」에 따라 보호자의 위탁을 받아 영유아를 보육하는 어린이집의 급식소
2. 「유아교육법」에 따라 유아의 교육을 위하여 설립 · 운영하는 유치원에 대한 급식소
3. 「학교급식법」에 따라 학교급식 대상이 되는 학교의 급식소
4. 그 밖에 어린이에게 단체급식을 제공하는 급식소 중 대통령령으로 정한 급식소

대통령령으로 정한 센터 지원 대상 급식소는 「어린이 식생활안전관리 특별법 시행령」 제 12조에 의해 「청소년기본법」에 따른 청소년시설, 「아동복지법」에 따른 아동복지시설, 「장애인복지법」에 따른 장애인 복지 시설 중 상시 1회 급식 인원에서 어린이가 차지하는 비율이 100분의 50 이상인 시설을 말한다.

5) 산업체 급식분야

산업체 급식소에서 영양사는 기존 급식관리자로서의 역할뿐 아니라 근로자의 평균연령 증가와 만성질환 예방대책으로 직장단위 건강관리교육이 활성화되면서 근로자의 식생활 지도와 상담을 담당하는 영양교육자로서 역할이 강화될 것이다.

6) 급식산업분야

급식위탁업체의 증가에 따라 급식경영에 경험이 있는 유능한 영양사들의 급식경영인으로의 진출이 늘어날 것이다. 외식 및 외부활동 증가에 따라 도시락업체에 영양사의 진출이 꾸준히 이루어질 것이고, 가족단위 외식이 중심이 되는 패밀리레스토랑, 인터넷을 통해 식단 및 식품을 배달해 주는 유통업체에서 급식관리자 및 영양상담자로서 영양사의 역할이 활발해질 것이다.

건강에 대한 관심이 늘어나면서 건강식 배달업, 건강식당 등이 새로운 업종으로 활기를 띠면서 회원제로 운영하는 이들 업종에 회원의 건강상태, 합병증 여부, 필요열량 등을 고려하여 식단을 작성하고 질병에 대한 영양상담자로서 활동이 늘어날

것이다.

7) 식품분야

백화점, 수퍼마켓, 쇼핑센터 등에서 소비자들에게 서비스 차원의 영양, 식품, 건강정보 제공이 활기를 띠면서 영양사의 배치가 늘어날 것이다.

식품회사에서 연구, 소비자에 대한 교육, 소비자 상담, 신제품 개발, 영업, 제품홍보, 자료의 제작 등 영양사의 역할이 다양해질 것이다.

8) 건강상담분야

각종 건강기능식품이나 관련 제조판매업체들이 늘어나면서 약국 등에서 새로운 식품들의 영양적 특성을 파악하고 소비자들에게 적절한 정보를 제공해 주는 건강상담 영양사로서의 영양사 활동이 증가될 것이다.

9) 복지분야

사회복지부문의 활성화에 힘입어 사회복지시설, 영유아 보육시설, 특수시설 등에서의 영양개선에 대한 관심이 증가되면서 식사제공 및 영양관리를 위해 영양사의 배치가 활발히 이루어질 것이다. 아울러 보육비용의 국가지원 확대에 따라 보육시설 영양사 채용이 증가할 것이며, 노인인구의 증가와 노인복지정책의 확대로 양로원과 노인복지시설이 늘어날 것이다.

만성질환의 증가로 장기치료가 필요한 인구가 점차 증대되어 병원 대신에 이들을 보살피고 관리해 주는 요양원이 증가하면서 이들 시설에서 식사제공 및 영양상담자로서의 영양사의 배치가 증가할 것이다.

10) 행정분야

보건복지부, 농림부, 교육인적자원부 등 중앙행정부서와 시 · 도청 및 시 · 도교육청 등 지방행정부서에 식품영양관련 정책 및 사업, 식품위생에 관한 지도업무 수행자로서 영양사의 진출이 증가할 전망이다.

11) 연구 및 교육분야

영양부문의 정책사업이 늘어나면서 식품 · 영양관련 연구기관에서 영양관련 연구가 늘어나고, 영양사 면허 소지 연구원도 증가될 것이다.

또한 고학력자의 증가에 따라 영양사 출신 교수도 늘어나며, 식품영양학과의 교직이수가 가능해져서 중 · 고등학교 가정교사로의 진출이 가능해질 것이다.

12) 영양정보분야

영양관련정보를 제공하여 개인이나 집단의 영양관리에 도움을 줄 분야로 앞으로 영양사의 진출이 예상된다.

13) 매스컴 분야

건강 · 식품 · 영양정보의 비중이 매스컴에서 커짐에 따라 전문인력인 영양사의 진출이 증가할 것이다.

14) 군 급식분야

60만 군인에 대한 양질의 급식과 효율적인 급식관리를 위해 영양사가 배치되어야 한다.

15) 개인 개업

임상영양사제도의 확립과 지역주민의 영양서비스 요구증대에 따라 지역병원과의 연계로 비만, 당뇨병, 고혈압, 심혈관질환 등 만성질환자와 임신 · 수유부 등을 대상으로 영양상담을 실시하는 개인영양상담실 개설 등의 필요성이 증가될 것이다.

(4) 영양사의 역할 및 업무

1) 산업체

① 급식관리

- 급식운영 계획 수립
- 식단작성
- 식품재료의 선정, 검수 및 관리
- 구매관리
- 재고관리
- 조리 · 검식 및 배식관리
- 위생 및 안전관리
- 원가관리
- 작업관리
- 인사관리
- 급식시설 및 설비관리
- 사무관리
- 급식평가
- 급식종사자 교육

② 피급식자의 영양교육 및 상담

③ 직업병 및 성인병 예방을 위한 연구 조사

④ 품질관리 활동

2) 학교

① 급식관리

- 급식운영 계획 수립
- 식단작성
- 식품재료의 선정, 검수 및 관리
- 구매관리
- 재고관리
- 조리 · 검식 및 배식관리
- 위생 및 안전관리
- 원가관리

- 작업관리
- 인사관리
- 급식시설 및 설비관리
- 사무관리
- 급식평가
- 급식종사자 교육

② 영양 및 식생활 개선에 관한 학생지도와 학부모 상담 및 교육

③ 효율적인 학교급식을 실행하기 위한 교직원 교육

④ 교육자료 개발, 연구 및 업무 능률 향상 활동

3) 병원

① 급식관리

- 급식운영 계획 수립
- 식단 작성
- 식품재료의 선정, 검수 및 관리
- 구매관리
- 재고관리
- 조리 · 검식 및 배식관리
- 위생 및 안전관리
- 원가관리
- 작업관리
- 인사관리
- 급식시설 및 설비관리
- 사무관리
- 급식평가
- 급식종사자 교육

② 임상영양관리

- 영양판정
- 영양상담 및 교육
- 식사섭취조사
- 의무기록
- 식사회진
- 영양교육자료 개발

4) 보건소

① 영양지도의 기획 · 분석 · 평가 및 영양상담

② 지역주민의 영양지도 및 상담

③ 영양조사 및 지역주민의 영양평가 실시

④ 영양교육자료의 개발 · 홍보 및 영양교육

⑤ 집단급식시설에 대한 현황파악 및 급식업무 지도

5) 사회복지시설

① 급식관리

- 급식운영 계획 수립
- 식단 작성
- 식품재료의 선정, 검수 및 관리
- 구매관리
- 재고관리
- 조리 · 검식 및 배식관리
- 위생 및 안전관리
- 원가관리
- 작업관리
- 인사관리

- 급식시설 및 설비관리
- 사무관리
- 급식평가
- 급식종사자 교육

② 재활능력 증진을 위한 피급식자의 기초 식습관 교육 및 식생활 지도

③ 피급식자의 직능훈련 및 기능회복훈련을 위한 체력유지대책 연구

6) 어린이급식관리지원센터

어린이급식관리지원센터 영양사의 업무는 다음과 같다.

팀	기능	세부직무
기획 운영팀	업무 계획	- 연간 및 세부 업무 계획 수립 - 사업의 결과 보고
	교육 프로그램 기획	- 대상별 교육 내용에 대한 요구도 조사 - 교육 대상별·내용별 교육 프로그램 설계 - 강사진 섭외 및 관리
	급식 지원 정칙 수립 및 정보제공	- 어린이 급식소의 급식운영 현황 및 지원 요구도 조사 - 어린이 급식운영 전반에 대한 정보 제공 - 홈페이지 운영 및 관리
	급식관리 지원 및 홍보	- 어린이 급식소 지원 관련 업무 진행, 각종 행사 계획 및 추진 - 각종 대내·외 홍보(인터뷰 등) 자료 개발 및 발행
	센터의 행정 제반 업무	- 예산 편성, 집행 등 재정관리 및 회계업무 총괄 - 직원 복무, 문서 및 물품 관리
	네트워크 관리	- 식품의약품안전처, 시·도 또는 시·군·구, 보건소, 교육청, 중앙급식관리지원센터, 식생활정보센터, 육아종합지원센터, 학교급식지원센터 등 유관기관과의 연계 업무 - 시·도 센터의 경우 시·군·구 센터에 대한 총괄 업무
위생팀	위생·안전관리 자원계획	- 어린이 급식소의 위생·안전관리 실태 조사 - 어린이 급식의 위생·안전관리 관련 자료 수집 - 어린이 급식소의 위생·안전관리 지원 계획 수립 및 운영(시설 유형별, 급식 규모별) - 어린이 급식의 위생적 품질관리 기준 관련 자료 수집
	위생·안전관리 자원계획	- 위생·안전관리 순회방문 및 현장지도 - 어린이 급식소 위생·안전관리 컨설팅 : 시설·설비 관리 등
	교육 자료 개발 및 프로그램 운영	- 위생·안전관리 교육자료 제작 및 보급 - 위생·안전 교육 프로그램 개발 및 운영 - 대상별 위생·안전 정례교육 프로그램 운영 - 신규채용 및 변경 인력 대상의 교육 프로그램 운영

팀	기능	세부직무
영양팀	영양관리 지원계획	- 어린이 급식소의 영양관리 실태 조사 - 어린이 급식소의 영양관리 지원 계획 수립 및 운영(시설 유형별·급식 규모별)
	영양관리 지원 실시	- 영양관리 순회방문 및 현장 지도 - 어린이 급식소 영양관리 컨설팅 : 급식관리(구매관리, 생산관리, 배식관리, 작업관리 등), 식단감수, 식재료 검수 등
	어린이급식 식단 개발	- 식단 분석 및 검토 - 시설 유형별, 급식 규모별 어린이 급식용 식단 및 표준레시피(조리지시서) 보급 - 대상별 1인 1회 분량의 시연 및 제시
	교육자료 개발 및 프로그램 운영	- 영양교육 프로그램 운영 - 대상별 영양관련 정기교육 프로그램 운영 - 신규 채용 및 변경인력 대상의 교육 프로그램 운영

7) 그밖의 단체

대학, 연구기관, 국가 및 지방자치단체, 식품회사, 요리학원, 스포츠헬스센터, 매스컴관련업, 약국, 다이어트 전문회사, 영양정보센터 등에서 제품 개발, 홍보, 상담, 교육 등의 역할 담당

2. 응용영양사업의 배경

응용영양사업은 한 나라의 적극적인 영양사업 실시와 각종 단체급식 실시 강화를 목적으로 하는 실실적인 영양사업으로, 국제연합기구의 특별기구인 WHO, FAO와 UNICEF에 의해 후원되며, 이들 국제기관과 해당 국가의 정부기관이 협력하여 시행하고 있다.

우리나라의 경우 농촌진흥청이 UNICEF의 지원을 받아 1967년부터 응용영양사업을 실시했다. 이는 정부차원에서 실시된 국내 최초의 본격적인 식생활 교육이다.

1968년 3월 정부는 UNICEF, 국제식품농업기구(FAO), 및 세계보건기구(WHO)와 공동으로 곡류 위주의 식사형태 개선, 영양식품 증산과 식량자급 및 국민의 체위향상을 목적으로 한 응용영양사업 협정을 체결하였다.

응용영양사업은 시범마을을 설치하고 농민교육을 통해 농민 식생활과 어린이 영양개선에 크게 기여했다. UNICEF는 1948년에 처음으로 우리나라에서 활동을 시작하여 영양교육을 하였고, 1977~1986년 사이에는 영양사업에 쓰이는 장비를 지원하기도 하였다.

농촌진흥청의 주관하에 10개 마을에서 시작한 응용영양사업은 곡류위주의 식사형태를 개선하고 5가지 식품군을 개발해 균형식을 보급하는 농민의 식생활 개선과 영양향상에 기여한 바가 높으며, 1967년부터 1986년까지 20여년 간 추진되었다.

1978년에는 농촌진흥청 농촌영양개선 연수원을 설립하여 농산식품 이용 및 영양수준 향상 연구와 일선 생활지도사, 학교급식 영양사 등에 대한 교육사업을 추진하였다.

전문연구인력 및 훈련기관의 필요성을 느껴 응용영양사업의 일환으로 1978년에 농촌영양개선 연수원이 설립되었고, 1994년 정부조직법 개편과정에서 농촌생활연구소로 개칭되었다.

Section 3 외국의 영양교육

1. 미국의 영양교육

미국에서는 교육 대상자에 따라 여러 가지 영양교육 프로그램을 다양하게 운영하고 있으며 농무성을 중심으로 식품, 영양, 음식, 건강에 대한 다양한 교육자료를 만들고 있다. 미국의 영양정책은 초기에는 주로 저소득층에게 식품공급을 확대하여 영양결핍을 방지하는 것이 주목적이었다.

미국의 영양프로그램의 특징은 많은 교육 프로그램이 저소득층과 소수민족을 위한 사회복지 프로그램과 연계되어 있어 소득 재분배의 역할도 하고 있다는 것이다.

미국 농부성의 확대 협동 서비스(Cooperative Extension Service) 기구는 1900년대 이래로 소비자들에게 영양교육을 실시하고 있으며, 이를 EFNEP(Expanded Food and Nutrition Education Program)라 한다. EFNEP는 1969년에 시작되었으며 저소득층, 특히 어린이를 대상으로 영양교육을 실시한다.

이 기구에서는 농업 생활지도사, 식품과학자, 영양사 및 영양 전문가들이 고용되어 교육 프로그램을 계획하고 평가한다. 이 프로그램 이후 영양지식, 식품섭취, 식행동 등이 모두 향상되었다고 한다.

1969년에 열린 식품 · 보건 · 영양에 관한 백악관회의와 1977년부터 시작된 영양교육훈련 프로그램은 영양 프로그램 운영에 있어서 정부의 역할을 확고하게 만들었다. 1946년에 시작된 학교급식은 급식제공과 함께 영양교육을 병행하여 1977년 'NET 프로그램(Nutrition Education and Training Program)' 이라는 영양교육훈련 프로그램으로 발전되었다.

NET 프로그램이란 어린이들을 위한 영양지도, 영양지도를 위한 교과과정 및 교육자료의 개발, 교사와 학교급식 종사원의 교육 등으로 구성되어 실시하는 프로그램이다.

1972년에 제정된 'WIC(The Special Supplemental Food Program for Women, Infants and Children) 프로그램' 은 연방정부가 지원하는 영양 프로그램으로서 저소득층이면서 영양적으로 취약한 임신부, 모유를 먹는 유아, 수유부, 그리고 5세까지의 어린이를 대상으로 하고 있다.

이 프로그램은 임신기, 영아기, 아동기 영양에 대하여 6개월에 두 번 이상 교육을 실시하며, 균형된 식생활을 영위하는 방법과 신선한 식품을 저렴하게 구매하는 방법 등의 지도 및 상담과 임신부의 산전관리와 예방접종 등 보건의료서비스도 함께 제공하여 영아와 아동의 성장에 기여한 프로그램으로, 영양교육과 보건서비스를 제공한다. WIC는 충분한 영양을 가장 필요로 하는 집단에게 필요한 영양소를 함유하고 있는 식품과 영양교육을 제공하는 프로그램으로 영양사의 직접적인 지도하에 시행된다는 점이 다른 프로그램과 다르다.

'Head Start Program' 은 탁아 프로그램의 한 종류로서 영양 및 의료 서비스를 제공하여 참석자들의 건강증진을 목적으로 한다. 이 프로그램에 참여하는 어린이들은 영양적인 식사를 하게 되고, 어린이들과 그 가족들은 영양교육을 받는다. 영양사들이 어린이들의 영양문제를 파악하고 음식에 대해 상담해 준다.

1960년대 초 케네디 대통령은 영세민에 대한 무료 식품공급 프로그램인 'Food Stamp' 를 시작하였다. 'Food Stamp' 는 1961년 부분적으로 시작되었다가 1964년 영구 프로그램이 되었으며, 수혜자격은 연방 정부에서 마련한 저소득층 수입지침과 비교해서 가구 수입으로 결정한다.

이 프로그램은 미국에서 성인들을 위해 가장 일반적으로 실시하고 있는 식품지원 프로그램으로 저소득층의 성인과 가족은 식품을 구입하기 위한 돈을 대신하는 쿠폰 형태의 증명서를 받는다. 최근 들어 미국 내 여러 주에서는 현금 및 신용카드와 비슷한 형태의 카드를 실험적으로 실시하는 지역도 있다.

그 밖에 사회적 · 경제적 도움을 필요로 하는 노인을 대상으로 식사제공과 영양교육, 사회교육 지원을 제공하는 'Meal Program for the Elderly' 와 'Commodity Supplemental Food Program' 등의 여러 가지 영양사업이 시행되고 있다. 'Commodity Supplemental Food Program' 은 비교적 소규모이며 몇 개 주에서 시행되고 있다.

최근의 영양정책 방향은 식생활, 영양상태 및 건강 등에 대한 정보를 국민에게 정확하게 전달하여 건전한 식생활을 유도하는 데 있다. 따라서 올바른 영양정보 제공에 많은 관심과 노력이 필요하다.

2. 일본의 영양교육

일본의 영양정책은 후생성이 중추적인 역할을 한다. 생활위생국 식품보건과에서도 영양행정에 관한 업무를 담당하고 있고, 연구기관으로는 1920년대에 세워진 국립영양연구소가 국민건강과 국가 식품정책 수립에 중요한 역할을 담당하고 있다.

1952년도에 시행된 영양개선법은 영양에 관한 법률 중 영양사법, 조리사법과 함께 중요한 3대 영양법으로 영양개선법의 주 목적은 국민들에 대한 영양에 대한 인식을 높이고 국민의 영양상태를 높이는 것이다. 1995년에는 생활주기와 성별을 고려한 국민 식생활 지침을 제정하여 바람직한 식생활의 영위하도록 지도하고 있다.

일본 후생성에서는 "국민건강증진운동"을 발족시켰다. 일본의 영양정책은 국민의 건강증진을 위해 시행되고 있는 시책의 중요한 부분이다. 일본은 경제 발전과 함께 식생활의 변화가 일면서 여러 만성질환이 증가하자 1978년부터 제2차 국민건강증진대책(Active 80 Health Plan)을 실시하여 영양 · 운동 · 휴양의 균형을 강조하였다.

또한 가공식품의 영양성분 표시제도 보급, 집단급식 시설에 관리영양사 배치, 건강증진을 위한 식생활 지침 보급, 식생활 건강상담 등을 실시하는 영양대책도 포함하고 있다.

일본에서는 1948년 '영양개선 모델 마을'을 설치하여 10년 간 종합적인 운영으로 좋은 성과를 거두었다. 1958년에는 영양교육으로 '기초식품군'의 개념을 도입하였고 이는 현재의 '6가지 기초식품군'의 기초가 되었다.

1964년 동경올림픽 이후 건강에 대한 국민들의 관심이 높아지면서 정부는 1965년 '체력 만들기 국민회의'를 발족하였다. 1978년에는 '국민건강 만들기 대책'을, 1985년에는 '건강증진을 위한 식생활지침'을 보급하였고, 1990년 9월에 개인 특성에 따라 실천하기 쉬운 구체적인 식생활 목표로서 '건강증진을 위한 식생활지침'을 제시하였다.

여기에는 식사를 즐겁게 할 것, 균형 있는 식사를 할 것, 곡류를 매끼 섭취할 것, 야채, 과일, 우유, 유제품, 두류, 생선 등도 충분히 섭취할 것, 소금이나 지방은 적게 먹을 것, 적정체중을 유지할 것, 바람직한 식생활을 습관화할 것 등의 내용이 포함되어 있다.

그 밖에도 근로자의 건강증진을 위하여 'THP운동(Total Health Promotion Plan)'을 실시하고 있으며, '건강일본 21' 계획을 세워 영양교육을 실시하고 있다.

3. 필리핀의 영양교육

필리핀은 National Nutrition Council이라는 기관에서 'Philippine Plan of Action for Nutrition(PPAN)' 이라는 영양정책사업을 실시하고 있다. 이 사업의 대표적인 영양사업으로는 LAKASS 프로그램을 들 수 있는데 이 프로그램을 통해 176개의 영양불량지역의 영양상태를 개선하고 있다. 필리핀은 국가 경제규모에 비해 영양정책사업이 잘 이루어지는 나라로 알려져 있다.

BIDANI는 1978년 필리핀 국립대학에 의해 만들어진 프로그램으로 빈농의 영양개선을 위한 다양한 훈련 및 교육을 포함하고 있다. 1978~1985년에 수행된 결과에 따르면 중증의 영양불량은 절반으로 감소하고 열량과 단백질 섭취량이 증가한 것으로 나타나 영양교육이 매우 효과적임을 보여준다.

CHAPTER

03

Nutrition Education and Consultation

영양교육의 이론과 모형

Section 1 이론과 모형의 정의

이론(theory)은 어떤 상태에서 무슨 일이 일어나는지를 예측하고, 무엇이 중요하고 중요하지 않은지를 설명해 현실을 단순화한다. 즉, 이론은 행동을 설명하거나 예측하는 개념을 가지고, 변수들이 서로 어떻게 관련성이 있는지 제시하는 것이다.

좋은 이론은 현상에 대한 설명성, 실용성, 완전성, 직접성, 절약성, 예측가능성, 단순성, 응용가능성, 직접성, 명료성 등을 고루 갖추고 있다. 모형은 어떤 결과나 개념을 정리한 것으로 도형, 도식, 도해로 표현한다.

영양교육에서 이론은 무엇에 초점을 두고 어떤 방법과 내용으로 교육할 것인가를 알려주는 가이드 역할을 한다. 그러나 영양행위와 그것에 영향을 주는 요인들은 복잡해서 하나의 이론이 모든 것을 완벽하게 설명하지는 못한다. 따라서 영양교육 상황에 따라 합당한 이론을 선택하여 이용하는 것이 좋다.

여기서는 개인의 건강행위 모델인 합리적 행동이론과 계획적 행동이론, 건강신념모델, 예방채택 과정모델과 개인 간 건강행위모델인 사회인지이론, 그리고 건강행동변화의 지역사회 모델인 개혁확산모델, 연구와 실천에서의 이론 활용을 위한 사회마케팅과 PRECEDE-PROCEED 모델을 살펴본다.

Section 2 합리적 행동이론과 계획적 행동이론

합리적 행동이론(Theory of Reasoned Action, TRA)과 계획된 행동이론(Theory of Planned Behavior, TPB)은 특정 행동을 행할 가능성에 대한 결정요인인 개인의

동기부여 요인(individual motivational factor)에 초점을 두고 있다.

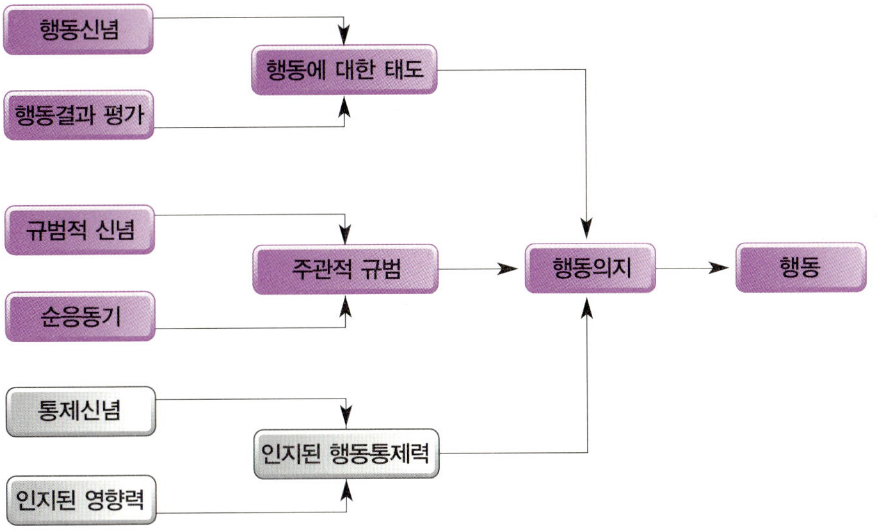

그림 3-1 합리적 행동이론과 계획적 행동이론
(색깔 부분은 합리적 행동이론이고, 전체 그림은 계획적 행동이론)

1. 합리적 행동이론

합리적 행동이론은 신념(행동신념과 규범신념), 태도, 의지, 그리고 행동 간의 관계에 관한 것으로, 1967년에 Fishbein과 Ajzen에 의해 개발되었다. 이 이론에 따르면 행동의 가장 중요한 결정인자는 사람의 행동의지(의도)이고, 건강과 관련된 행동은 대부분 자신의 의지적 통제하에 있으며, 인간은 합리적이고, 자신이 이용할 수 있는 한 체계적으로 이용한다는 가정을 하고 있다.

인간은 동기유발과정을 거치면서 건강증진 행동에는 적극 참여하고, 건강을 해칠 수 있는 행동은 하지 않으려 한다. 따라서 어떤 행동에 강한 의도가 있으면 그 행동을 할 가능성은 매우 높아지고, 그 행동을 결정하는 직접적인 결정요인이 된다.

행동의도의 직접적인 결정인자는 그 행동에 대한 태도(attitude toward the behavior)와 주관적 규범(subjective norm)이다. 개인적 요인인 행동에 대한 태도는 특정 행동에 대해 가지는 개인의 긍정적이거나 부정적인 느낌을 말한다. 특정 행동에 대한 태도는 그 행동의 결과에 대한 신념과 행동결과에 대한 평가로 구성된다. 그 행동을 하는 것이 긍정적인 결과가 나온다는 강한 신념을 가진 사람은 그 행동에 긍정적인 태도를 가지게 된다. 이와 반대로 그 행동이 부정적인 결과를 초래한다는 강한 신념을 가진 사람은 그 행동에 대하여 부정적인 태도를 가진다.

사회적 요인인 주관적 규범은 자신이 중요하다고 생각하는 사람들이 행사하는 영향력에 대한 개인의 동의 정도를 의미한다. 규범적 신념은 자신과 관련 있는 중요한 사람이 자신의 행동을 인정하는가 인정하지 않는가에 대한 개인의 생각을 말하며, 순응동기는 그러한 생각에 따르려는 동기부여가 있음을 말한다.

Guide

규범 : 한 사회 구성원이 공유하는 행위의 기준이나 규칙

자신과 관련 있는 사람이 자신이 어떤 행동을 해야 한다고 생각하고 있다고 믿고, 그 기대에 부응해야 한다고 생각한다면 그 사람은 긍정적인 주관적 규범을 갖게 된다. 반대로 자신과 관련 있는 사람이 자신이 그 행동을 해서는 안 된다고 생각한다고 믿는 사람은 부정적인 주관적 규범을 갖게 될 것이고, 관련 있는 사람의 생각을 따라야 한다는 순응동기가 덜 된 사람은 중립적인 주관적 규범을 갖는다.

Guide

순응 : 환경이나 변화에 적응하여 익숙해지거나 조직 · 명령에 적응하여 따름

이 이론은 패스트푸드 이용, 카페인 섭취, 지방과 설탕 섭취, 알코올 섭취 등을 연구하는 데 많이 이용되어 왔다.

2. 계획적 행동이론

체중조절, 운동, 금연 등의 행동은 의지만으로는 실천하는 데 어려움이 많다. Ajzen은 이런 완전한 의지적 통제하에 있지 않은 행동의 경우를 위해 합리적 행동이론에서 확대된 계획적 행동이론(Theory of Planned Behavior, TPB)을 주장했다.

어떤 행동을 수행하는 것은 동기적 요소인, 행동을 하려는 의지뿐 아니라 비동기적 요소인 자원이나 방해요인에 의해 영향을 받기도 한다. 즉, 행동을 하려는 동기부여가 높은 사람도 환경적 조건으로 인해 실제로 행동을 하지 않을 수 있다.

인간은 행동을 수행하는 데 필요한 자원을 가지고 있다는 믿음이 없으면 그 행동에 대한 부정적 태도를 가지고, 다른 사람들이 그 행동을 지지한다고 해도 하려는 의도를 갖기는 어렵다. 따라서 이 이론에서는 합리적 행동이론의 두 가지 요소 이외에 세 번째 요소로 인지된 행동통제력을 더하였다.

인지된 행동통제력이란 특정 행동을 수행하는 데 있어서 개인이 인지하기 쉽거나 어려운 정도를 말하며, 이는 일종의 자신감이다. 인지된 행동통제력은 내적 요소인 개인의 지식, 기술, 능력과 외적 요인인 자원, 시간, 기회, 다른 사람의 도움 등에 의해 형성된다. 그리고 인지된 행동통제력은 특정 행동을 행하는 데 필요한 자원과 기회에 대한 통제신념에 기초를 둔다. 어떤 행동을 촉진하는 요인이 존재한다는 강한 통제신념을 가진 사람은 그 행동에 대하여 높은 인지된 행동통제력을 가진다.

반대로 그 행동을 방해하는 요인이 존재한다는 강한 통제신념을 가진 사람은 그 행동에 대하여 낮은 인지된 행동통제력을 가진다. 행동통제력은 행동의도뿐만 아니

라 행동에 직접적으로 영향을 미칠 수 있다. 국내에서 계획적 행동이론으로 초임 여성의 모유수유 실천의도에 대한 연구한 결과는 표 3-1과 같다.

표 3-1 초임 여성의 모유수유 실천의도

김지은 · 박동연, 2001

결정인자	하부인자	내용
모유수유 실천의도		• 모유수유를 할 것 같다고 실천의도가 높게 나타남.
행동에 대한 태도	모유수유 결과에 대한 신념	긍정적인 신념 • 엄마와 아기가 더 친밀해질 것이다. • 아기가 질병에 잘 걸리지 않을 것이다. • 아기의 지능발달에 도움이 될 것이다. 부정적인 신념 • 부부생활에 지장이 있을 것이다. • 자궁수축에 도움이 안 될 것이다(실제로 도움이 되는데 잘못 인식). • 몸매가 망가질 것이다.
	모유수유 결과에 대한 평가	• 유방암을 예방할 수 있다.
주관적 규범	규범적 신념	• 시어머니의 권유, 모유를 먹인 경험이 있는 형제자매, 친정 어머니, 모유를 먹인 경험이 있는 친구
	순응동기	• 준거인의 모유수유 권유에 적극적으로 따를 의사를 가짐.
인지된 행동통제력		• 젖몸살을 앓을 경우 • 커피, 술, 담배 등 아이에게 해로운 기호품을 삼가는 경우 • 제왕절개 수술을 할 경우

3. 건강신념모델

건강신념모델(Health Belief Model, HBM)은 1950년대에 미국 공중보건서비스 소속 사회심리학자들이 암을 예방하고 조기 발견하기 위한 프로그램에 사람들이 왜 참여하지 않는지를 설명하기 위해 처음 개발되었다. 이 이론에서 건강행동은 이성적 사고를 바탕으로 이루어진다고 가정한다.

건강신념모델에서 건강행동의 실천 여부는 개인의 건강과 관련된 신념에 따라 정해진다. 이 모델은 개인의 건강에 대한 위협인식과 이익성 인식, 장애 인식, 자기효능감에 따라 한 개인이 건강 관련 행동을 할 것인가 여부를 예측할 수 있게 해준다(그림 3-2).

그림 3-2 건강신념모델의 구성요소

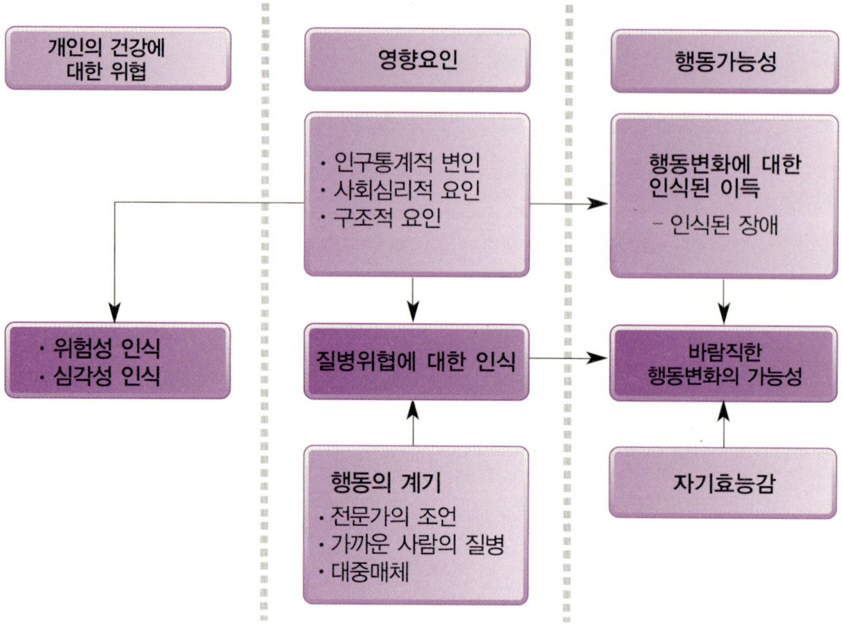

사람들은 자신이 어떤 질병에 위험성을 가지고 있다고 생각하거나 그 질병이 심각한 결과를 초래할 가능성이 있다고 생각할 때, 자신의 행동이 그 질병에 대한 자신의 위험성 또는 심각성을 줄이는데 도움이 된다고 생각할 때, 필요한 행동을 하는데 있어서 예상되는 어려움보다 그 행동이 가져다 줄 이익이 크다고 생각할 때에 질병을 예방하고, 검사하고, 통제하기 위한 행동을 취한다.

(1) 개인의 건강에 대한 위협 인식

위협인식은 질병에 대한 위험성(취약성) 인식과 심각성 인식으로 나뉜다. 위험성 인식이란 질병에 걸릴 위험에 대한 개인의 주관적 인식이다. 위험성 인식을 위해서는 위험집단 및 위험수준을 정의하고, 개인의 특성이나 행동에 기초하여 개인에 대해 위험을 구체화한다.

심각성 인식은 질병에 걸렸거나 치료하지 않고 방치했을 때 생기는 사망, 장애, 고통과 같은 의학적 · 임상적 결과에 대한 개인의 평가와 직장환경, 가족생활과 같은 사회적 결과에 대한 개인의 평가를 포함한다. 심각성 인식을 위해서는 위험이 초래할 결과를 상세히 설명해야 한다.

위험인식은 영향요인(수정요인)에 의해 변화될 수 있다. 영향요인에는 인구통계학적 변인(대상자의 연령, 성별, 인종, 교육수준), 사회심리적 변인(인성, 사회계층,

동료 및 준거집단의 압력 등), 구조적 변인(질병관련 지식, 질병 이환 경험 등)이 있고, 행동의 계기(대중매체를 활용한 캠페인, 전문가의 조언, 가까운 사람의 질병, 신문, 잡지의 기사 등)도 질병 위협에 대한 인식에 영향을 미친다.

(2) 이익성과 장애 인식

개인이 취할 수 있는 일련의 행동은 질병의 위협을 줄이기 위해 바람직한 행동을 했을 때의 효과에 대한 신념, 즉 건강행동을 함으로써 오는 인식된 이익성에 따라 좌우된다. 반면 특정 건강행동이 가질 수 있는 부정적인 측면인 인식된 장애는 건강행동을 하는 것을 어렵게 만든다.

사람들은 어떤 행동에서 기대되는 긍정적인 효과와 그 행동에 따르는 비용, 위험(부작용), 불쾌감(고통, 어려움, 기분 나쁨), 불편, 시간 등을 저울질하여 행동변화 여부를 결정한다. 행동이 수행가능하고, 효과가 있으며, 그 행동을 수행하는 데 물리적 · 심리적 장애가 적을 때 행동이 일어난다. 따라서 이익성 인식을 높이고 장애 인식을 최소화할 필요가 있다.

이익성을 인식시키기 위해서는 어떻게, 어디서, 언제 그 행동을 해야 하는지를 규정하고, 예상되는 긍정적인 효과를 구체적으로 인식시킨다. 그리고 인식된 장애를 최소화하기 위해 잘못된 정보를 수정하고, 인식된 장애를 확인하고 줄인다.

(3) 자기효능감

사람들은 자신이 인식한 장애를 극복하고 필요한 행동을 취할 능력(자기효능감)이 있다고 느껴야 행동을 시도한다. 예를 들면 체중조절을 위한 저열량식, 규칙적인 운동 등의 행동을 할 수 있다는 자신감이 높을수록 체중조절에 참여할 가능성이 높다.

자기효능감을 높이기 위해서는 행동을 하는 데 필요한 훈련 및 지원을 제공하고, 목표를 쉬운 것에서 어려운 것 순으로 점진적으로 설정한다. 그리고 보상을 제공하고, 바람직한 행동의 시범을 보이며, 불안감을 감소시킨다.

4. **예방채택과정모델**(행동단계이론)

위험행동에 대한 예방법을 선택하거나 위험행동을 그만두는 것은 의도적인 행동을 필요로 한다. 예방채택과정모델(Precaution Adoption Process Model, PAPM)은 사람들이 어떻게 특정한 행동을 취하는 결정을 내리고, 행동에 옮기는지를 설명한다. 따라서 PAPM은 개인의 심리적 과정에 초점을 둔다.

PAPM은 인식부족에서부터 행동유지까지 7단계로 이루어져 있다(그림 3-3).

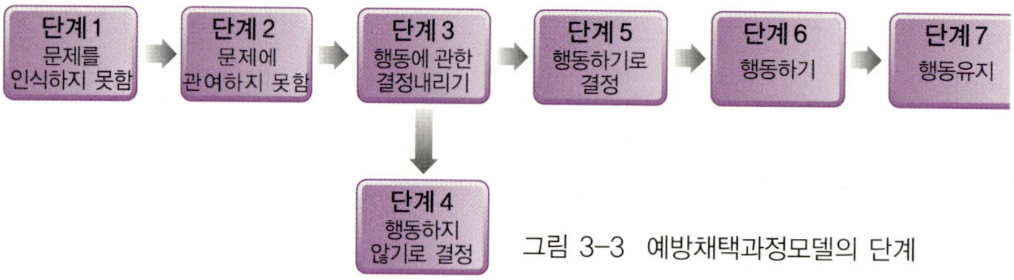

그림 3-3 예방채택과정모델의 단계

단계 1은 초기단계로서 사람들이 건강과 관련된 문제를 인식하지 못한다. 단계 2는 사람들이 건강문제에 대해서 처음 깨닫고 건강문제를 인식하기는 하지만 관여하지 않는다. 단계 1과 단계 2를 합하여 고려 전 단계(무관심단계)라고도 한다. 단계 3은 의사결정단계(고려단계, 관심단계)로서 사람들이 건강문제에 관여하고 고려한다. 의사결정 과정은 두 가지 결과를 초래한다.

단계 4는 단계 3에서 어떤 행동을 취하지 않겠다고 결정하여 당분간 예방채택과정이 종료되는 것이다. 단계 5는 단계 3에서 예방책을 채택하기로 결정한 단계(준비단계)이다. 단계 6은 행동을 시작하게 되고(행동단계), 마지막 단계 7은 채택한 행동을 한동안 유지하는 것이다(유지단계).

이들 7단계는 단순히 순서를 나타낸 것으로 그 이상의 의미는 없다. PAPM에서는 개인마다 행동 변화의 정도와 단계에 차이가 있으므로 각 단계에 따라 행동수정 방법이나 전략을 다르게 사용해야 한다. PAPM은 음주, 흡연 행동에 처음 적용된 후 영양연구에도 활발히 적용되고 있다.

1) 단계 1(문제를 인식하지 못함)

흡연, 고지방 식사와 같은 잘 알려진 위험요소들은 실생활에서 많이 접한다. 이처럼 우리에게 잘 알려진 위험요소들은 많은 사람들이 그들의 삶에 미치는 위협에 대해서 생각해 본 적이 있기 때문에 문제점으로 잘 인식하고 있다. 그러나 사람들에게 생소한 위험요소는 문제점으로 인식하지 못한다. 따라서 단계 1은 자신의 행동에 문제가 있다고 인식하지 못해서 바꿀 의향이 없는 단계이다.

2) 단계 2(관여하지 않음), 단계 3(행동을 결정하기)

사람들이 위험요소에 대해 처음 듣고 의견을 형성하기 시작하면 단계 2로 넘어간다. 단계 2와 단계 3을 구분해야 하는 이유는 행동에 대해서 생각해 본 적이 있는 사람들이(단계 3) 더 많이 알고 있기 때문이다. 따라서 어떤 행동을 할 것인지 여부를 생각해 본 것과(단계 3) 생각해보지 않는 것(단계 2)을 구분하는 것은 매우 중요하다. 단계 2에서 단계 3으로 넘어가기 위해서는 위험을 개별화하여 개인적으로 실감할 수 있게 하는 것이 좋다.

3) 단계 3(행동에 관한 결정내리기), 단계 4(행동하지 않기로 결정), 단계 5(행동하기로 결정)

아직 의견을 정하지 않은 사람들과 결정을 내린 사람들 사이에는 중요한 차이가 있다. 사람들은 어떤 문제에 대한 입장을 정할 때 정보에 따라 다르게 반응하고 설득에 대해 아직 의견이 없는 사람들보다 더 저항적이 된다. 이처럼 자신의 입장에 집착하는 경향을 고집스런 신념이라고 한다. 이 때문에 PAPM에서는 사람들이 행동하거나 하지 않기로 결정했다고 하는 것을 매우 중요하게 여긴다.

개인이 건강위험에 접할 가능성에 대한 인식(취약성)은 어떤 결정을 내리는 데 영향을 준다. 사람들은 위험은 인정하면서도 위험에 대한 자신의 취약성을 인정하는 것은 꺼리고, 자신에게는 일어나지 않을 것이라는 생각으로 이 위험성에 대한 인식을 극복해 버리면 행동을 취하기 어려워진다.

또한 어떤 행동을 하는 데 있어서 장애요인이 있는 경우, 예를 들어 체중조절을 하기로 결정하는 경우 장기적으로는 건강에 이득이 될지라도 현재 저열량 식사에 대한 부담감, 운동에 할애해야 하는 시간, 심리적인 고통 등의 장애요인이 행동변화에 걸림돌이 된다.

단계 3에서 단계 5로 가게 하기 위해서는 건강행동을 할 때의 장점을 더 인식시키고, 자신감을 높일 필요가 있다.

4) 단계 5(행동하기로 결정), 단계 6(행동하기)

초기 동기부여 단계에서 사람들은 위험, 결과, 자기효능감에 대한 신념에 기초하여 행동에 관한 의지를 형성한다. 이 단계에서 목표가 정해지면 결정단계로 넘어가는데, 결정단계에서 사람들은 구체적인 행동내용을 계획하고, 행동을 시작하며, 행동의 성공적인 이행과 관련된 어려움에 직면하고, 대처해 나간다.

계획된 행동에 대한 행동계약서를 받는 것도 한 방법이 된다. 구체적인 행동에 필요한 정보는 결정한 것을 행동으로 이행하는 데 필수적이다.

5) 단계 6(행동하기), 단계 7(행동유지)

단계 6은 행동을 바꾸기 위해 노력하는 단계이고, 단계 7은 어떤 행동 변화가 6개월 이상 유지되는 단계이다. 대부분의 건강관련 행동들은 처음으로 행하는 것과 일정기간 반복하거나 습관적으로 오랜 시간 지속하는 것은 다르다. 체중감량을 시도한 사람들은 이행 초기단계에서는 성공의 기쁨을 느끼지만 유지단계가 되면 전혀 다른 문제에 대처해야 한다. 따라서 건강행동이 유지될 수 있도록 가족이나 친구의 도움을 구하는 방법, 내적 보상 등을 적절히 활용한다.

6) 무행동단계

PAPM에서는 행동하지 않는 것과 행동에 관해서 생각조차 하지 않는 것의 차이점을 중요하게 인식하고 있다. 단계 1, 2, 4에 있는 사람들은 모두 이 범주에 해당된다.

단계 1의 사람들은 위험요인 및 예방책에 관한 기본적인 정보가 필요하다.

단계 2의 사람들은 어떤 위험요인과 행동이 각자에게 관련이 있음을 보여줄 필요가 있다. 행동에 대해 생각해 본 적이 있는 가족이나 친구와의 접촉이 다음 단계로 나아가는 데 도움이 된다.

단계 4의 사람들은 특히 어려운 집단이다. 이 단계의 사람들은 충분한 정보를 제공받은 사람들이고, 행동이 불필요하다는 그들의 결정을 반대하는 정보를 무시하는 경향이 있다.

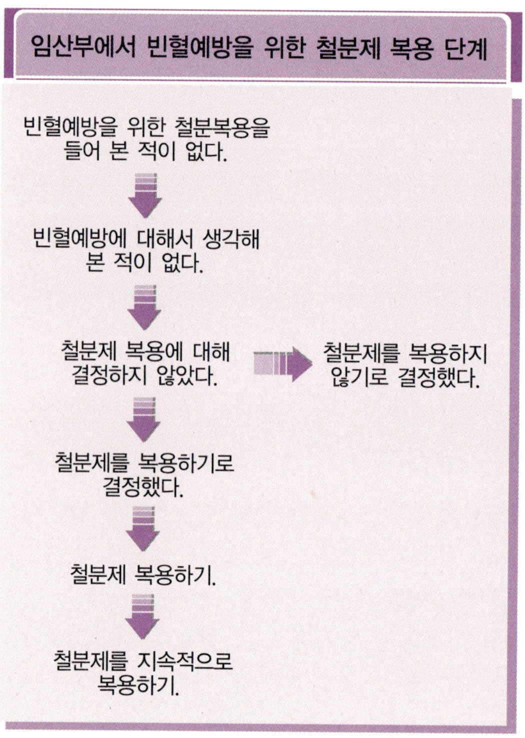

그림 3-4 예방채택과정 모델의 예

표 3-2 각 단계 간 이동에 영향을 미치는 요인들

단계이동	영향을 미치는 요인
단계 1에서 단계 2로	• 위험요소와 예방방법에 대중매체의 메시지
단계 2에서 단계 3으로	• 자신에게 중요한 사람들과 의사소통 • 위험요인과 관련된 개인의 경험
단계 3에서 단계 4나 단계 5로	• 개인의 취약성에 관한 신념 • 위험요인의 가능성 및 심각성에 관한 신념 • 예방법의 효과와 어려움에 관한 신념 • 다른 사람들의 행동과 권유 • 두려움과 걱정
단계 5에서 단계 6으로	• 행동에 필요한 시간, 노력, 자원 • 방법에 대한 상세한 정보 • 행동을 이행하는 데 있어서의 자원 • 행동을 상기시키는 것과 행동의 계기

5. 사회인지이론(Social Cognitive Theory)

사회인지이론(Social cognitive theory, SCT)은 Bandura가 사회학습이론에서 발전시킨 것으로, 건강행동에 영향을 주는 심리사회학적 역학과 건강변화를 증진시키는 방법에 대한 이론이다. 사회인식이론의 장점으로는 지식이나 태도보다는 행동변화에 초점을 맞추고 환경의 영향에 가치를 둔다는 것이다.

SCT는 행동, 개인적 요인과 환경이 서로 간에 영향을 주고받는 역동적이고 상호작용적인 관계모델로서 인간행동을 설명한다(그림 3-4). 행동은 서로 간에 영향을 주고 받는 환경과 개인적 요인에 따라 달라지는 역동적인 것으로 본다.

개인적 요인, 행동, 그리고 행동이 일어나는 환경 간의 상호작용을 상호결정론이라고 한다. 환경이 단순히 개인적 요인과 행동의 결과가 아닌 것처럼 행동도 단순히 환경과 개인의 결과가 아니다. 이들 세 가지 구성요소는 끊임없이 서로에게 영향을 주고 한 구성요소의 변화는 다른 구성요소의 변화에 영향을 미친다.

예를 들어 체중감량에 대해 배우자의 지원(환경적 요인)이 아주 큰 역할을 하는데, 배우자가 어떤 이유로 인해 체중감량에 대한 강화를 제공할 수 없는 경우 대상자에게 저열량 식사를 그만두는 행동변화로 이어질 수 있다.

사회인지이론은 식행동과 관련된 요인의 파악뿐 아니라 영양교육을 계획, 전개하는 데 구체적이고 효과적인 방법을 제공하므로 실제적으로 널리 적용된다. 특히 어린이와 청소년의 영양교육에서 많이 활용된다.

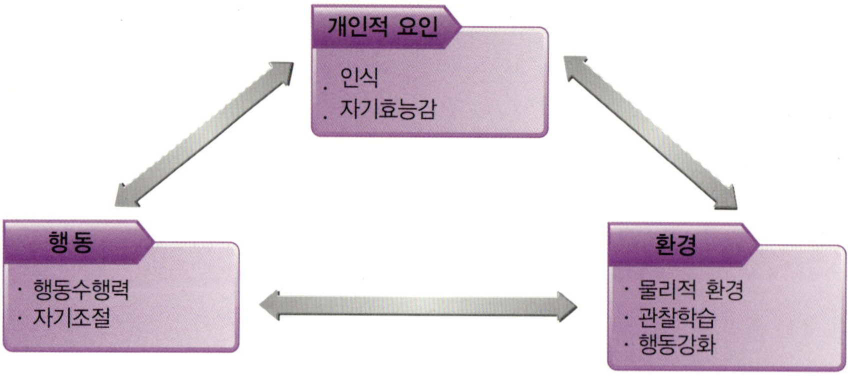

그림 3-5 사회인지이론

(1) 개인적 요인

1) 인식

인식은 행동에 대한 결과기대와 결과기대값으로 형성된다. 기대란 행동을 예측하게 하며, 행동의 선행 결정인자이다. 사람들은 어떤 행동에 대해 행동을 하는 상황의 여러 측면에 대해 생각하고, 상황을 해결하기 위한 방법들을 만들어 검증하며, 그들이 행한 결과로 인해 어떤 일이 일어날지 예상한다.

대부분의 경우 예상행동은 걱정을 줄이고 상황을 다루는 능력을 높인다. 예를 들어 저지방식에 대한 영양교육의 결과기대를 높이기 위해서는 저지방식의 장점(체중감소, 콜레스테롤 저하)과 단점(시간, 노력, 맛)을 파악하여 단점보다 장점에 대한 인식을 높인다.

결과기댓값은 개인의 특정 결과에 부여하는 값, 즉 가치 또는 중요성이다. 예를 들어 저지방식을 할 때의 여러 결과(체중감소, 콜레스테롤 저하, 시간, 노력, 맛 등)에 대하여 얼마나 중요하게 생각하는지를 여부이다. 영양교육에서 각 결과에 두는 가치를 건강지향적인 방향으로 유도할 필요가 있다.

2) 자기효능감

자기효능감은 개인이 특정행동을 수행하는 것과 관련해 느끼는 자신감으로, 행동을 수행하는 데 장애가 되는 요인을 극복함에 있어서의 자신감도 포함한다. 자아효능감을 높이기 위해서는 직접 경험하게 한다든가 다른 사람의 경험을 듣거나 관찰함으로써 간접경험을 하게 하고 긍정적인 강화를 제공한다.

(2) 행동

1) 행동수행력

행동수행력은 실제로 행동할 수 있는 능력을 말한다. 행동수행력을 높이기 위해서는 영양교육을 통해서 행동수행과 수정에 필요한 지식, 기술을 습득시킨다.

2) 실행에 대한 자기조절

실행이란 특정 목표를 달성하기 위한 인간의 행동을 말한다. 영양교육 시 건강행동의 실천을 개인이 조절할 수 있게 하는 것이 좋다. 스스로 행동변화 목표를 설정(계약서 작성)하고, 행동을 계획 · 수행 · 유지하며, 관리하는 능력을 기른다. 자기조절을 위해서는 행동의 결정요인 및 행동영향에 대한 모니터링, 행동결과를 자신이 설정한 목표와 비교하기, 자기보상 등이 필요하다.

자기효능감은 자기조절에 있어서 변화하고자 하는 행동의 범위를 선택하고 자기관리에 대한 자신감을 확립하기 위한 연습을 선택하는 것에 중요한 역할을 한다. 자기조절 증진을 위한 노력은 구체적인 행동에 초점을 맞추어야 한다.

(3) 환경적 요인

1) 주위환경

사회인지이론에서 환경이 중요한 이유는 행동에 대한 모델을 제공하기 때문이다. 환경은 개인의 행동에 영향을 미치는 물리적 · 외적 · 객관적 요인들을 말한다. 물리적 환경에는 방의 크기, 주위온도, 특정 음식에 대한 접근성 등이 있다.

사회적 환경의 예로는 가족, 친구, 직장동료, 학교동료 등이 있고, 기회와 사회적 지지를 제공한다. 영양교육에서는 식생활 환경의 긍정적 변화를 유도하고, 사회적 환경의 영향이 건전하도록 유도한다.

2) 관찰학습

개인은 강화뿐만 아니라 관찰을 통해서도 다른 사람들로부터 배울 수 있다. 관찰학습은 개인이 다른 사람의 행동 · 성공 · 실패와 그 사람이 받는 강화를 관찰함으로써 이루어진다. 이러한 과정을 대리보상 또는 대리경험이라고 부른다.

아동들은 부모가 음식을 먹고, 술을 마시는 행동들을 관찰하고 그러한 행동으로 인해 부모가 받는 다양한 보상 또는 처벌을 관찰한다. 만약 술을 마시는 행동을 관찰자가 보상이라고 생각하는 긍정적인 강화를 받는다면, 관찰자는 나중에 그 행동을 하게 될 가능성이 높아진다.

영양교육의 한 예로 아동에게 선호도가 낮은 생선을 무조건 먹으라고 하는 것보다는 생선을 잘 먹는 아동을 생선왕으로 선정(모델링)하여 학생들이 생선왕 학생을 관찰함으로써 생선섭취를 유도하는 것을 들 수 있다.

3) 행동강화

긍정적 강화, 즉 보상은 행동의 지속가능성을 높여준다. SCT에는 세 종류의 강화가 있다. 칭찬, 물질적 선물과 같은 직접적 강화와 다른 사람의 행동, 결과, 보상을 관찰하는 대리강화, 자기강화이다.

Guide

강화 : 바람직한 행동이 다시 일어날 가능성을 높이는 것.

세 종류의 강화는 다시 외적 강화와 내적 강화로 구분할 수 있다. 외적 강화보다 내적 강화가 더 높은 사람이 행동을 지속할 가능성이 높기 때문에, 강화 초기에는 다른 사람의 칭찬, 선물과 같은 외적 보상으로 강화를 주다가 점차 자기 자신이 직접 내적 강화(행동하는 것이 재미있음)를 하도록 유도한다.

6. 개혁확산모델

개혁의 확산이란 기존에 없었던 새로운 아이디어나 기술이 여러 경로를 통해 사회의 구성원에게 전달되는 과정을 말한다. 대부분의 사람들은 새로운 것을 받아들이지 못하는 데 반해 몇몇 사람들은 대담해서 새로운 것을 받아들이고 선구자가 되어 개혁이 확산된다.

개혁확산을 위해서는 우선 대상자들에게 맞는 새로운 아이디어나 기술이 개발되어야 하며, 대상자들에게 적합한 의사소통 경로를 통하여 정보를 전달해야 한다. 대상자들은 새로운 지식을 접했을 때 그것에 대해 긍정적 또는 부정적 태도를 형성하는데, 대상의 일부에서 개혁을 받아들여서 실제로 행동에 옮기고, 그 행동을 강화시킬 수 있는 요인을 찾았을 때 확인과정을 거쳐 채택이 일어난다.

확산은 일부에서 채택한 개혁정보가 전체 구성원들로 확산되는 과정을 의미한다. 확산의 속도와 정도를 결정짓는 주요 특성은 표 3-3과 같다. 노인이나 혼자 사는 사람들의 경우 옛것을 고집하며 개혁을 잘 받아들이려 하지 않는 경향이 있다.

표 3-3 확산의 속도와 정도를 결정하는 특성

특성	질문의 형태
적합성	혁신이 대상자에게 적합한가?
가치관	혁신의 대상자의 현재 가치관과 일치하는가?
상대적 이점	혁신이 기존의 것보다 나은가?
편리성	혁신이 사용하기 편리한가?
관찰가능성	혁신의 결과를 쉽게 측정할 수 있는가?
시도 가능성	채택여부를 결정하기 전에 혁신을 한 번 시도해 볼 수 있는가?
사회적 관계에 대한 영향력	혁신이 사회환경에 부정적인 영향을 미칠 가능성이 있는가?
전달성	혁신을 쉽고 명확하게 이해할 수 있는가?
가역성	혁신을 원래대로 되돌리거나 쉽게 중지할 수 있는가?
시간	많은 시간을 투자하지 않고도 혁신을 채택할 수 있는가?
책임성	보통의 노력을 통해 혁신을 효과적으로 이용할 수 있는가?
위험 및 불확실성	큰 위험이나 불확실성 없이 혁신을 채택할 수 있는가?
수정 가능성	시간의 경과에 따라 혁신을 수정 · 발전시킬 수 있는가?

7. 사회마케팅

사회마케팅은 표적대상에게 필요한 정보를 제공하는 프로그램에 참여하도록 북돋는 프로그램 계획과정이다. 이 이론은 상업마케팅 기술을 적용한 것으로, 상업마케팅이 냉장고와 같은 물건을 파는 것이라면 사회마케팅은 표적대상에게 저지방 식사의 이점과 대한 정보나 아이디어를 파는 것이다.

사회마케팅을 하는 사람이 이용하고자 하는 영향력은 사람들의 행동을 변화시키려는 노력(체중감소를 돕는 것)과 사람들로 하여금 현재 행동을 유지하게 하는 노력(다시 체중이 증가하지 않도록 막는 것)이다. 사회마케팅 실천의 기본은 마케팅 혼합의 모든 요소를 이해하고, 평가하며, 활용하는 것이다. 마케팅 혼합요소는 Product, Price, Place, 그리고 Promotion의 4P's이다.

(1) 다양한 혜택(제품, Product)

사회마케팅의 주체는 표적대상으로부터 원하는 행동을 이끌어낼 가능성을 높이기 위해서 어느 정도의 아이디어, 서비스 또는 제품을 제공할지를 조사하여 결정한다. 표적대상은 그들이 원하는 혜택이 많을수록 그들이 가진 자원을 자발적으로 혜택과 교환하고자 한다.

(2) 가격(Price)

사회마케팅 과정에서 제품 못지않게 중요한 요소는 표적대상의 행동(제품 구매 또는 교환)과 관련된 장애요인 또는 비용을 조사하여 결정하는 것이다. 이 비용은 경제적, 심리적, 사회적 또는 환경적인 것일 수 있다. 어떤 비용이 표적대상에게 있어서 가장 중요한 장애요인인지를 파악함으로써 사회마케팅 주체는 비용을 최대한 감소시키기 위해 제한된 자원을 어떻게 활용할지를 결정하게 된다.

마케팅 주체가 비용을 많이 줄일수록 표적대상은 남은 비용과 혜택을 자발적으로 교환할 가능성이 커진다.

(3) 장소(Place)

장소는 표적대상자에게 상품, 아이디어, 서비스를 쉽게 이용할 수 있도록 하는 경로를 말한다. 소비자 마케팅에서는 제품을 소비자에게 전달하는 분배경로가 마케팅 혼합에서 가장 중요한 요소가 될 수 있다.

마케팅 주체는 표적시장 구성원들이 어디서 시간을 보내고, 언제 어디에서 결정을 내리며, 결정적인 시기에 그들에게 접근할 수 있는 사람이 누군지를 정확하게 이해해야 한다. 또한 표적시장 구성원들 앞에 가능한 한 자주 제품을 내놓고, 구성원들이 제품을 필요로 하는 시점과 최대한 근접한 시점에 제품을 내놓기 위해 노력해야 한다.

(4) 촉진(비용과 혜택을 알려주고 설득하기, Promotion)

표적대상은 마케팅 제품이 합리적인 가격에 다양한 혜택을 제공하고 편리한 곳에서 쉽게 구할 수 있다는 것을 아는 경우 그들이 가진 자원을 자발적으로 제품과 교환하고자 할 것이다. 촉진은 그런 인식을 만드는 요소이다. 촉진요소에는 광고, 홍보, 선전, 오락미디어, 우편과 텔레마케팅, 전자메일과 홈페이지를 이용한 방법, 실물샘플, 제삼자의 보증 등이 포함된다.

이 네 가지 P를 잘 적용하면 영양개선 프로그램의 효과를 높일 수 있다.

8. PRECEDE-PROCEED 모델

PRECEDE-PROCEED 모델은 보건영양문제를 진단하고 해결하기 위해 사회과학, 행동과학, 역학, 영양학, 생물학, 교육학 등 여러 학문을 가지고 접근하여 문제의 진단, 프로그램의 계획, 실행 및 평가에 이르는 모든 과정의 연속적인 단계를 제공하는 포괄적인 건강증진 계획에 관한 모형이다.

앞의 이론들이 중요하게 생각되는 어떤 결과와 관련요인들의 관계를 예측하거나 설명하려는 이론이었다면, PRECEDE-PROCEED 모델은 이론 적용을 위한 구조를 제공함으로써 가장 적절한 개입 전략을 찾아 실행한다. 즉, 앞의 이론이 어떤 구체적인 길을 제시한다면, PRECEDE-PROCEED 모델은 가능한 모든 길을 제시하는 로드맵 이론이라고 할 수 있다.

PRECEDE-PROCEED 모델은 영양교육이나 사업의 계획에 필요한 정보수집 과정, 즉 건강과 영양문제와 이와 관련된 요인을 찾는 문제평가 단계인 PRECEDE와 계획을 수행하고 실행하여 효과를 평가하는 단계인 PROCEED로 구성되어 있고, 총 9단계이다(그림 3-6).

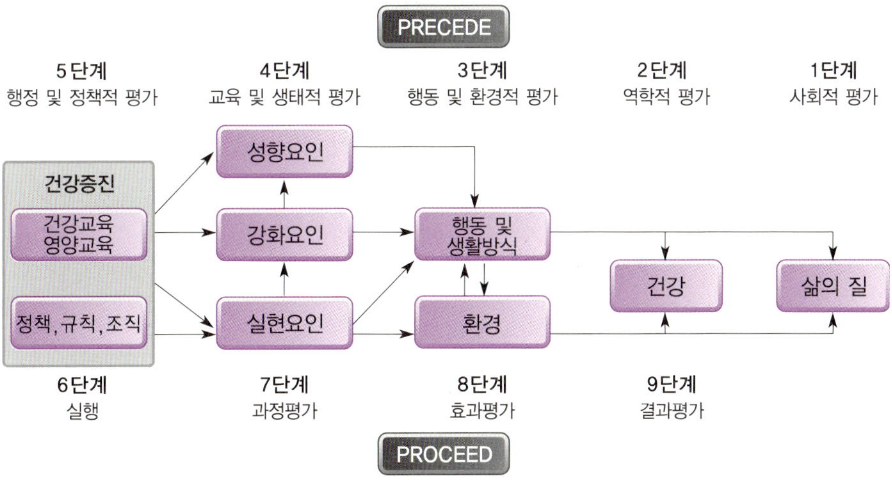

그림 3-6 PRECEDE-PROCEED 모델

(1) PRECEDE 단계

1) 사회적 평가

사회적 평가는 교육집단의 욕구와 삶의 질에 대한 인식을 파악하며, 더불어 집단의 문제해결능력, 강점과 자원, 변화에 대한 수용성 등을 고려한다.

2) 역학적 평가

역학적 평가에서는 교육집단의 보건상태나 질병발생 양상에 대해 분석한다. 역학적 평가를 위해 기본통계자료, 건강조사자료, 의료기록 및 행정기록 등의 자료를 분석한다. 집단의 건강문제에 대한 자료를 토대로 교육자는 가장 큰 건강문제가 무엇이고, 현재 해결되지 않은 것은 무엇이며, 현실적으로 해결방법이 있는 건강문제는 무엇인지를 고려하여 우선순위를 정하고, 프로그램의 목적과 목표를 결정한다.

3) 행동 및 환경평가

앞단계에서 파악된 건강과 질병문제를 유발하는 행동 및 환경요인을 파악하고 영양중재활동을 통한 변화 가능성을 모색하는 단계이다. 행동요인이란 위험요인을 가진 사람들의 생활방식 또는 행동을 의미하며, 건강문제의 발생 및 심각성에 영향을 미친다.

환경요인은 개인의 통제범위를 넘어선 사회적 · 물리적 요인으로서 행동을 지원하거나 건강회복을 위해 수정할 수 있는 요인이다. 예를 들어 학동기 아동의 좋지 못한 영양상태는 좋지 못한 식습관(행동요인)에서 비롯되는데, 이 식습관은 학교 주변에서 건강에 해로운 음식에 얼마나 쉽게 접하는지에 영향을 받는다.

생물학적 요인과 유전적 요인들은 건강에 영향을 미치지만 바꿀 수 없다. 그러나 중재를 위해서 고위험집단을 파악하는 데는 도움이 된다. 예를 들어 골다공증 검사증진 프로그램에서 골다공증 가족력을 가진 여성은 위험이 더 높으므로, 이들을 포함시키는 특별한 노력이 필요하다.

4) 교육 및 생태적 평가

중재를 위해 적절한 행동요인과 환경요인을 선택하고 나면 4단계에서는 변화과정을 시작하고, 지속하기 위해 반드시 있어야 할 선행요인과 강화요인을 파악한다. 선행요인과 강화요인은 성향요인 · 강화요인 · 실현요인으로 분류되며, 행동변화 가능성과 환경변화 가능성에 광범위한 영향을 미친다.

성향요인은 어떤 행동에 대하여 합리적인 근거나 동기를 제공하는 행동보다 선행되는 요인이다. 성향요인에는 개인의 지식, 태도, 신념, 선호, 기존의 기술, 자기효능감, 신념 등이 있다.

강화요인은 행동의 지속이나 반복에 대해서 보상이나 인센티브를 지속적으로 제공하는 행동 요인이다. 예를 들면 사회적 지지, 동료의 영향, 대리강화, 자신에게 중요한 사람 등이 이에 해당된다.

실현요인은 동기를 실현할 수 있게 하는 행동에 선행한다. 실현요인은 환경요인을 통해서 직접적이거나 간접적으로 행동에 영향을 줄 수 있다. 행동결과와 환경결과를 이끌어내는 데 필요한 프로그램, 서비스, 자원, 그리고 건강행동 변화에 필요한 새로운 기술도 실현요인에 속한다. 이 요인들은 중요성과 변화 가능성이라는 기준으로 평가하고, 중재를 위해 우선순위 목표를 측정 가능하도록 정한다.

5) 행정 및 정책평가

이 단계에서는 중재전략과 중재실행을 위한 최종 계획을 세운다. 5단계의 목적은 프로그램 실행을 촉진 또는 방해할 수 있는 요인을 파악하는 것이다. 이 단계에서 교육자는 이전 단계들을 기초로 하여 중재전략을 세우고, 필요한 자원(시간, 인력, 자원)의 이용 가능성을 평가한다.

(2) PROCEED 단계

1) 실행

프로그램을 개발하고 실행방안을 마련한다.

2) 과정평가

계획했던 것들이 각 단계마다 제대로 실행되고 있는지를 평가한다.

3) 효과평가

행동요인과 환경요인뿐만 아니라 성향요인, 강화요인, 실현요인의 변화를 평가한다.

4) 결과평가

프로그램이 장기적으로 건강과 삶의 질 지표에 어떤 영향을 미쳤는지를 평가한다.

CHAPTER 04

Nutrition Education and Consultatio

개인지도

Section 1 개인지도의 개념

개인지도(individual guidance)나 개인상담(individual counseling)은 많은 시간과 노력 및 인원을 필요로 하는 단점이 있지만 얼굴을 직접 맞대고 지도하기 때문에 가장 효과적인 방법이다.

개인지도는 개인에게 맞는 영양상담과 식사지도로 필요하거나 원하는 해결방법을 제시하여 실천에 옮길 수 있는 장점이 있다. 개인상담을 할 때는 무엇보다 상담자의 태도가 중요하다. 상대방의 문제에 대해서 진지하게 이해하고, 해결방안을 찾아주려는 의지를 갖추고 있어야 한다. 다시 말해서, 내담자의 말을 잘 들어주는 역할을 해야 한다.

Section 2 개인지도의 필수요건

지도자는 개인지도를 할 때 각 개인이 가지고 있는 특정한 문제를 깊이 이해하고 이를 해결하기 위해 노력해야 한다. 이때 갖춰야 할 요건들은 다음과 같다.

① 선정된 대상의 신상을 정확하게 파악해야 한다. 즉, 어떤 문제를 지도해야 할것인지에 대해 먼저 알아야 한다.

② 대상자를 지도할 방법을 정하고 미리 계획을 세워 두어야 한다.

③ 집약된 문제의 해결을 위해 대화를 시도해야 하며, 대화를 할 때에는 반드시 설득력이 있어야 한다. 설득력이 약하면 영양지도의 효과도 줄어든다.

④ 문제해결을 위한 적극적이고 충실한 협력과 조언을 아끼지 않는다.

⑤ 성실한 자세로 조언을 한 후에는 어떠한 결과가 나타나는지를 세심하게 관찰해야 한다.
⑥ 한 번의 지도로 끝나는 것이 아니라 계속적인 반복지도가 요구되며, 꾸준히 효과를 평가하고 그 평가를 기준 삼아서 사후지도를 실시해야 한다.

무엇보다 중요하고 효과적인 개인지도는 일반적인 영양상담을 통한 지도이다.

특히 개인지도에서 교육자는 대상자가 자신감을 가지고 자력으로 문제를 해결해 나갈 수 있도록 조력자 역할만 하는 것이 좋다.

Section 3 개인지도의 종류

개인지도를 할 때에는 지도자의 인상과 태도에 따라 효과가 크게 달라질 수 있으므로 깨끗하고 단정한 외모를 유지하며, 항상 미소를 잃지 않는 자세로 친절하고 겸손하게 대화에 임해야 한다.

① 가정방문

교육자가 대상자의 가정을 방문하여 이루어지는 개별적인 상담이다. 가정의 환경에 맞게 개별 상담하여 영양문제 해결에 도움이 되는 프로그램에 대상자가 참여할 수 있도록 유도해야 한다. 시간, 경비, 노력이 많이 들어 모든 가정의 방문은 불가능하다.

② 상담소 방문

영양과 식생활, 임신과 영양, 육아, 식이요법 등을 상담한다.

③ 임상방문

교육대상자가 보건소나 병원을 직접 방문하여 영양사와 질병 예방 및 치료에 대한 상담을 한다. 가정방문에 비해 시간, 노력, 경비가 적게 들지만 적극적인 사람만이 대상자가 되는 단점이 있다.

④ 전화

가정방문이 어려울 때 이용하고 주로 간단한 정보제공에 그치므로 효과는 적다.

⑤ 인터넷

영양관련학회나 공공기관에서 운영하는 홈페이지를 통해 이메일이나 게시판 또는 채팅 등의 방식으로 상담을 할 수 있다. 그러나 직접 교육이 아니므로 효과가 낮은 편이다.

■■■ 가정지도 시의 유의점

① 방문 전에 전화를 통해 방문시간에 대한 협의를 한다.
② 가족구성이나 가족생활의 실태를 알아 둔다.
③ 지도 대상자는 되도록 그 가정의 식사 담당자와 문제를 가진 사람으로 한다.
④ 지도내용에 따라서 문제를 제시하는 방법을 연구해 둔다.
⑤ 1회의 지도보다는 여러 번의 지도를 염두에 둔다.
⑥ 교육매체를 미리 준비해서 가져간다.

Section 4 개인 영양상담의 요령

영양상담은 내담자와 상담자의 상호작용을 통하여 내담자의 식행동이나 영양문제를 해결하도록 개별화된 지도를 하고, 자신의 영양관리를 스스로 하는 능력을 배양할 수 있도록 도와주는 전체 과정이다.

상담자(영양사)는 영양상담을 할 때에 무엇보다도 먼저 마음을 안정시키고, 상대방에게 마음을 활짝 열어야 한다. 상대가 상담에 호응할 수 있도록 차분하고 부드러운 분위기를 만들어 주는 것이 중요하며 상담자의 태도와 외모가 상대방에게 호감을 줄 수 있어야 한다.

■■■ 영양상담을 할 때의 주의사항

① 성실한 태도로 상대방이 안심하고 신뢰할 수 있도록 해야 한다.
② 인내력을 가지고 감정을 부드럽게 조절해야 한다.
③ 언제나 객관성을 잃지 말아야 한다.
④ 상대방의 입장을 이해하고 공감하도록 노력해야 한다.
⑤ 중립적 입장을 유지하면서 친절해야 한다.
⑥ 집중력을 가지고 주의하며 상대방의 말을 들어야 한다.
⑦ 상대방의 표정을 예리하게 관찰하되, 충고나 지시는 삼간다.
⑧ 평소의 경험을 적극적으로 활용한다.
⑨ 상담소에서 지도할 때에는 상담지도표를 작성해야 한다.
⑩ 결과를 관찰한 후에 사후지도를 한다.

■■■ 상담자가 갖추어야 할 태도

① 상담에 임하는 교육대상자가 마음을 열 수 있도록 말과 태도를 일치시키고 신중한 태도를 지녀야 한다.
② 교육자는 교육대상자가 가진 문제나 처한 상황들을 긍정적으로 받아들이도록 노력해야 한다.
③ 교육대상자가 자유롭게 의사를 표시할 수 있도록 조용하고 친밀한 분위기를 조성해야 한다.
④ 교육자는 서두르는 대신에 여유를 가지고 교육대상자를 중심에 두고 질문이나 대답을 해야 한다.
⑤ 교육대상자의 감정을 잘 수용하고 현재의 문제에만 집중하여 공감대를 형성할 수 있도록 노력해야 한다.
⑥ 교육자는 개별상담을 할 때에 범하기 쉬운 오류인 충고, 명령, 훈계, 설득, 권고 등을 피해야 한다.

Section 5 영양상담의 실시과정

영양상담의 실시과정은 그림 4-1과 같다.

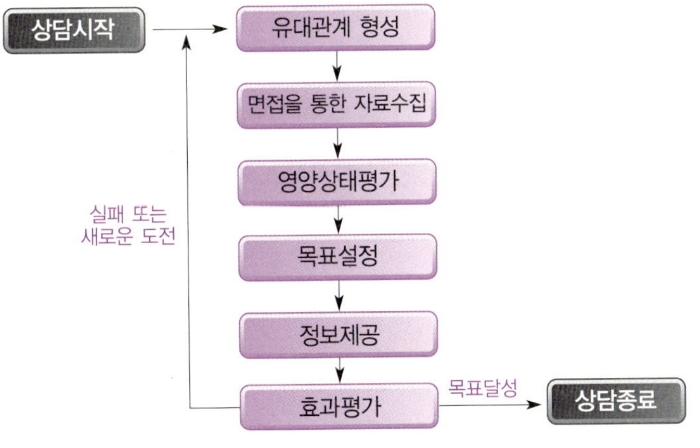

그림 4-1 영양상담의 실시과정

1. 유대관계 형성

상담자와 내담자 사이에 친밀한 유대관계가 이루어져야 성공적인 상담이 될 수 있다. 상담자의 친절한 태도 · 억양은 내담자가 신뢰감을 갖고 편안한 상태에서 상담을 받을 수 있도록 한다.

2. 면접을 통한 자료수집

면접은 영양상담에 필요한 식생활과 관련된 자료를 피상담자와 직접 대면하여 수집하는 과정이다.

수집자료는 연령과 영양문제에 따라 달라지는데, 보통은 식사섭취상태 · 신체적 특성 · 임상자료 · 생화학적 자료가 가장 중요하게 취급되며, 부가적으로 사회 · 심리적인 요인과 경제상태 및 학력이나 활동량과 같은 자료를 필요로 한다. 면접요령은 다음과 같다.

① **좋은 분위기를 만든다 :** 실내 비품을 잘 구비하고 인테리어에도 신경을 써서 신변의 화제를 자연스럽게 꺼낼 수 있는 환경을 조성한다.

② **듣는 데 집중한다 :** 자신의 의견보다는 상대방의 의견을 듣도록 하고 가능하면 질문은 삼간다.

③ **선입관은 버리고 상대방을 주의 깊게 관찰하면서 질문의 순서를 정한다 :**
대답하기 쉬운 질문을 먼저 하고, 어려운 질문은 나중에 하여 가능하면 빨리 마무리하는 것이 좋다.

④ 상대방에 대한 정보를 정확히 메모해 두면 질문의 요점을 정리하는 데 도움이 된다.

⑤ 상대방의 입장과 기분을 잘 파악해서 공감대를 형성하도록 한다.

⑥ 질문의 핵심을 정리해서 조정하고, 대답 내용을 확인하는 것이 중요하다.

⑦ 상대방의 태도와 기분을 관찰해서 질문의 시기를 잘 조절하는 것이 필요하다.

면접과정을 통해 피상담자에 관한 다양하고 정확한 정보를 수집하여야 하므로 피상담자의 적극적인 협조를 이끌어내기 위해서는 서로 존중하고 신뢰하는 라포(유대관계 : rapport)를 형성하는 것이 중요하다.

라포의 형성은 상담자나 내담자가 제각기 상대방을 어떻게 보고 받아들이는가 하는 지각 및 태도의 차원에서 이해될 수 있다. 상담자가 내담자에게 보이는 인상과 태도와 내담자의 지각 및 감정이 라포의 중요한 구성요소이기 때문이다.

라포 형성을 위해 필요한 상담자의 바람직한 태도와 행동은 다음과 같다.

(1) 공감적 이해

공감적 이해란 자신이 직접 경험하지 않고도 다른 사람의 감정을 그 내용과 수준에서 그에 흡사하게 이해하는 것이다. '공감적' 이라는 말은 내담자의 말(관찰할 수 있는)에서 그와 감정과 태도 및 신념(잘 관찰할 수 없는 것) 등을 정확하게 포착하는 것을 의미한다.

여기서 중요한 것은 상담자가 내담자의 감정 · 신념 · 가치관 등의 내용을 아는 것만으로는 불충분하다는 것이다. 상담자가 관찰 · 추론하고 느낀 바를 내담자에게 전달하는 것이 무엇보다 중요하다. 따라서 상담자는 보통 이상의 예민한 감수성과 이해심을 지녀야 한다.

상담자의 공감적 이해능력은 두 가지 요소를 바탕으로 한다.

첫째는 내담자의 말 속에 들어 있는 감정 · 태도 · 신념 · 가치기준 등을 포착하는 것이다. 이것은 감수성의 차원이다.

둘째는 상담자가 내담자의 외적인 측면뿐만 아니라 내적인 측면까지 이해하고 알게 되었다는 사실을 내담자에게 알려주는 것이다. 이것은 전달과 소통의 차원이다.

(2) 수용적 존중

상담자는 내담자에게 따뜻하고 수용적인 태도를 보여 주어야 한다. 이것은 말뿐만 아니라 음성의 억양 및 비언어적 단서, 특히 얼굴 표정으로 전달되어야 한다. 그리고 상담자가 내담자의 의견에 동의하지 않는 것과 내담자를 거부하는 것은 명백히 구별되어야 한다.

다시 말해서 상담자는 내담자의 의견에 동의하지 않을 수도 있고, 반대의견을 전달할 수 있다. 그러나 내담자를 인격체로 존중해 주어야 하므로 내담자의 의견에 동의할 수 없는 경우에는 동의하지 않는다는 사실을 분명히 전달하되, 그 표현이나 자세는 어디까지나 온화해야 한다.

(3) 일관적 성실

상담자가 내담자에게 성실한 태도를 꾸준히 유지하기 위해서는 상담자 자신이 먼저 솔직해져야 한다. 그리고 자신의 가치관과 신념이 무엇이며, 자기의 태도와 가치관이 내담자에게 어떤 영향을 주고 있는지를 항상 예민하게 파악해 두는 것이 바람직하다.

(4) 전문적 능력

내담자는 상담자가 문제를 해결하는 것을 도와줄 것이라고 생각하고 그들을 찾아온다. 즉, 상담자가 전문적 훈련을 받은 사람이므로 자신의 문제 해결에 대한 지식과 기술을 갖추고 있을 것이라고 믿는 내방자의 마음에서 상담이 출발하는 것이다.

여기서 핵심이 되는 것은 '희망' 이다. 흔히 상담의 효과는 상담자가 자기를 도와줄 수 있는 사람이라는 희망이나 믿음을 내담자가 얼마나 지니고 있는가에 따라 큰 차이가 생길 수 있다.

표 4-1 라포 형성을 위한 상담자의 태도와 내담자의 인식

상담자의 태도	내담자의 인식
공감적 이해	'상담자는 내가 어떻게 느끼는지를 알고 있다.'
수용적 존중	'상담자는 나를 부드럽게 대하고 현재의 나를 그대로 받아들이고 있다.'
일관적 성질	'상담자는 위선적이 아니고 항상 순수하게 나를 대할 것이다.'
전문적 능력	'상담자는 내 문제를 도와줄 능력과 방법을 갖추고 있다.'

바람직하지 못한 행동
(팔짱을 끼고 입술을 깨뭄)

바람직하지 못한 행동
(피상담자와의 거리를 멀리함)

바람직하지 못한 행동
(너무 기록에만 열중)

바른 행동 - 시선을 마주치고,
(미소를 지으며, 몸은 약간 앞으로 숙임)

그림 4-2 상담 시의 바람직하지 못한 행동과 바른 행동

이 밖에도 표정, 시선, 앉는 자세, 말할 때의 어조와 속도, 상담실 분위기와 같은 여러 요인들이 라포 형성에 관여한다.

3. 영양상태 평가

수집한 자료를 분석하여 피상담자에게 존재하는 영양문제를 파악하고, 정도를 평가하여 질병을 일으킬 가능성이 높은 영양문제인지 여부를 확인하여야 한다.

영양문제를 해결하려면 무엇보다 그 영양문제를 일으킨 원인을 아는 것이 중요하다.

4. 목표설정

영양상담의 목표는 이론적 과제보다 구체적으로 실천 가능한 현실적인 과제를 선택하는 것이 좋다. 피상담자와 함께 한 번에 한 가지씩 설정하도록 하고, 나중에 효과 평가를 위하여 가능하면 측정이 가능한 것으로 선택한다.

식행동 목표를 설정하는 단계

① 식행동 목표를 명확히 정한다.
- 교정하고자 하는 식행동의 범위를 정의한다(무엇을 할 것인가).
- 식행동의 교정을 위한 조건이나 환경을 설정한다(언제, 어디서 이것을 할 것인가).
- 식행동 교정을 위한 실천의 단계를 정한다(일주일에 0.5kg 감량).

② 식행동 목표를 실천하기 위한 행동지침을 정한다.

③ 피상담자가 현실에 적용할 수 있도록 한다.

다음은 고도비만으로 진단받아 저열량식사를 해야 하는 초등학교 5학년 영준이의 식행동 교정목표를 설정하는 과정이다. 이 사례에서 알 수 있듯이 상담자의 역할은 목표를 세워주는 것이 아니라 약간의 조언과 방향만 제공할 뿐이며, 목표를 실행할 피상담자가 목표설정에 적극적인 입장을 취하게 해주는 것이다.

영준이 : 제가 생각하기에는 저는 외식을 너무 자주 하는 것 같아요(부적절한 식습관을 정의).
상담자 : 그래, 그렇구나. 그럼 일주일 중에 어느 요일이 가장 문제니?
영준이 : 금요일 밤이 제일 그런데…… 그날은 엄마가 늦게 오셔서 아빠랑 피자 먹으러 자주 가요(특정한 환경을 정의).
상담자 : 그럼 그 상황에서 영준이는 어떻게 해야 할까?
영준이 : 피자 먹으러 가는 대신에 집에서 저녁을 먹거나 외식을 해도 된장찌개 같은 거 먹으러 가면 될 것 같아요(행동지침을 정함).
상담자 : 영준이의 목표는 금요일 저녁을 집에서 먹거나 된장찌개 같은 한식으로 먹는 것인데, 그렇게 할 수 있겠니? (피상담자의 약속을 확인)
영준이 : 예
상담자 : 뭐 또 다른 걱정이 있니? (피상담자의 걱정을 확인)
영준이 : 아니요, 나는 그 목표가 좋아요, 그리고 아빠도 도와주실 거에요.
상담자 : 그래, 우리 영준이는 잘할 수 있을 거야.

목표설정이 끝나면 행동계약서를 작성한다.

나의 생활습관을 바꿔 봅시다

월 일 (요일)부터~ 월 일 (요일)까지

• 고치려는 습관 :

나 ______ 는 이제부터 ______________________ 하겠습니다.

• 나의 습관은 어땠나요?

요일	잘했음	보통	못했음
월요일			
화요일			
수요일			
목요일			
금요일			
토요일			
일요일			

• 잘 지키지 못했다면 왜 그랬는지 이유를 적어봅시다.

____

____

____

• 일주일 동안 생활습관을 잘 지켰는지를 확인해 주십시오.

부모님 확인 :

선생님 확인 :

그림 4-3 행동계약서의 예

5. 정보제공

정보제공단계는 영양상담에서 매우 중요하면서도 시간이 가장 오래 소요되는 과정이다. 이 단계에서는 앞에서 설정한 목표를 달성하기 위해 필요한 정보를 제공한다. 정보제공을 위해 중요한 것은 연령 · 교육수준 · 식습관 · 기호도 등에 따라 피상담자를 개별화하는 것이다.

정보를 제공할 때에는 동일한 영양사에게 상담을 맡기도록 하고, 이때 상담자의 의욕 · 인간성 · 상담경험 · 전공지식 정도와 같은 특성이 피상담자에게 영향을 미치지 않도록 유의해야 한다.

정보를 제공할 때에는 전문용어나 외래어는 되도록 피하고 간단하고 쉬운 문장을 사용하며, 중요한 내용은 반복한다. 또한 아동이나 노인, 남자의 경우에는 식사를 담당하는 다른 가족의 참여가 필요할 때도 있다.

1회 상담시간은 30분 정도가 적당하고, 영양상담도구인 리플릿이나 식품모형과 같은 다양한 교육매체를 사용하면 상담효과가 더 커진다.

6. 효과평가

상담에 대한 평가, 상담과정에 대한 평가로 나누어진다.

(1) 상담 자체에 대한 평가

상담의 효과평가를 위해 자료수집단계에서 얻었던 자료를 재조사하고 평가하여 어떤 변화가 일어났는지를 살펴본다. 즉 내담자의 영양지식, 식습관 태도, 영양소 섭취 상태, 건강에 대한 인식, 생화학적 수치나 신체계측치에 어떠한 변화가 있는지 평가한다. 이때 피상담자와 평가결과를 공유하는 것이 좋다.

(2) 상담과정에 대한 평가

상담과정을 평가할 때에 유의해야 할 사항은 다음과 같다.

① 상담에서 피상담자의 주요 문제를 제기하였는가?
② 평가가 피상담자의 생활 스타일에 맞는 식이처방이 우선적이었는가?
③ 피상담자의 목표가 성취되었는가?
④ 식행동을 바꾸기 위한 방법이 효과가 있었는가?
⑤ 언어적 그리고 비언어적 상담기술을 적절히 사용하였는가?
⑥ 변화가 어디에서 나타났는가?

(3) 상담자의 자기평가

영양상담자는 상담과정에서 많은 역할을 해야 하고(그림 4-4), 그 역할에 충실했는지에 대한 평가가 필요하다. 첫번째로 의학적인 기록, 식사섭취조사, 식사력과 같은 피상담자에 대한 모든 유용한 자료들을 조사하고 수집 · 분석하여 상담을 위한 준비를 철저히 해야 한다.

상담자는 내담자가 왜 상담을 받아야 하고 상담을 통하여 개선되어야 할 사항은 무엇인지를 설명하는 것으로 상담을 시작하는데, 이 단계에서 상담자는 내담자에게 정보를 제공하는 교육자로서의 역할을 한다. 영양판정단계에서 상담자는 진단자로서 내담자의 영양상태를 평가하고 식행동을 분석해야 한다.

상담(치료)단계에서 상담자는 전문가이자 문제해결사로서의 역할을 해야 하는데, 경험이 적은 상담 초보자는 전문가로서의 역할을 할 수 있지만 문제해결사로서의 역할수행은 힘들다. 그러므로 항상 연구를 하고 경험을 축적할 필요가 있다.

많은 영양상담자들은 권위적인 분위기를 가지고 모든 것을 알고 있는 것처럼 내담자에게 상담을 시작하고, 내담자는 상담자들의 자만심에 당황한다. 내담자들은 상담을 마친 후 집으로 돌아갔을 때 상담내용을 실천하는 것이 매우 힘들다는 것을 알게 되고, 현실화의 어려움을 느끼게 된다. 또한 상담내용 중 많은 부분을 잊어버려 새로운 요법을 자발적으로 행할 수 없으므로 이전의 식습관으로 되돌아간다.

상담자가 문제해결사로서의 역할을 성공적으로 수행하기 위해서는 내담자와 문제를 공유할 수 있어야 하고 이에 맞는 정보를 제공해야 한다.

상담에 대한 결과를 평가하는 단계에서 만일 문제가 해결되지 못했다면 상담은 영양판정 또는 상담(치료)의 계획과 진행 단계로 다시 되돌아가야 한다. 상담을 종료할 때 상담자는 다시 전문가가 되어야 하는데, 이것으로 모든 상담이 끝나는 것이 아니라 실제 생활에서 내담자의 변화된 식행동이 안정될 때까지 일정한 간격으로 모니터링이 이루어져야 한다.

상담자는 내담자에게 본보기가 되어야 하고, 편안한 느낌을 주어야 한다. 상담자는 언어적 · 비언어적 표현을 일치시켜야 하며, 이는 신뢰의 바탕이 된다. 또한 상담자는 내담자가 혐오감을 주는 고도비만인, 만성질환자라고 하더라도 자신의 편견을 조절하거나 고쳐야 한다.

만일 상담자가 비만상태라면 비만인 내담자를 상담할 때 상담의 효과를 보기 힘들 것이다. 따라서 상담자는 스스로 자기를 관리할 필요가 있으며, 화장, 헤어스타일, 옷도 너무 튀지 않도록 주의한다.

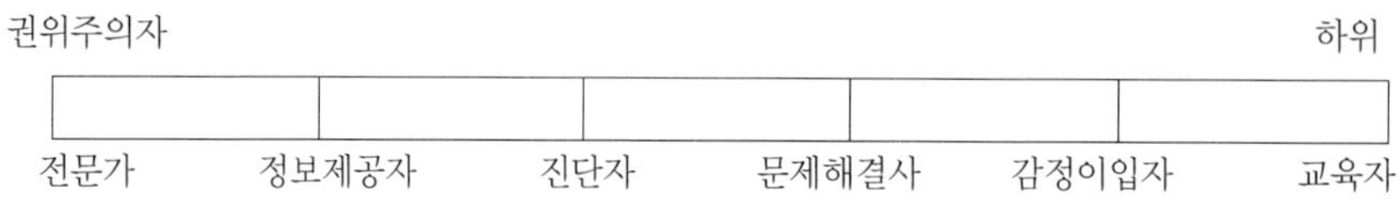

그림 4-4 영양상담과정에서 영양상담자의 역할

7. 추후관리(monitoring)

1회성 상담은 큰 효과를 기대하기 어렵기 때문에 피상담자가 스스로 자기관리를 할 수 있을 때까지 지속적으로 모니터링해야 한다. 모니터링 과정에서 목표를 실행하면서 어려움을 느꼈던 부분에 대해 보충정보를 제공하고, 그동안 기록해 온 식사일지를 평가하는 활동이 이루어진다. 그리고 상담한 내용을 참고하기 위해 문서화하는데, SOAP 형식으로 기록한다.

영양상담 기록지

학년 : 5 반 : 5 이름 : 김장순 (남, 여) 연락처 : 555-5555

주관적 자료	• 자신이 너무 뚱뚱하다고 생각 • 부모님이 늦게 오셔서 혼자 식사하는 경우가 많음 • 친구들이 놀림 • 살을 빼려고 여러 번 시도했다가 실패				
객관적 자료	신체계측	신장(cm)	150	현재체중(kg)	65
		표준체중(kg)	45	체지방률	150%
		허리둘레	80	엉덩이둘레	110
	식사섭취	열량섭취(kcal)	3200	권장열량(kcal)	2500
		단백질 섭취량(g)	60	칼슘 섭취량(mg)	900
	일상적 특성	약간의 부종 증상이 있고, 피부에 윤기가 없음.			
	생화학적 특성				
	활동량	학원을 3곳 다니고, 부모님을 기다리며 컴퓨터를 자주 함. 하는 운동 없음.			
	심리적 특성	친구들이 놀려 위축감, 부모님의 늦은 귀가로 인한 외로움.			
	생활적 특성	부모님의 맞벌이로 중산층에 속함			
	가족적 특성	형제가 없고 부모님과 함께 거주. 어머님이 뚱뚱함.			
평가	• 문제점 1 : 신체계측에서 고도비만으로 판정 원인 : 열량 과다섭취, 단백질 과다섭취, 과식, 야식, 외식을 자주 함, 체중 조절 실패로 인한 요요 • 문제점 2 : 단백질 섭취량 과다 원인 : 치킨, 삼겹살, 육류, 생선, 달걀을 좋아함. 채소를 입에 대지 않음. • 문제점 3 : 아침결식 원인 : 야식을 많이 하여 속이 안 좋고, 입맛이 없음.				
계획	2011. 9. 2 계획 1 : 한달 동안 체중을 4kg 줄이기로 함 방법 : 장순의 외식습관을 고쳐보기로 함. 고기집을 주로 갔었는데, 한식집이나 분식집을 이용하기로 함. 2011. 9. 9 계획 2 :				

그림 4-5 영양상담 기록지의 예

만약에 비만클리닉과 같이 동일한 문제를 가진 사람들을 대상으로 상담을 실시한다면 목표달성 여부에 따라 표시하는 그래프를 가시적으로 전시해 동기부여에 도움을 줄 수 있다.

표 4-2 자료의 종류와 평가

자료	내용
S (Subjective data)	환자 또는 직계 가족 등이 제공하는 주관적인 자료. 피상담자의 식습관이나 식사, 질병이나 영양지식에 관련된 사항
O (Objective data)	식사처방과 관련된 Lab data, 신체계측, 식이섭취 분석결과
A (Assessment)	위의 주관적 · 객관적 자료를 기초로 한 평가
P (Plan)	계속적인 치료를 위한 교육계획이나 추적 상담계획

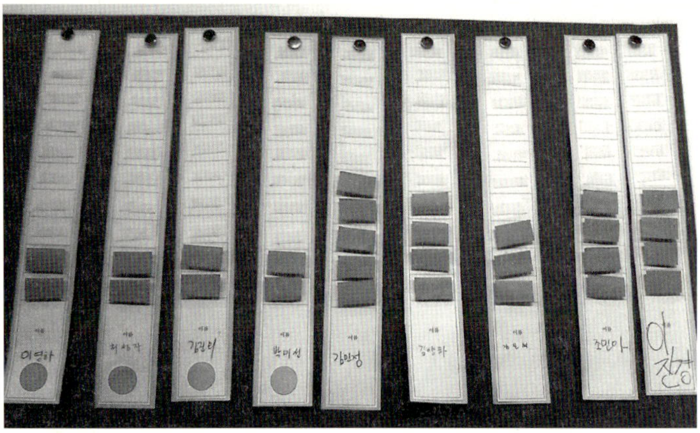

그림 4-6 목표달성을 나타내는 그래프

Section 6 영양상담의 기술

1. 말의 의미

말은 자신의 의사를 다른 사람에게 전달할 뿐만 아니라 상대방을 설득하는 수단이 되기도 한다. 그러므로 자신의 생각을 상대방에게 말로 정확히 전달할 수 있어야 지도목적을 달성할 수 있다.

말은 가장 보편적인 전달매체이므로, 교육과정에서는 이해하기 쉬운 말을 사용하여 호감과 신뢰감을 줄 수 있어야 한다. 또한, 교육대상자의 지식 수준에 관계없이 교육내용을 흥미롭게 전달할 수 있는 화술이 필요하다.

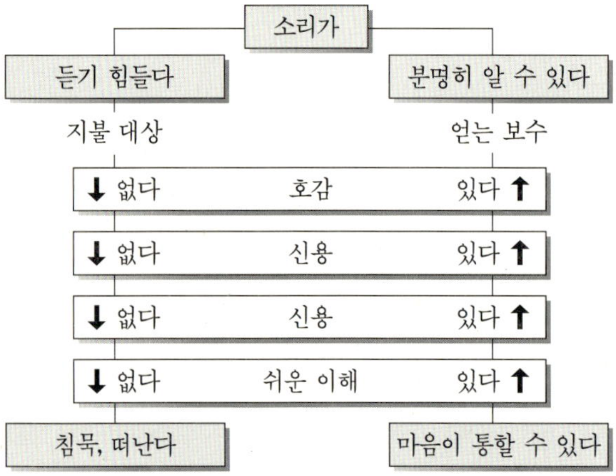

그림 4-7 정확한 발음과 신뢰관계

의사전달과 설득 효과를 높이려면 듣기 · 읽기 · 쓰기 · 말하기 등의 훈련을 해야 한다. 우리말은 다른 말과 구별되는 많은 특징을 가지고 있다. 존댓말이 많고 높임법이 발달했기 때문에 상대에 따라 표현을 다르게 해야 한다.

목적에 따른 말의 분류

① 상대방을 즐겁게 해주거나 감동시키는 말에는 소위 만담, 농담, 잡담 등이 있다.
② 체험한 사실을 전하거나 보고하는 말이 있다.
③ 상대방이 긍정적으로 받아들여서 자신의 주장을 수용하게 하는 설득력 있는 말이 있다.
④ 상대방에게 자신의 주장을 이해시키고, 그 주장에 알맞은 행동을 하도록 하는 말이 있다.
⑤ 문제의 내용을 자신이 먼저 충분히 이해한 다음, 자신을 가지고 설명하면 효과가 커진다.

그림 4-8 나 전달법과 너 전달법

2. 말의 순서

복잡한 말을 할 때에는 정순법(正順法 : 요약 → 설명 → 결론)이 좋고, 교육 대상자들이 관련지식을 가지고 있는 경우에는 요약법(要約法 : 결론 → 설명 → 요약)이 좋다. 두 방법 중에서 교육 대상자의 수준에 알맞은 것을 골라서 사용하는데, 두 방법을 병행하는 것이 좋을 때도 있다.

이때 주의할 점은 요점을 명백히 말하고, 쓸데없는 군말을 하지 않는 것이다. 또 상대방의 반응을 잘 살피면서 적절한 순서를 고르도록 한다.

3. 대화의 실제

(1) 대화할 때 고려할 사항

① **무엇을 말할 것인가** : 일반적인 내용보다 구체적으로 말한다.

② **어떻게 말할 것인가** : 침착하고 안정된 태도를 취하도록 한다. 목소리가 나약하거나 구슬프거나 떨리거나 빈정대거나 위협적이면 제대로 의사를 전달하기 어렵다.

③ **언제 또는 어디서 말할 것인가** : 일반적으로 언제나 어디서나 말할 수 있도록 준비를 해두는 것이 좋다. 간혹 때와 장소를 가려야 하는 경우도 있다.

(2) 대화할 때 주의할 사항

① 편안한 마음으로 대화를 진행해야 한다.

② 장소와 상황을 잘 살펴야 한다.

③ 목소리는 명랑하고 깨끗하고 부드럽게 유지하며 발음은 정확해야 한다.

④ 사례를 들 때는 주위에서 쉽게 찾아볼 수 있는 것들을 선택하며, 여기에 유머를 섞어서 진행하면 더 효과적이다.

⑤ 교육대상자의 호기심을 유발하거나 이해하기 쉬운 내용이어야 한다.

⑥ 중요한 사항은 반복해서 여러 번 이야기한다.

⑦ 반드시 질의응답 시간을 갖도록 한다.

⑧ **질문은 육하원칙에 맞춰서 한다** : 누가(who), 무엇을(what), 어떻게(which channel), 누구에게(to whom), 무슨 목적으로(with what effect), 얼마나 훌륭하게(how nicely) 등

(3) 회화 · 대화에서 피해야 할 것

① **상대방의 자존심을 다치게 하는 행위** : 비슷한 의견이라면 상대방의 의견을 칭찬하고 수용한다.

② **자신이 결론을 내리는 것** : 자신의 의견을 말하되, 결론은 상대에게 맡긴다.

③ **상대방의 프라이버시를 침해하는 것** : 상대방의 사상이나 종교 및 가정사정 등에 대해서는 언급하지 않도록 한다.

④ **나쁜 이미지를 줄 수 있는 말** : 거짓말이나 비열한 표현 또는 쓸데없는 소리는 피하도록 한다.

⑤ **애매모호한 표현이나 그릇된 단어** : 관용구를 올바르게 사용한다.

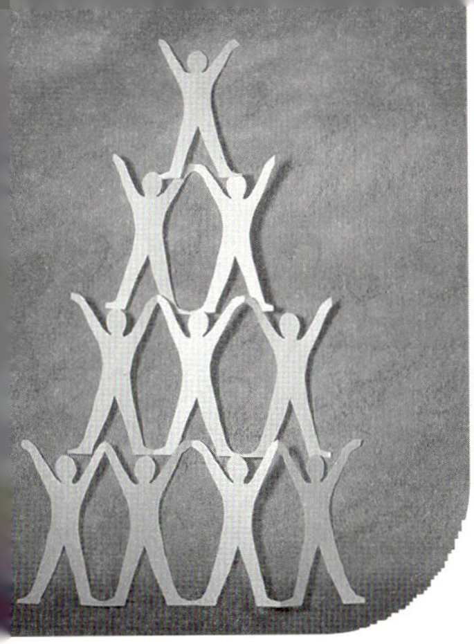

CHAPTER 05

Nutrition Education and Consultation

집단지도

Section 1 집단지도의 의의

집단지도는 많은 사람을 대상으로 하며 집회지도라고도 한다. 집단지도는 물적자원 및 교육요원이 부족할 때에 가장 많이 이용하는 방법이다.

(1) 집단의 정의

① 공통적인 목표 또는 생각이 있다.
② 구성원이 서로 밀접한 관계에 있다.
③ 일정시간 지속된다.

(2) 집단의 기능

① 구성원의 행동이나 의견을 어느 정도 통제할 수 있다.
② 구성원들의 요구, 관심, 흥미 등을 충족시킨다.

집단 영양교육의 가장 큰 의의는 자신의 체험을 통해 영양지식을 습득시키는 데에 있다. 집단지도는 동시에 많은 사람에게 교육내용을 전달하므로 능률적이며, 개인지도에서는 볼 수 없는, 체면이나 참여의식을 높이는 군중심리를 이용할 수 있다.

개인적으로 계속해 나가기 힘든 만성질환자를 대상으로 집단지도를 하는 경우, 환자와 그 가족들 간의 공감대에 의한 교류가 정신적으로 힘이 되고, 구성원 간의 경쟁의식에 의한 효과가 높다. 그러나 이는 어디까지나 집단지도에서 개별지도의 배려가 전제되는 경우에 해당한다.

Section 2 집단지도의 종류

1. 집단지도의 대상

① **생활 중심 집단 :** 시설에 있는 아동, 학교나 회사의 직원, 공장의 기숙사생 등
② **조직되어 있는 집단 :** 지역집단, 청년단체, 부인회 기타 동일한 목적으로 조직된 집단 등
③ **임의, 임시의 집단 :** 전람회나 강연회에 모인 사람들 등
④ **직업별 대상 집단 :** 영양사, 조리사, 보건직 공무원, 농촌지도사 등

집단의 차이에 따라서 지도형태도 다소 달라진다.

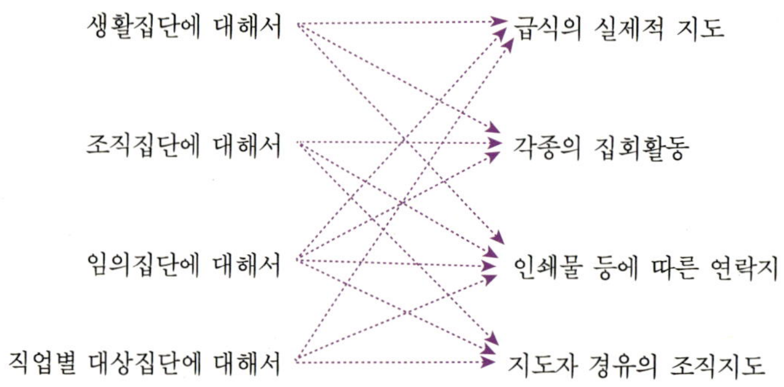

그림 5-1 집단지도의 종류

2. 집단지도의 유형

영양교육은 교육자와 대상자 사이의 의사소통과정이라고 할 수 있는데, 의사소통 방법에 따라 교육방법을 다음과 같이 분류할 수 있다.

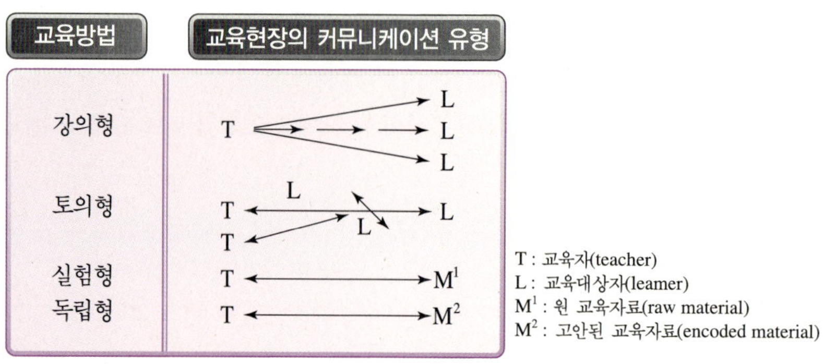

그림 5-2 커뮤니케이션 유형에 따른 교육방법

(1) 강의형(Lecture)

한 명의 교육자가 다수의 대상자들에게 동시에 정보를 전달하는 방법이다. 대상자 수는 20~70명이 적당하고 강의시간은 2시간 정도로 하되 25분~40분 정도 지난 후에 질문이나 휴식 시간을 갖는 것이 좋다. 강의형은 효율적이지만 교육효과 면에서 개인형 교육방법에 비해 다소 떨어지는 단점이 있다.

(2) 토의형

대상자들 간의 상호작용을 통하여 정보와 의견을 교환하고 결론을 이끌어 내는 형태이다. 교육자는 대상자들의 의견을 조정하고 유익한 정보를 제공해 주는 조언자 역할을 한다.

(3) 실험형

교육대상자가 주어진 원 교육자료를 토대로 하여 스스로 배우는 형태로, 역할연기와 견학 및 인형극 등이 있다. 실험형은 흥밋거리에 그칠 수 있고, 대상자에 따라 교육효과가 달라지는 단점이 있다. 따라서 원 교육자료를 보고 난 후에 토의를 겸하면 효과를 높일 수 있다.

(4) 독립형

대상자가 교육자의 직접적인 도움을 받지 않고 스스로 정보를 얻는 방법이다. 라디오나 TV에 방영되는 영양과 건강관련 프로그램을 직접 찾아 보거나 판매되고 있는 비디오 테이프나 컴퓨터 프로그램을 구입하여 이용한다. 또한 인터넷 교육 프로그램을 찾아서 보는 것도 여기에 속한다.

3. 교육대상의 유형

어떠한 영양교육을 계획하든지 영양교육의 대상자와 관련된 교육내용을 준비하는 것이 중요하다. 피교육자가 교육적인 면이나 정서적인 면에서 어떤 상태에 놓여 있는지에 대해 집단적으로 파악하는 것이 곧 영양교육의 시발점이다.

영양교육 대상자들의 관심사를 이해할 뿐만 아니라, 생활환경을 미리 알아보는 것도 교육내용을 선택하거나 프로그램 혹은 교육방법을 결정하는 데 도움이 된다.

모든 집단에는 '항상 비난만 하는 사람', '의심쩍어 하는 사람', '열심히 들으려는 사람' 등이 섞여 있다. 이들이 누구인지를 파악하고 그 집단의 긍정적인 구성원이 되도록 전략을 세우는 것이 중요하다. 일대일 개인상담을 할 때도 대상자들이 어떤 타입인가를 파악하면 상담 시에 친밀감을 형성하는 데 도움이 된다.

(1) 관심있는 체하는 사람

이들은 옆사람과 잡담을 나누거나 친구에게 쪽지를 쓰고 있으면서도 발표자를 보고는 미소짓고 고개를 끄덕이며 관심있는 체한다. 이들의 몸은 이곳에 있으나 마음은 여기에 없다. 교육을 계획할 때에 이러한 점을 미리 염두에 두어서 규칙을 세워놓고 시작하거나, 필기할 시간을 갖도록 하는 것이 좋다.

(2) 어리둥절해 하는 사람

의문이 있는 표정을 짓거나 옆사람에게 질문을 하고, 눈빛이 명확하지 않은 경우는 무엇인가 의문이 있는 것이다. 교육대상의 규모가 작은 경우에는 한 사람이라도 의문이 있을 때는 교육을 중단해야 한다.

(3) 자신만만하고 독립심이 강한 사람

이러한 유형의 사람들은 시범교육이나 워크숍을 하는 경우에 흔히 찾아볼 수 있다. 이들이 정확한 지식을 바탕으로 하고 있다면 주저하지 말고 질문을 던져 보고, 이미 행한 교육내용을 긍정적으로 받아들이도록 유도한다.

(4) 무관심한 사람

이러한 유형의 사람들은 관심 있는 체하거나 주위가 산만하거나 무표정하다. 더욱 분명한 것은 앉아 있는 위치나 몸의 자세가 부정적이라는 것이다. 종종 그들은 뒤에 앉거나 강의실의 끝에 앉는다.

(5) 주의가 산만한 사람

창밖을 보거나, 다른 곳의 움직임을 주시하거나, 다른 그룹에서 토론하는 것을 듣고 있다. 주의가 산만한 사람들은 진행에 방해가 된다.

(6) 반감을 가진 사람

팔짱을 끼거나 책상으로부터 멀리 떨어져 앉은 사람, 또는 교실의 뒤쪽에 앉아서 작은 소리로 불평하거나 귓속말로 속삭이는 사람 등은 교육을 진행하는 데 큰 방해가 된다. 이들은 의무감 때문에 그 자리에 있거나, 혹은 정말로 교육내용이나 강연자에게 반대하기 위하여 참석한 경우일 수도 있다.

4. 집단지도 시의 유의사항

① 집단지도에 너무 의존하면 영양개선은 벽에 부딪히게 된다.

② 내용에 따라 다양한 방법을 적용한다.

③ 단순한 전달이 아니고 협력이 필요한 작업이므로 서로 잘 이해하고 받아들여야 한다.
④ 참가자 전원이 자신들의 회합임을 인식하게 해야 한다.
⑤ 단순한 조리강습이 되어서는 안 된다(만드는 법의 강습만이 아닌 평가와 토의가 있어야 한다).
⑥ 시청각 매체를 효과적으로 이용해야 한다.
⑦ 집회가 끝난 후에 간단한 유인물 등을 배포하면 귀가 후 복습할 때 기억하기 좋다.

Section 3 강의형 교육방법(Lecture Method)

강의는 모든 교육에서 가장 많이 사용되는 방법으로, 사전에 계획을 세워서 실시하면 효과가 크다. 강의식 학습방법은 지식과 기능을 제시하는 가장 효과적인 표현방법이다. 학습자는 연사의 과제제시를 듣고 보는 비활동적인 방법으로 학습한다.

제출된 주제에 맞는 대상자를 선정하고 이들의 요구가 무엇인가를 파악하여 그에 맞는 교육을 실시하는 것이 바람직하다.

1. 강의의 특징

말과 일정한 매체를 사용해서 지도대상에게 지식과 생각을 전달하는 형식이다. 일방통행이 되기 쉬우므로 비교적 많은 대상자를 모아서 단위별로 지식을 전하는 형식이다. 강의 횟수가 늘수록 수강자는 계통적인 학습을 하므로 지식이 확실히 축적되어 학습능력을 발휘하기 쉬운 이점이 있다.

그림 5-3 강의는 학습자를 수동적인 상태로 만든다

2. 강의의 장점과 단점

강의는 강사의 인격 · 지식이 반영되고, 강사의 풍부한 학식 · 경험에 따라 깊은 인상을 받을 수 있으며, 교육자와 교육대상자 모두에게 친숙한 교육방법이다.

강의는 다수의 대상에게 동일한 내용을 일제히 적용할 수 있기 때문에 시간 · 비용 · 노력면에서 경제적이고 비교적 짧은 시간에 어느 정도의 지식 수준에 도달할 수 있으나, 높은 수준보다는 낮은 수준의 목표 달성에 효과적이다.

한편, 개인적 특성의 고려없이 획일적 · 일방적으로 진행되므로, 대상자를 소극적 · 수동적으로 만들기 쉽다. 또한 기록에 의존하여 강의 내용을 쉽게 잊어버리기 때문에 교육효과가 떨어지며, 시청각 매체를 활용하지 않는 경우에는 언어적인 전달이 주가 되어서 주의집중과 흥미유발이 어렵다.

3. 강의 준비 시의 유의사항

① 일반적으로 내용은 도입 → 전개 → 결론 또는 정리 순서로 구성한다.
② 매체를 적절히 활용하고, 시각과 청각을 통해서 인식을 깊게 하여 단조로운 강의가 되지 않도록 유의한다.
③ 강의시간이나 시간배분 및 교육 환경 등 객관적 조건을 고려한다.
④ 말하는 방법, 말을 고르는 법, 말의 속도 등을 공부한다.

이와 같은 강의법을 원칙으로 사용하는 것을 'AIDMA(아이드마)의 법칙' 이라고 한다. AIDMA의 법칙은 광고·광고활동의 기본으로 확립된 법칙으로서 Attention, Interest, Desire, Memory, Action의 머리문자를 딴 것이다.

> *Guide*
>
> **AIDMA 법칙**
> A(attention) **주의**
> (주의를 불러 일으킨다)
> I(linterest) **관심**
> 관심을 북돋운다
> D(desire) **욕구**
> 욕구나 갈망을 유인한다
> M(memory) **기억**
> 기억에 남도록 한다
> A(action) **행동**
> 행동을 일으킨다

4. 강의 시 주의사항

① **강의 목표를 결정한다** : 즐겁게 가르치거나 감동시키는 행동을 하게 하는 등의 목표에 따라 적극적 · 논리적으로 말한다.
② **알아듣기 쉽게 말한다** : 정확한 발음과 적당한 속도로 친절하게 말한다. 또한 내용은 구체적이어야 한다.
③ **논리적으로 말한다** : 감정에 치우치지 말고 내용을 정리하여 자신이 충분히 납득한 후에 말한다. 실정과 의견을 명확히 구별해서 말하고, 적당한 단어와 어구를 선택한다.
④ **경우에 맞는 풍부한 언어로 말하고 유머 감각을 살린다** : 상대방이 알아듣기 어렵거나 불쾌하게 느낄 수 있는 언행은 피한다.

⑤ **적극적으로 말한다** : 부끄러워하지 말고 두려움 없이 말한다. 일률적이고 똑같은 목소리보다는 강조하는 부분에서는 변화를 주어 지루함이 없도록 한다.

⑥ **자신의 언어에 대해 사회적 책임을 가지고 말한다** : 쓸데없는 말이나 거짓말을 하지 않는다.

⑦ **반추하면서 대화한다** : 말의 속도, 표현, 내용, 일관성, 공감대 등을 생각하면서 말한다.

⑧ **시선을 이동한다** : 가운데만 두지 말고, 가끔 시선을 이동하여 분위기를 바꾸어 준다.

⑨ 시청각 자료도 준비한다.

⑩ 질문을 균등하게 하여 이해도를 확인한다. 단, 답변을 강요해서는 안 된다.

⑪ 설명을 하기 전에 먼저 문제점을 말하여 의식을 갖게 한다.

⑫ 변화유도를 위한 학습내용을 제시하는 경우는 쉽고 간단한 내용부터 시작해서 복잡한 내용으로 진행해야 한다.

⑬ 특정인이나 특정 장소만 응시하지 않도록 한다.

표 5-1 영양교육 사례

집단 영양교육 사례(영양교육) → 강의형
고혈압을 위한 영양교육 • 대상 : 보건소 내원환자 중 고혈압 환자 • 교육목표 : 고혈압 관리 및 식생활 수정 • 영양교육내용 – 고혈압의 정의 – 체중조절과 고혈압 – 고혈압 관리를 위한 식사(저염식단) – 고혈압과 생활습관 • 교육자료 : 소책자, 리플릿, 영상교재 등
※ 동영상 출처 : 한국고혈압협회(건강한 삶을 위한 고혈압 바로알기) www.khma.or.kr 사진 출처 : 한국고혈압협회 뉴스(강동구 노인회 고혈압 공개강좌)

Section 4 토론형 방법(Discussion Method)

토의법은 집단 상호 간에 자기의 의견을 발표하고 동시에 타인의 의견을 존중하면서 공동의 문제를 해결하는 피교육자 중심의 교육방법이다. 토의는 공통적인 문제 해결을 목적으로 하며, 서로 자유로운 입장에서 각자의 경험이나 사실에 대하여 의문점 및 의견을 제시하고, 문제점을 분석해 해결방법을 찾아낸다.

1. 토의의 진행순서

토의는 크게 토의 계획 · 토의 시작 · 토의 진행 · 토의 종결로 나뉜다. 토의 계획은 주로 영양교육자가 준비하며, 공통된 요구와 흥미를 파악하고 토의 진행방향을 계획한다. 토의를 시작할 때에는 차나 간단한 음식을 준비하여 부드러운 분위기에서 자기소개를 하고 어색함을 없애기 위한 아이스 브레이킹(ice breaking) 작업을 한다. 그리고 토의의 주제와 진행방법을 소개한다.

토의 진행에서는 아이디어를 탐색하고, 초점을 모은다. 그리고 한 주제에서 다음 주제로 넘어갈 때에는 토의 내용을 요약한다. 토의 종결에서는 토의의 전체 내용을 정리하고, 요약을 통하여 결론을 도출하고 실천을 다짐하며, 토의에 대한 전체적인 반성 및 평가를 실시한다.

2. 토의진행 시의 유의사항

① 한 사람이 말을 독점하면 안 된다.
② 한 가지 주제가 끝나면 그에 대한 결론을 분명히 하고 다음 주제로 넘어간다.
③ 타인의 의견에 대해서 비난을 하여 무안을 주지 않도록 한다.
④ 참가자에게 교육적이어야 한다.
⑤ 타인의 말을 가로막아서는 안 된다.
⑥ 주제에서 벗어나지 않도록 하며, 벗어났을 때에는 가볍게 시정하여 준다.
⑦ 자신의 의사발표 기회를 집단에 대한 연설의 기회로 착각하지 않도록 한다.
⑧ 토의내용을 종합하여 이의가 없는지를 확인한다.

3. 강의식 토의법(lecture forum)

(1) 특 징

교육자가 대상자에게 정보 및 과제를 제공하고 토의 · 지도하는 학습방법이다. 교육자와 대상자가 문제해결을 위해서 여러 가지 아이디어(착상)와 정보를 교환한다. 또한 대상자 스스로가 해결할 수 없는 문제는 집단토의로 해결할 수 있다.

강의식 토의법은 대상자 자신의 의견을 자유롭게 발표하며, 타인의 의견을 듣고 협동적으로 문제를 해결하는 협동심과 인내심을 지도하는 데 목적을 둔다. 강사 1~2명 정도가 강의를 한 다음에 질의를 받고, 참가자들에게 응답한다. 강의를 할 때에는 시청각 매체를 활용하는 것이 좋다.

(2) 운영방법

과제에 따라서 문제를 제출해 결론을 얻는 방법을 미리 생각해 두고, 상대편의 이해나 반응의 정도를 관찰하면서 진행한다.

대화의 진행방법은 모두 정석으로 진행하는 유형과 다른 화제에서 시작하여 본론으로 들어가는 유형, 다른 문제에서 중심으로 들어가고 또 다른 화제로 바꾸어 다시 중심으로 들어가는 것이 반복되는 유형의 3가지가 있다. 어떤 방법이든 예정된 핵심 결론에 도달하는 것이 중요하다. 이들 중 어느 것을 선택하더라도 기준이 되는 기(起) · 승(承) · 전(轉) · 결(結) 4단계의 순서를 응용할 수 있다.

4. 강단식 토의법(symposium)

심포지엄(symposium)이란 전문가인 강사 4~5명이 서로 다른 입장에서 공통적인 주제에 대해 발표하는 것으로, 청중이 이해하기 쉬운 방법이다.

예를 들어, '소아비만의 치료' 라는 주제로 강단식 토의가 열릴 때, 강사는 의사 · 영양사 · 운동처방사 · 심리치료사 · 부모대표 등이 될 수 있다.

이때 소아비만의 병리에 대해 의사가, 영양사는 소아비만의 식사요법에 대해, 운동처방사는 운동요법에 대해 10~20분씩 발표하게 된다. 이 토의법은 주로 전문가의 이야기를 듣는 것이기 때문에 청중도 어느 정도 주제에 대한 지식이 필요하다.

- B · D · F · H = 발언을 적게 하는 사람
- A · C · G · I = 적극적으로 발언을 하는 사람
- G · I = 의견이 서로 충돌할 것 같은 사람
- E = 사회자를 지지해 줄 것 같은 사람

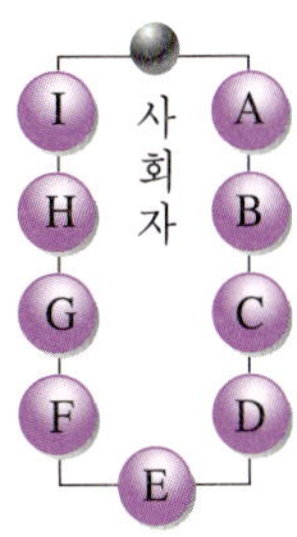

이때는 강사 상호 간의 토의는 하지 않는 것이 좋다. 만약에 강사의 발표가 길어지면 토론시간이 짧아져서 본래의 심포지엄 기능을 발휘할 수 없다.

그림 5-4 강단식 토의법

좌석 배치는 그림 5-4과 같이 단상에 사회자와 강사가 나란히 앉는다. 먼저 사회자가 논제와 강사들을 소개하고, 이어서 각 강사가 정해진 주제에 따라 발표한다.

각 강사에게 할당된 시간이 15분 정도라고 할 때 4사람이면 1시간 정도가 소요된다. 이어서 사회자의 진행으로 참가자와 강사 사이에 질의 토론이 실시된다.

5. 좌담회(원탁식 토의, round table discussion)

집단의 인원은 수준이 비슷한 10~20명으로 구성하며 청중은 없다. 즉, 참가자 전원이 의견을 말하고 사회자가 전체의 의견을 종합하는 민주적인 토의 방법이다.

참가자 전원이 발언하므로 종합된 의견에 서로가 만족할 수 있는 방법이다.

이처럼 모든 참가자가 의견을 말할 수 있는 것이 특징이며, 좌장은 초점이 흐트러지지 않도록 진행해야 한다. 같은 사람이 계속 발언하지 않도록 하고, 적극적으로 발언하도록 좌장이 조절한다.

좌장은 사회를 보면서 논지에 따라서 참가자 발언의 중요한 점을 정리해야 한다. 이러한 경우는 영양사나 지도자가 좌장의 일을 보기 때문에 참가자의 발언에 해설을 첨가해서 정리하는 방법을 이용한다.

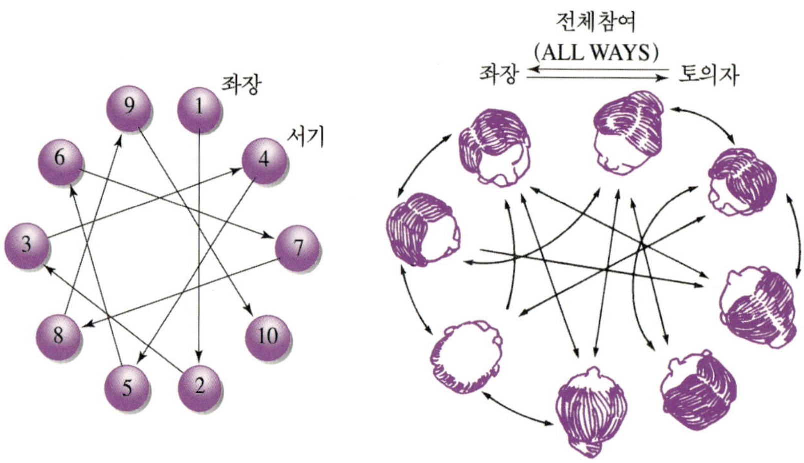

그림 5-5 원탁토의할 때의 발언순서

6. 분단토의(6 · 6식 토의, buzz session, six six method)

분단토의는 여섯명이 각 1분씩 6분 동안 토의한다는 뜻에서 6 · 6식 토의라고도 한다.

분단토의는 참가자 수가 많고 시간은 제한되어 있는 경우에 전원을 소그룹으로 나누어 토의하게 한 후, 다시 소그룹의 토의결과로 전체 토의시간을 가져서 전체가 다 듣고 상호의견을 교환할 때 사용하는 교육방법이다. 다소 소란스러워서 벌이 윙윙 날아다니는 소리와 비슷하다고 하여 Buzz session이라고도 한다.

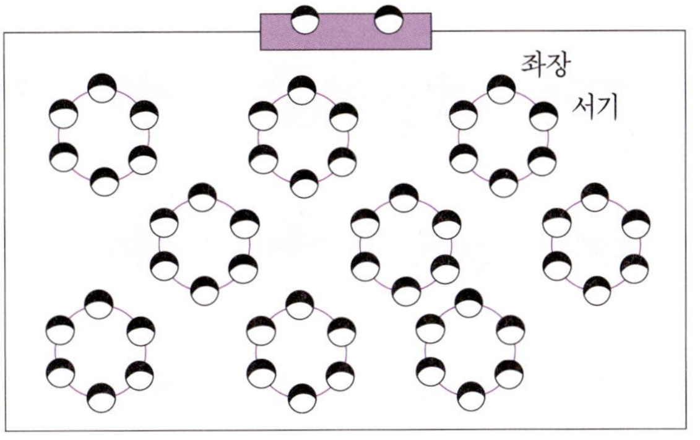

그림 5-6 분단토의

(1) 분단토의의 장점

① 참석인원이 많아도 진행이 잘 이루어지며, 모두의 의견을 교환할 수 있다.
② 대상자들이 참여할 수 있는 기회가 제공된다.
③ 다른 그룹의 발표를 듣고 자신들의 토의 결과와 비교할 수 있으므로 반성적 사고능력이 함양된다.
④ 문제를 다각도로 분석할 수 있으며, 전체 참여로 해결방안을 모색할 수 있다.

(2) 분단토의의 단점

① 시간이 짧고 인원이 많다. 시설제한 등으로 인해 진행이 잘 이루어지지 않는 경우에는 소란한 분위기에서 참가자 전원의 참여가 불가능하다.
② 참가자 전원이 심사숙고하여 의견을 제시하기 힘들다. 시간제한 때문에 그룹 구성원 중 한두 사람의 의견이 그룹 의견으로 되는 경우가 많다.
③ 그룹 구성원 중 소심하고 수줍은 사람이 있는 경우에는 자신의 의견을 마이크를 통하여 발표하는 데에 익숙하지 않으므로 부담스러운 시간이 된다.

7. **배석식 토의** (패널 토의 : panel discussion)

4~8명의 전문가가 청중 앞에 마련된 단상에서 자유롭게 토론하고 청중들이 그 내용을 보고 들으면서 배우는 방법이다. 경우에 따라서는 주제발표(강연)를 한 다음, 그 내용에 대하여 패널 토의를 함으로써 다각적인 이해를 도모한다.

패널 토의가 끝난 후에 종합토의 및 질의시간을 통하여 의견을 정리하는 것이 바람직하다.

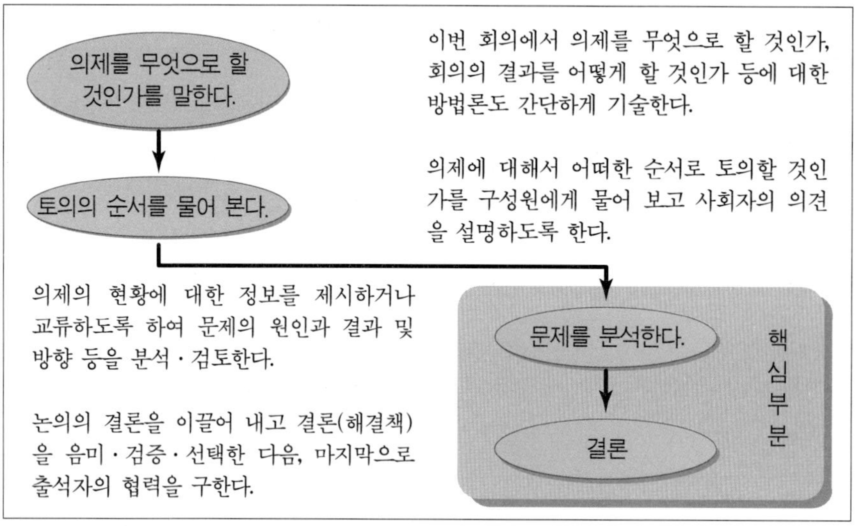

그림 5-7 배석식 토의의 흐름

(1) 장점

① 청중과 발표자 사이의 자발적 의사교환이 가능하다.

② 질의응답이 빠르게 진행되어 흥미롭다.

③ 진행자의 능력에 따라 토의를 통해서 많은 문제를 다룰 수 있다.

(2) 단점

① 주제를 제기하는 방법이 체계적이지 못하다.

② 발표자 개개인이 의견을 발표하는 데 소요되는 시간을 통제하기 어렵다.

③ 대부분의 질문에 대해 완벽한 응답을 기대하기 어렵다.

④ 패널 토의 발표자는 예리하게 사고해야 하며, 즉석에서 명확하게 답할 수 있어야 한다.

8. 필름포럼(film forum)

슬라이드 및 영화를 영사하고 문제점을 제기해서 토의하는 방법이다. 영화의 내용에 따라서 영사를 도중에 중단하여 토의를 하다가 다시 영사를 계속하는 경우도 많다.

사회자 또는 지도자는 미리 방법과 과제를 설명하고 영사를 해야 하기 때문에 사전에 내용을 충분히 알고 문제점을 조사해 두어야 한다.

9. 공론식 토의법(debate-forum)

공론식 토의법은 한 가지 주제를 두고 서로 다른 의견을 가진 2~3명의 강사가 자기의 의견을 발표하고 청중의 질문을 받은 후에 강사가 다시 간추리는 방식의 토의법이다. 즉 일종의 공청회와 같은 방식으로 법 · 시행규칙 등을 신설 또는 개정하거나 새로운 기구의 창설, 조직개편 등을 위해 쓰인다. 이 방법은 각 발표자의 의견은 충분히 들을 수 있으나, 일정한 결론을 내리기가 어려운 것이 단점이다.

그림 5-8 공론식 토의법

10. 연구집회(workshop)

연구집회는 공통적인 과제를 가진 비교적 전문직종의 사람들이 모여서 연구하는 것으로, 3일에서 1주 정도의 긴 시간이 소요된다.

먼저 총회에서 주제의 분할 · 분반 · 회의 운영방법 등에 대해서 논의하고 오리엔테이션 시간을 갖는다. 이어서 분류된 과제로 소분과별 토의와 연구에 들어간다. 체험발표, 연구발표, 토의 이외에도 필요에 따라 운영위원회에 자료수집을 요청하거나 실제로 견학을 하기도 한다.

운영위원회는 개회하기에 앞서 주제안의 선택 · 홍보 · 연구발표 의뢰 · 자료의 사전인쇄 등을 준비한다. 그리고 연구회가 끝난 후에 기록작성이나 배포 등도 담당한다. 연구집회는 반별 연구의 조언자나 특별강연을 이용한 강사 지도가 아니라는 것이 특징이다.

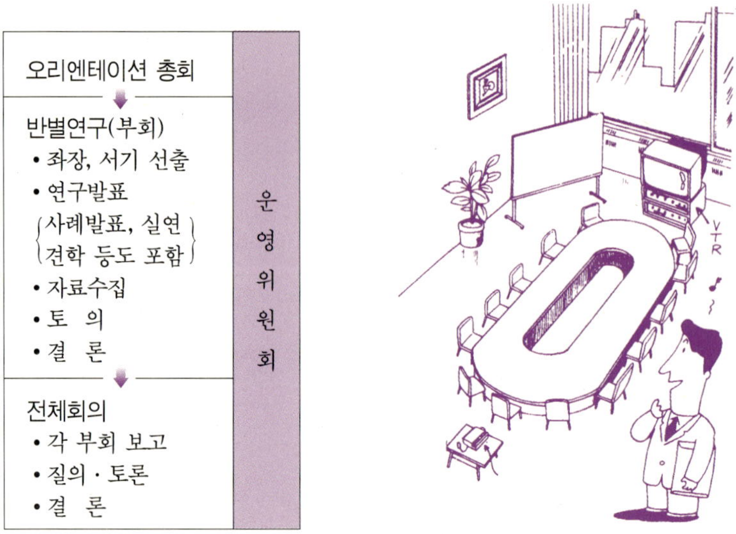

그림 5-9 연구집회

11. 두뇌충격법 (brain storming)

두뇌충격법은 아이디어나 문제해결법을 찾기 위한 일종의 회의이다. 이 방법은 어느 주어진 질문이나 문제에 대해 되도록 많은 아이디어를 이끌어 낸다. 두뇌충격법에 필요한 시간은 그룹의 규모와 문제의 복잡성에 따라 10~20분 정도이다.

참여 인원수는 보통 10명 정도로 자유롭게 이야기를 주고받는 동안에 새로운 구상이나 해결방법을 찾으며 결론은 없어도 된다. 자유로운 분위기를 위해 coffee storming, green storming, lunch storming 등을 활용한다.

두뇌충격법의 특징은 다음과 같다.

- 짧은 시간에 많은 아이디어가 나온다.
- 실천하기 쉽다.
- 새로운 아이디어를 내는 방법이 좋아진다.
- 사기가 올라간다.
- 발언이 활발해진다.
- 단결이 잘 된다.

12. 시범교수법(demonstration)

시범교수법은 이론과 아울러 실제 물건이나 자료를 가지고 시범을 보이면서 교육하는 방법으로 주의집중이 잘되고 이해도가 높다.

(1) 방법시범교수법

방법시범교수법은 일종의 시연 또는 실습으로서, 제기된 문제를 해결해 나가는 과정을 교육자가 먼저 시범을 보이고 대상자들이 직접 실습해 보는 것이다. 대상자들이 직접 참가하므로 흥미와 실천의지를 높일 수 있다.

교육장소의 준비는 모두가 다 볼 수 있도록 교육대상자보다 약간 높은 위치로 선택하여야 하며, 장소가 평면인 경우는 교육대상자들의 좌석을 아래 그림처럼 반원형으로 준비하여 시범을 정확히 볼 수 있도록 해야 한다.

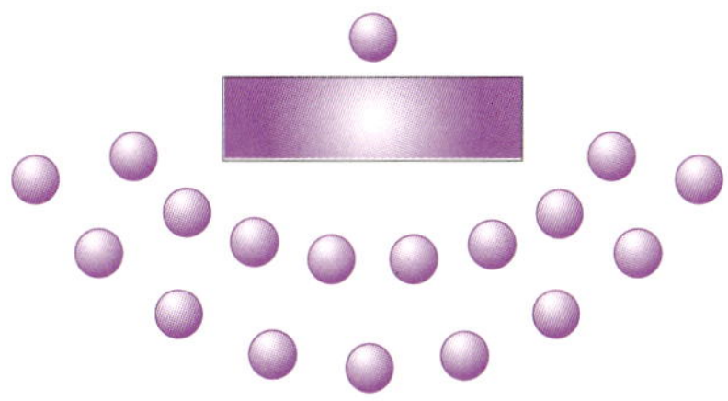

그림 5-10 시범 실시장소의 모양

시범장소의 시설에 비디오 장치가 있으면 시범할 내용을 비디오로 먼저 보여주고 교육자가 실제 시범하면 더욱 쉽게 교육할 수 있다.

■■■ 시범 시의 유의사항

① 방법은 가장 진보된 것이어야 한다.
② 사용되는 물품은 순서대로 빠짐없이 준비하고 진열한다.
③ 반드시 사전연습을 해둔다.
④ 시범 전에 시범의 목적 및 내용과 절차에 관하여 간단히 설명한다.
⑤ 강조할 점은 시범 도중에 반복하여 보여 준다.
⑥ 내용과 절차는 명확하고 이해하기 쉬워야 한다.
⑦ 시범 후에 연습시간과 토의시간을 가지도록 한다.

(2) 결과시범교수법

결과시범교수법은 일종의 사례연구로서, 기존에 실시한 결과를 놓고 그 문제의 해결과정이나 경험을 시청각 자료로 보여주면서 토의하여 대상자들의 행동변화 의욕을 유도하는 방법이다.

결과는 성공한 예와 실패한 예를 모두 활용할 수 있다. 성공한 경우에는 그 방법을 배우고, 실패한 경우에는 그 원인을 파악하고 비교하여 수정하도록 한다.

예를 들어, 비만인을 대상으로 체중조절에 있어서 식사요법과 운동의 중요성을 강조하고자 할 때, 사례연구를 통해 성공한 예와 실패한 예를 비교하면서 실천의지를 높인다. 결과시범교수법은 방법시범교수법에 비해 시간 · 노력 · 비용이 적게 든다.

Section 5 실험형 방법(Experinental Method)

실험형 방법은 교육대상자가 스스로 학습을 하면서 터득하도록 하는 방법이다. 교육대상자는 다양한 도구를 이용하여 스스로 실험을 진행하므로 능동적인 자세와 적극적인 태도로 임하기 때문에 학습효과가 클 수 있으나 교육대상자의 능력에 따라 교육의 효과는 달라진다.

1. 그림극

그림극은 제작이 간단하고 경제적이다. 그림극의 장점은 그림극 속의 모든 인물들을 교육자 혼자 맡아서 수행하므로 연출하는 데에 신경을 많이 쓸 필요가 없다는 것이다. 만약 한 장면에 오랜 시간과 주의를 집중시키고 싶다면 그 장면을 특히 강조할 수도 있다.

그러나 텔레비전이 많이 보급되면서 움직이지 않는 화면으로 어린이들의 흥미를 유발하기에는 다소 미흡하나 상상력에 호소하는 추상적인 표현은 가능하다.

2. 인형극

인형극은 식생활과 관련된 간단한 내용을 소재로 하여 인형을 이용한 극의 형태를 통해 전개해 나가는 교육방법이다. 인형극은 특히 유아나 아동에게 강한 흥미와 간접적인 경험을 제공하는 유용한 교육방법이다. 관람시간은 15분 정도로 너무 길지 않게 하며, 대상의 집중시간이 짧으므로 질문을 하거나 같이 부를 수 있는 노래 같은 활동을 극에 삽입하면 좋다.

3. 역할연기법(role playing)

역할연기법은 문제가 되는 식사상황을 모의로 꾸며놓고 연기를 펼치며 간접경험해 봄으로써 해결책을 찾는 방법이다.

우선 주변환경과 등장인물, 상황을 교육목적에 맞추어 설정해 놓는다. 그리고 역할연기자들에게 극의 배경을 설명하고 청중들에게 기본적인 내용만 소개하며, 대본을 읽기보다는 자연스럽게 연기하도록 지도한다. 청중은 역할연기를 보면서 '자신의 경우에는 저 상황에 다른 행동을 취할 수 있는가'를 분석할 수 있다.

■■■ Evers(1995)가 제시한 아동용 역할극 문제상황의 예

- 방과 후 너는 항상 배가 고프다. 그런데 엄마가 없는 어느 날 과자를 먹고 밖에 나가 놀았는데, 그 때문에 저녁식사 때는 배가 고프지 않았다. 다음날 방과 후에 배가 고프다면 너는 어떻게 할 것인가
- 학교 가는 날 아침에 너는 잠을 조금 더 자고 아침은 거른다. 너는 아침에 일어나서 처음에는 실제로 배가 고프지 않다. 그러나 오전 1교시가 지나면 머리가 아프고 배가 고파지며 공부하기가 힘들어진다는 것을 느낀다. 너는 이 문제를 어떻게 풀 것인가?
- 너는 오후 축구 연습에 맞추기 위해 항상 서두른다. 그래서 너는 대개 콜라 한 캔과 과자 한 봉지를 먹으면서 간다. 문제는 연습 도중에 너의 배가 가끔 아프다는 것이다. 특히 너무 많이 뛴 날은 꼭 그렇다. 너는 배가 아픈 이유가 무엇이라고 생각하는가? 이 문제를 해결하기 위해 너는 어떻게 변해야 하는가?
- 너의 가장 친한 친구는 5가지 식품군의 식품을 골고루 먹지 않는 편식이 심한 사람이다. 너는 그가 창백하고 피곤해 보이며 자주 아프다는 것을 안다. 네 친구를 도와주기 위해 너는 무엇을 할 수 있을까?
- 네 큰언니는 예쁘고 인기도 좋지만 그녀가 먹는 것이라고는 샐러드와 다이어트 음료뿐이다. 그녀는 항상 대부분의 다른 음식은 살이 찐다고 말한다. 그녀가 옳은가? 너는 그녀에게 무엇을 말해 줄 것인가?
- 너의 부모님은 집안일을 도와주시는 아주머니께 너를 맡기고 밤에 외출하셨다. 아주머니는 저녁식사로 네가 먹고 싶어하는 것은 무엇이든, 심지어 사탕을 먹어도 좋다고 말씀하셨다. 너는 어떤 음식을 선택할 것인가?

역할연기법은 시간조절이 자유롭고, 감정 · 태도 · 외적 요인의 영향이 드라마틱하게 전개될 때에 유용하다. '실제 생활' 중의 상황을 전개하여 자유로운 토론과 상호 간의 활동을 증진시킬 수도 있다.

그룹이 개방적이어서 누구나 참여할 수 있어야 하고, 매우 노련한 진행자가 필요하다. '연기자들'이 관심이 없는 경우에는 실패할 수도 있다. 시간구성에 대한 원칙을 정해 놓아야 하며 청중들에게 관찰자로서 지켜보도록 지도한다.

사회자가 논제와 토의방법을 설명한 후에 참가자 중에서 연기자를 선정하고 단상으로 나오게 하여 단시간 동안 연기하게 하며, 이에 대해서 토의를 진행한다.

연기자는 보통 특정한 외부사람이 아닌, 참가자 중에서 지명하거나 선출한다. 경우에 따라서는 미리 선출하여 준비하는 경우도 있다.

역할극의 단계

① 주제의 제시
② 사전계획
③ 평가 대상자들 중에서 역할선택
④ 준비(대사 및 보조자료 준비)
⑤ 시행
⑥ 평가 및 토의(관찰도구 이용)
⑦ 결론도출
⑧ 최종요약

4. 시뮬레이션

당뇨환자의 외식상황이나 비만환자의 간식 선택상황 등 실제의 식생활에서 문제가 발생하기 쉬운 상황을 단순화한 모의상황에서 해결책을 찾는 방법이다. 이 방법은 대상자가 실생활에서 직접 접하는 것보다 시간 · 경비 · 노력이 적게 들고 필요한 경험을 얻을 수 있는 장점이 있다.

5. 성장 실험

성장 실험은 유아나 아동에게 적합한 방법으로, 동물이나 식물을 직접 키워 봄으로써 영양에 대한 지식뿐만 아니라 책임감과 협동심을 함께 길러 줄 수 있는 방법이다. 일정한 기간을 두고 성장과정을 관찰 · 기록하게 하고, 실험이 끝나면 성장과정과 결과에 대한 토의를 실시한다.

6. 견학

견학은 실제로 시설의 운영방법이나 조리기술 등을 그룹별로 보고 들으며 서로 이야기를 나누는 산 교육방법이다. 단순히 보고 듣는 데에 그치지 않고, 견학에 이어 그것을 토대로 해서 서로 질의응답과 토의 등을 한다. 이때 지도자는 미리 유인물 같은 것을 준비해야 한다.

견학 시의 사전 준비 내용

① 견학의 목적을 확실하게 한다.
목적이 확실하지 않으면 겉모양만 보는 견학으로 끝날 수 있다.
② 사전정보 수집
• 사전자료를 모은다 : 전시회의 안내서나 팸플릿 등 견학할 장소에 관한 직접

적인 자료는 물론이고 상대회사의 개요 · 일의 현황 · 기술적 특징 등과 관련된 자료도 모은다. 그러면 견학의 핵심을 파악할 수 있다.

- **다른 사람의 의견을 들어 둔다** : 그 업계를 잘 아는 사람이나 먼저 견학한 사람들의 의견을 들어 보고 질문사항을 마련해 놓는다.

③ 스케줄을 짠다.

현재 관계된 일과 연계될 수 있는 가장 효과적인 날짜를 선정한다. 상대방에게 통지할 문제가 있을 때에는 일찍 연락을 취한다. 견학일이 정해지지 않았을 때는 일의 순서를 가급적 빨리 정해 둔다.

실습은 보통 3~4명 또는 10명 정도를 한 그룹으로 하며, 실습할 때에 유의해야 할 점은 다음과 같다.

① 대상의 실생활에 맞추어서 적당한 식단을 선택해야 한다.
② 화재나 화상 등을 막기 위해서 기구나 자료 등을 잘 정리 · 정돈한다.
③ 기구 · 재료 등이 부족하지 않도록 준비한다.
④ 각 그룹의 진행상황이나 반별 목표달성에 차질이 없도록 한다.

Section 6 캠페인 교육방법(Campaign Method)

캠페인 교육방법은 건강과 관련된 특수한 목적을 설정하여 비교적 짧은 기간 동안 집중적인 반복 또는 강조를 통하여 많은 사람들에게 교육내용을 알리는 데 활용되는 방법이다.

캠페인에 활용하는 기간은 며칠에서부터 1개월까지가 보편적이다. 보조자료는 포스터, 팸플릿, 라디오, TV 대담 등이다.

그림 5-11 우리나라와 미국의 우유섭취 홍보 캠페인

CHAPTER

06

Nutrition Education and Consultatio

영양교육매체의 제작과 활용

Section 1 매체의 의미

매체(media)는 라틴어인 'Medium'에서 유래되었으며, '사이(between)'라는 뜻을 가지고 있다. 즉, 두 개체를 이어주는 역할을 하는 모든 수단을 뜻한다. 이처럼 매체는 교육자와 교육대상자 사이에서 인체의 감각기관을 이용하여 교육효과를 높이기 위한 수단이다. 교육의 극대화를 위해서 여러 감각기관을 통하여 정보를 받아들이는 데 있어서 시각과 청각을 많이 이용하므로 '시청각 매체'라고도 부른다.

표 6-1 인체의 지식감각 흡수정도

감각	흡수비율
시각	83.0%
청각	11.0%
후각	3.5%
촉각	1.5%
미각	1.0%

정보감지능력은 사람이 가지는 5가지 감각기관인 시각 · 청각 · 후각 · 미각 · 촉각을 통해 발휘된다. 이것은 1개 또는 2개 이상의 감각기관이 동시에 작용하여 정보를 감지한다.

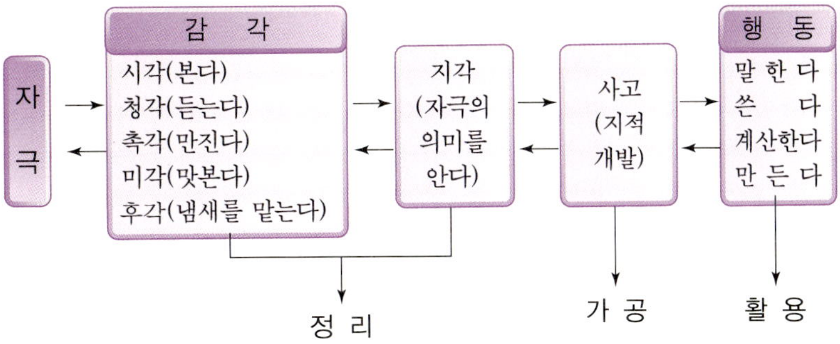

그림 6-1 정보를 감지하여 활용하는 과정

교수매체(instruction media)는 '가르치는 매체'라는 뜻으로, 목표로 하는 학습 또는 지도를 성공적으로 실현시키는 데 필요한 매개체를 말한다. 매체는 영양교육의 보조재료이므로 일방적으로 보여주거나 들려주는 것이 아니라, 매체를 소재로 하여 서로 토의가 이루어져야 한다.

매체의 특징

- 교육대상자들의 한정된 경험의 한계를 극복하게 해준다.
- 교실의 시간적 · 공간적 제한을 극복하게 해준다.
- 교실에 있는 학습자와 사회환경과의 상호 접촉을 가능하게 해준다.
- 지각적 경험의 통일성을 갖게 한다.
- 올바르고 현실적인 최초의 개념을 제공해 준다.
- 학습에 대한 새로운 의욕과 동기를 유발시킨다.
- 학습의 경제화 · 능률화를 가능하게 한다.
- 구체적인 경험과 추상적인 경험을 통합시켜 준다.

Section 2 의사소통(Communication)

1. 의사소통 과정

의사소통(communication)은 정보를 보내고 받는 과정으로, 그 목적은 유형 · 무형의 어떤 바람직한 행위를 유발하는 것이다. 무형의 행위는 지식이나 태도의 변화 또는 변화의 수용 및 문제의 이해 등을 들 수 있다. 의사전달에는 발신자(sender), 메시지(message), 수신자(receiver)의 3요소가 있다. 의사전달이 정확하든 그렇지 않든 간에 이는 반드시 피드백된다.

인간 커뮤니케이션 전달과정은 정보원(Information)이 전달하고자 하는 정보를 메시지로 만들어서 송신기에 보내는 일에서 시작한다. 송신기는 그 메시지를 전류 또는 전자파 등의 신호로 바꾸어 채널을 통해서 수신기에 보내고 수신기는 받은 신호를 다시 메시지로 복원하여 목적지에 전달한다.

의사전달은 ① 송신자 ② 매체 ③ 전달내용 ④ 수용자의 구조로 되어 있다.

이는 구체적으로 언제, 누가, 어디서, 누구에게, 무엇에 의해서, 무엇을 전달하는가로 나눌 수 있다. 이 중 어느 하나라도 빠지면 정확히 전달할 수 없다.

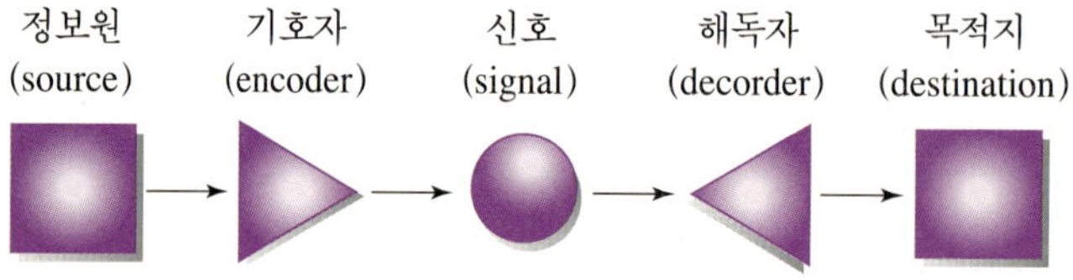

그림 6-2 슈람의 커뮤니케이션 모형

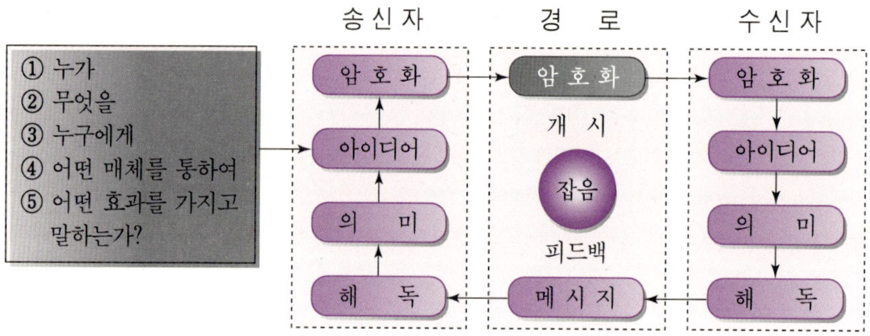

그림 6-3 의사소통의 과정

M. Myers는 의사소통의 의미를 다음과 같이 정의하고 있다.

- 개인의 인간성을 발전시키고, 타인과의 관계를 발전시키는 매개체이다.
- 자극과 반응, 수신자와 송신자, 메시지, 기호화 과정, 기호 해독과정, 피드백, 자각, 자기표현 등으로 구성된 인간관계의 매개체이다.
- 태도, 생각, 사상, 느낌 등을 전달하는 매개체이다.

의사소통은 매체의 종류에 따라 다르며 정보가 도달하는 기간도 큰 차이를 나타낸다. 한편, 효과적인 의사소통에 많은 어려움이 따르는데 이것은 반드시 시정해야 하므로 발신자는 사용하는 어휘가 수신자의 수준에 적합한 것인지를 알아야 한다. 물리적인 장애로서 발신자의 음성이 좋지 못하거나 쓴 글씨의 판독이 힘들다거나 의사소통 시에 주위가 시끄러운 환경요인으로 인해 수신자와 의사소통이 잘못되기 쉬우므로 이런 요인들을 고려해야 한다.

2. 벌로의 SMCR 모형

의사소통에 관한 현대적인 모형은 대인관계와 상호작용에 초점을 두고 있다. 전통적 모형인 벌로(D. K. Berlo)의 모형은 의사소통을 행동하는 과정으로 다룬 첫 모형이라는 데 의의가 있다. 그는 "과정의 개념이 동태적임을 인지하고, 계속 변화시켜야 하며, 계속적인 관계를 해석함으로써 의사소통 과정의 현대적인 감각을 익히고, 상호작용의 모형을 제시해야 한다."라고 주장하였다.

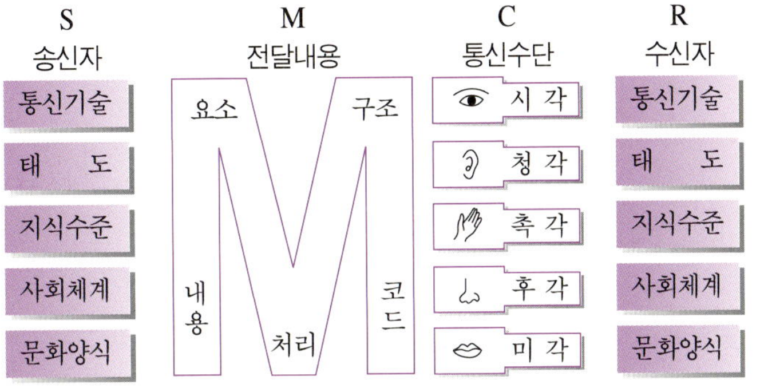

그림 6-4 벌로의 SMCR 모형

3. 의사소통 원칙

올바른 의사소통을 위한 원칙은 다음과 같다.

① **명료성의 원칙** : 수신자가 전달내용을 쉽고 정확하게 이해할 수 있는 문장과 언어를 사용하여야 한다.

② **일관성의 원칙** : 전달하는 내용에는 일관성이 있어야 한다.

③ **적시성의 원칙** : 의사소통은 적절한 시기에 이루어져야 한다.

④ **적량성의 원칙** : 전달내용은 과다하지도 과소하지도 않은 알맞은 양이어야 한다.

⑤ **분포성의 원칙** : 전달내용은 윗사람에서 아랫사람에 이르기까지 관련된 수신자에게 꼭 전달되어야 한다.

⑥ **수용성의 원칙** : 수신자가 전달내용에 대하여 타당성을 인정하고, 주어진 내용에 적극적인 반응을 나타내야 한다.

Section 3 데일(Dale)의 경험 원추모형

데일은 1946년 그의 저서 〈시청각적 교수방법〉에서 "시청각 교육매체는 교육목표를 달성하기 위한 의미를 전달하는 데 있어서 주로 읽기에 의존하지 않는 것"이라고 정의하였다. 그는 1969년 사실주의 개념에 근거하여 시청각 교재를 실제와 일치하는 정도에 따라 구체성과 추상성을 기준으로 하여 '경험의 원추' 라는 모형을 만들었다. 경험의 원추 모형은 브루너의 표상양식에 따라 행동적 경험 · 영상적 경험 · 상징적 경험으로 분류하고, 모든 경험을 11단계로 분류한 것이다.

Dale의 경험에 있어서 원추는 위로 올라갈수록 추상적 경험을 나타내고 아래로 내려올수록 구체적인 경험을 나타낸다. 그리고 위로 올라갈수록 좁고 아래로 내려올수록 넓은 것은 구체적인 경험을 주는 교육매체일수록 많이 활용되고, 추상적인 경험을 주는 교육매체일수록 적게 활용됨을 나타낸다.

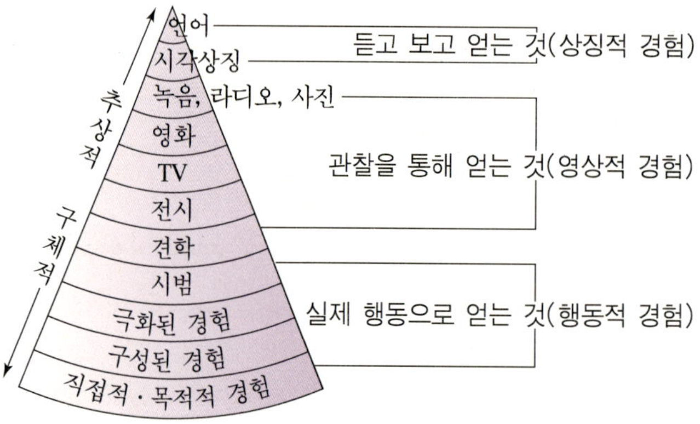

그림 6-5 경험 원추모형

데일은 경험 원추 모형을 통해 교육대상자의 지적 수준이나 경험에 맞추어 구체적인 것과 추상적인 것을 적절히 통합하여 사용하는 것이 바람직하다는 것을 시사하고 있다.

Section 4 매체의 선택과 활용

1. 매체의 분류

교육대상자에 따라 교육내용과 교육방법이 결정되면 다음 단계로 어떤 교육매체를 사용하여 어떻게 교육의 목적을 달성할 것인가를 고려하여야 한다.

(1) 시청각 매체의 분류

영양교육에서 활용할 수 있는 시청각적 매체는 주로 시각을 활성하는 것, 주로 청각을 활성하는 것, 시청각을 활성하는 것 등으로 분류한다.

시청각 자료는 말로 설명하는 것보다 효과가 좋다. 시각을 주로 활용하는 매체는 대상자에 맞게 제시하거나 영양사가 이용할 수 있도록 창의성이 많이 필요하다.

청각적 매체로서 녹음자료나 라디오는 기본적인 점에서 같은 매체이지만 라디오는 보다 시사성이 있고 동시성이 있는 매체라는 점이 다르다.

표 6-2 시청각 매체의 분류

시각을 주로 하는 것	청각을 주로 하는 것	시청각을 주로 하는 것
게시판, 융판, 그림, 만화, 신문, 표본, 사진, 모형, 그림으로 된 괘도, 실물, 그래프 등	녹음자료(녹음기, 레코드 플레이어 등), 라디오 방송 등	녹음된 슬라이드 세트, 발성영화, 인형극, 그림 이야기, 견학, 텔레비전 등

(2) 제작방법에 따른 분류

제작방법에 따라 매체를 인쇄매체 · 게시매체 · 입체매체 · 영상매체 · 전자매체 등으로 나눈다.

표 6-3 매체의 종류

구 분	대상 / 매체명	개 인	소수집단	다수집단	불특정 다수, 일반대중
인쇄매체	리플릿	☆	☆	☆	☆
	팸플릿	☆	☆	☆	☆
	포스터				☆
	신문, 잡지				☆
게시매체	패널				☆
	차트		☆		
	탈부착자료		☆		
	통계도표		☆	☆	☆
	사 진	☆	☆		☆
입체매체	모형, 표본	☆	☆		☆
	인형		☆	☆	☆
영사매체	슬라이드				
	OHP		☆	☆	
	영 화			☆	☆
전자매체	TV, VTR	☆	☆	☆	☆
	테이프, CD	☆	☆	☆	☆

☆ : 활용가능도가 높은 경우

미디어는 올드미디어와 뉴미디어로 나눌 수 있다. 예를 들면, 손으로 쓰는 미디어의 경우에 편지는 올드미디어이고, 전자우편은 뉴미디어가 된다. 또 인쇄 미디어의 경우에 신문 · 잡지 · 광고지 등은 올드미디어이고, 전자신문은 뉴미디어에 해당된다.

그러므로 팩시밀리 · 화상전화 · 워드프로세서 · 비디오텍스 · 쌍방향 CATV · TV 음성다중방송 · 비디오디스크 · 고도 정보통신시스템 등은 뉴미디어라고 할 수 있다.

무엇을 왜 교육하느냐에 따라 매체를 선택해야 하며, '어떻게 전달하느냐'는 '무엇을 왜 전달하여야 하는가'의 문제가 된다.

새로운 기계나 자료가 아무리 우리의 감각을 자극하는 것이라 할지라도, 교육목표에 맞지 않으면 이미 교육매체로서의 가치를 잃는다. 또한 시청각 교육매체의 교육적 활용은 실제 언어 자체로서 구체적인 것을 제시해야만 한다.

2. 교육매체의 선정과 활용

매체는 대상자의 특성, 교육목표, 교육방법 등을 고려하여 선택하게 된다. 매체의 선정 및 제작, 활용방법은 하인리히(Heinich)의 'ASSURE 모형'에 따른다.

ASSURE 모형

1. 대상자의 특성 분석(Analyze learner characteristics)
2. 목표설정(State objectives)
3. 매체의 선택 및 제작(Select or design materials)
4. 매체의 활용(Utilize materials)
5. 대상자의 반응 확인(Require learner response)
6. 매체의 평가와 수정(Evaluate and Revise)

(1) 대상자의 특성 분석(Analyze learner characteristics)

대상자의 특성과 매체의 내용 및 제시방법은 밀접한 관계가 있다. 따라서 대상자의 연령 · 학력 · 지위 · 지적 능력 · 문화 · 사회 · 경제적 요인과 같은 일반적인 특성을 파악하고 분석하는 것은 대상자의 요구에 부합하고 실천중심의 정보제공을 위해 필요하다.

대상자의 특성을 파악하기 위한 방법에는 전화 · 우편 · 인터넷을 통한 조사, 초점집단을 통한 조사, 면담을 통한 조사가 있다. 그런데 이 방법들이 모두 어려울 때에는 대상자의 일부를 매체 개발과정에 참여시킨다.

(2) 목표설정(State objectives)

영양교육의 목적과 목표를 기준으로 하여 매체의 목표를 정한다. 목표의 진술은 교육목표 진술과 마찬가지로 학습대상자(Audiance) · 행동(Behavior) · 학습의 조건(Condition) · 평가수준(Degree)의 요소를 포함하는 'ABCD법'에 근거한다.

(3) 매체의 선택 및 제작(Select or design materials)

1) 기존매체의 검토 및 선택

적절한 매체를 개발하는 것도 좋지만 교육목표 달성에 적합한 기존의 매체가 있다면 시간 · 경비 · 노력의 절약면에서 이를 활용하는 것도 좋다.

최근 식품의약품안전처나 대한영양사협회 또는 여러 식품회사 등에서 다양한 매체를 제작 · 배포하고 일부는 판매하고 있으며, 영양교육 전문제작회사에서도 다양한 매체를 판매하고 있다.

이들 매체를 검토하여 매체를 선정할 때에는 다음의 기준을 고려해야 한다.

① **적합성** : 매체가 교육목표에 적합해야 하며, 매체에 사용한 용어의 수준 · 내용의 난이도 · 제시방법 등이 대상자의 수준에 적절해야 한다.
② **구성과 균형** : 내용이 한 부분에 치우치지 않고 전체적으로 구성이 잘 되었는지, 음악 · 배경 · 그림 등이 적절한지, 목적이 분명히 서술되고 쉽게 이해될 수 있는지 등 전체적인 구성과 균형을 검토한다.
③ **신뢰성** : 매체에서 다룬 내용이 올바른 정보에 기초한 것인지를 확인한다.
④ **가격** : 교육활동에 책정된 예산 범위 내에서 매체의 구입 및 활용이 가능한지를 파악한다.
⑤ **효율성** : 매체 사용에 소요되는 시간과 노력에 비해 교육 효과는 어느 정도인지를 확인한다.
⑥ **편리성** : 매체 제시에 필요한 보조기자재 종류와 시설, 사용방법의 용이성을 평가한다.
⑦ **기술적인 질** : 매체의 색상이나 음질, 크기와 안전성, 견고성 등이 양호한지를 살펴보고 제작년도를 확인한다.
⑧ **흥미** : 매체의 외관이나 내용이 대상자의 흥미와 호기심을 충족시켜 교육에 관심을 보이고 동기유발이 가능한지를 파악한다.
⑨ **기타** : 교육환경이나 교육의 형태(소집단, 대집단)와 교수전략(교사중심, 학생중심, 설명수업, 발견수업) 등에 따라 선정한다.

2) 매체의 제작

기존매체로 교육목표와 매체목표에 도달하기 어려울 때에는 새로운 매체를 기획 · 제작한다.

① **수준 결정** : 대상자는 단순하고 확실한 정보를 좋아하기 때문에 대상자를 제작과정에 포함시켜 어려운 내용과 단어를 쉽게 바꾸는 작업을 한다.

② **매체의 내용 구성** : 내용은 행동변화에 초점을 맞추고, 실제 적용가능한 것으로 수집하며, 내용 구성 시에는 단순성과 통일성에 맞추어 한두 가지 정보만 제시하고, 전문용어는 가능하면 적게 사용한다. 간단한 것에서 복잡한 것으로 구성하며, 중요한 것은 매체의 처음이나 마지막에 위치하게 한다. 영양소 제시를 위해 가시적인 교육도구를 제작한다.

③ **사전평가 및 수정보완** : 개발한 매체의 이해도 · 흥미도 · 수용도 측면에서 평가하여 수정 · 보완한다.

(4) 매체의 활용(Utilize materials)

매체의 활용절차는 다음과 같다.

① 실제 교육에 들어가기 전에 매체를 면밀히 검토하고 평가한다. 매체의 제목, 대상자의 연령 및 인원수, 교육목표, 매체내용, 매체 제시방법, 평가 및 제언 등이 평가대상이 된다.

② 매체를 계획된 사용방법에 따라 시험적으로 사용해 본다. 대상자에게 매체와 교육내용에 대한 신뢰를 주기 위하여 효과적인 사용방법을 익히고, 소요시간을 산정하며, 매체와 친해지도록 한다.

③ 교육환경을 준비한다. 편안한 의자, 환기, 온도, 조명 등을 확인한다.

④ 실제 교육활동을 시작하고, 매체를 제시 · 활용한다. 영양교육의 내용과 방법에 따라 다양한 매체를 활용하는 것이 효과적이다.

(5) 대상자의 반응 확인(Require learner response)

Skinner는 학습자가 적극적인 반응을 보이고, 학습자 응답에 즉각적인 피드백을 제공할수록 올바른 학습행동을 강화시킨다고 하였다. 따라서 대상자의 주의 집중도 · 표정 · 질문을 통하여 반응을 확인한 후에 즉각적이고 적절한 피드백을 제공하는 것이 좋다.

(6) 매체의 평가와 수정(Evaluate and Revise)

매체를 활용한 후에는 이에 대한 평가가 필요하다. 이 평가는 영양교육 활동의 평가내용과 비슷한데, 매체를 개발하고 활용하는 데 배정된 예산과 실제 소요경비의 차이와 그 요인을 평가한다. 투입자원평가, 매체활용방법 · 소요시간 · 대상자의 반응을 평가하는 과정평가, 그리고 매체의 목표달성 여부에 관한 효과평가로 나누어 이루어진다. 평가 후의 미비점은 수정 · 보완하여 다음 교육에 활용한다.

Section 5 인쇄매체의 특성 및 제작

인쇄매체는 시각을 자극하는 매체로서 팸플릿, 리플릿, 신문, 잡지, 포스터, 만화 등이 있다.

1. 팸플릿과 리플릿

팸플릿(Pamphlet)과 리플릿은 개인지도와 집단지도 모두에 사용되는 매체이다. 팸플릿은 보통 13×20cm 크기, 20쪽 내외로 제작하고 지루함을 없애기 위해 소주제별로 크기와 색상에 변화를 주기도 한다.

리플릿은 영양상담에 많이 이용되고, 주로 20×30cm 정도의 크기의 종이 한 장으로 된 것을 한두 번 접어서 펴볼 수 있도록 만든다. 요즘은 접지 않고 한 장으로 만들거나 사물을 형상화하여 만들기도 한다.

[제작 시의 유의점]

① 대상자가 쉽게 이해하도록 한다.

대상자의 연령 · 학력 · 지적 · 경제적 수준에 맞추어 알기 쉽게 제작하고, 너무 전문적인 용어나 외국어를 사용하면 거부감이나 혐오감을 줄 수 있으므로 주의한다.

② 어디에 사용할 것인가를 명확히 한다.

임상상담에 쓸 것인지 강습회 자료로 쓸 것인지를 정한다.

③ 대상자의 관심을 모을 수 있고 친밀감을 주도록 한다.

제목 선정은 중요하므로 너무 딱딱하고 틀에 박힌 제목은 피한다.

읽어보고 싶은 욕구가 생기도록 한다. 그리고 지루한 해설보다는 대상과 용도에 맞게 예화 · 사진 · 도표 · 기사를 넣어 대상자와 교육자가 이해하기 쉽도록 하고, 자연스럽게 끝까지 읽을 수 있도록 한다.

④ 문자나 문체를 알기 쉽게 한다.

내용을 구성하는 문자나 문체는 한눈에 알아볼 수 있도록 읽기 쉬운 것을 선택한다.

⑤ 아름답게 만든다.

종이의 재질과 인쇄를 아름답게 하여 오래도록 보관하고 싶게 만든다. 특히 표지를 아름답게 하고, 타이틀은 너무 크지 않게 한다. 인쇄 시에 색을 적절히 배색해야 하는데, 흑백이나 단색은 교육효과를 떨어뜨리기 때문에 피하도록 하고 원색보다는 천연 컬러 또는 배색을 맞춘 3가지 정도의 색상으로 한다.

⑥ 매체의 크기나 분량을 적당히 한다.

크기는 B5나 A5로 하는 것이 좋고 끝에 메모란을 두는 것도 좋다. 초보자의 경우에는 리플릿에 너무 많은 내용을 넣는 경우가 있는데, 주요사항을 5~6개 정도 선택하여 간단히 설명하도록 한다.

그림 6-6 팸플릿의 예

접는 리플릿

비닐지로 된 리플릿

입체 리플릿

그림 6-7 리플릿의 예

2. 신문, 잡지

보통 간행되는 신문이나 잡지의 일부분을 이용하면 전국적으로 홍보할 수 있고, 발행부수가 많기 때문에 상당한 효과가 있다.

■■■ 신문 · 잡지 제작 시의 유의점

- 뉴스 가치가 있는 것이나 계절적으로 맞는 지식을 적시에 제공한다.
- 편파적인 의견이나 오해하기 쉬운 내용 및 특정한 사람에 해당되는 내용은 생략한다.
- 판형의 크기나 사용하는 활자의 크기 등은 대상의 연령이나 직업을 고려해야 한다.
- 용지의 종류나 인쇄방식도 내용과 보존성 등을 생각해서 가능하면 좋게 한다.
- 제목이 흥미를 끌어야 한다.
- 문구를 신중히 다루고, 글자 크기나 주위의 공백도 적당히 살려서 보기 좋게 한다.
- 사진 · 그림을 넣어서 알기 쉽게 한다.

3. 포스터

포스터는 전시회 홍보나 캠페인 목적으로 이용하는 매체로서, 전달하고자 하는 내용을 표어나 그림 또는 사진을 통해 표현한다.

포스터의 목적은 지적인 면에 있는 것이 아니라, 감정에 호소하는 것이다. 포스터는 사람들이 쉽게 볼 수 있는 눈높이와 적당한 빛이 있는 장소에 부착해야 한다. 포스터는 실내뿐만 아니라 복도나 길 옆 등에 붙이는 경우도 있으므로 그림이나 표어는 아주 동적이며 인상적이어야 빨리 지나치는 사람들의 주의를 환기시킬 수 있다.

포스터의 크기는 38×50cm ~ 50×75cm가 많이 쓰이고, 목적은 하나로 정하고 내용을 너무 많이 넣지 않는다. 아이디어가 신선하고 강력해야 하고, 구도와 배색도 고려해야 한다. 강조할 내용은 밝은 색을 사용하여 주의를 끌도록 하고, 되도록 횡서와 종서를 혼용하지 않고 읽는 방향을 동일하게 한다. 내용은 구체적인 것이 좋은데, 예를 들어 "우유를 마시자"보다는 "매일 한 잔의 우유를 마시자"가 더 효과적이다.

포스터 북

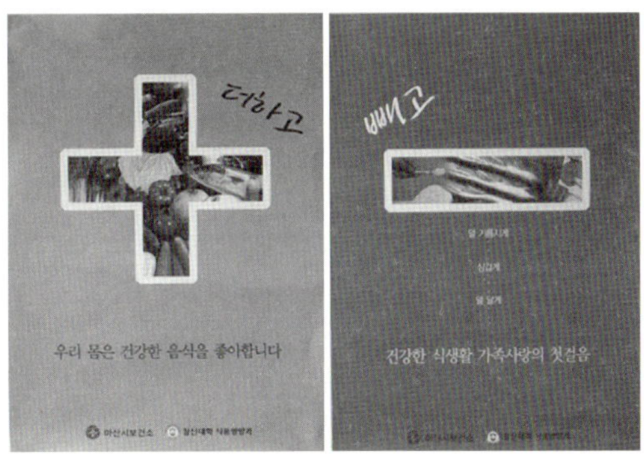

커플 포스터

그림 6-8 포스터의 예

4. 광고지

회람이나 홍보활동차에 의해 배포되며 한 장으로 간단하게 만든다. 광고지는 많은 지식을 보급하려는 목적이 아니라 전시회나 요리 및 콩쿠르 또는 영양 주간행사 등을 알리는 데 사용된다.

광고지가 팸플릿이나 리플릿과 다른 점은 여러 사람을 대상으로 한다는 것과 굳이 보관하고 싶게 만들지 않아도 된다는 것이다. 그러므로 알리고자 하는 사항을 간단하고 명확하게 파악할 수 있도록 해야 한다.

5. 만화

만화란 대상의 성격을 과장이나 생략을 사용해 익살스럽고 간단명료하게 인생이나 사회를 풍자 · 비판하는 그림의 한 형식이다. 자유로운 과장법이나 생략법을 사용해서 특징을 부각하는 것이 순수회화와 구별된다.

만화는 내용 특성에 따라 그때그때 시사상황을 풍자한 시사만화, 동물이 주인공인 동물만화, 예술성을 지향하는 유머만화, 소설처럼 장면장면을 순서대로 변화시켜 가는 극화, 만화영화와 같은 애니메이션 등으로 구분된다.

만화는 우선 재미가 있고 독자들에게 웃음과 감동과 지식을 준다. 또한, 어린이들에게는 가까운 친구로 무한한 공상과 부푼 꿈을 안겨 준다.

그림 6-9 만화의 예

6. 표어

표어는 짧고 가장 단순화된 문장이다. 표어는 바라는 바를 즉각적이고 빠르게 이해시켜야 하며, 강한 인상을 주어 입에 자주 오르내려야 한다. 그리고 내용이 협력 또는 실행의 기분을 갖도록 해야 한다.

표어의 형태는 간단명료하며 의미가 분명하게 표현된 것이어야 한다. 그리고 실행이 가능하도록 구체적이고 단순하며 외우기 쉬운 어구가 좋다.

그림 6-10 표어의 예

7. 스티커

길가의 전봇대, 식당, 대합실, 학교의 복도 등에 붙여놓는 형태로 간단한 슬로건만 1~2행 정도 쓴 것을 말한다. 스티커는 많이 사용하지 않고 효과가 없어서 잘 이용되지 않다가 최근에 어린이들에게 식품구성탑이나 식품교환표 및 식품영양신호등 등을 교육할 때 사용되고 있다.

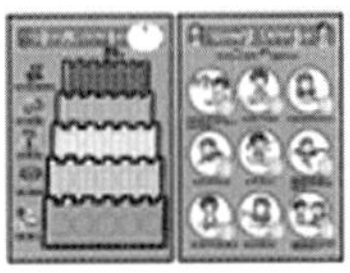

식사예절 스티커

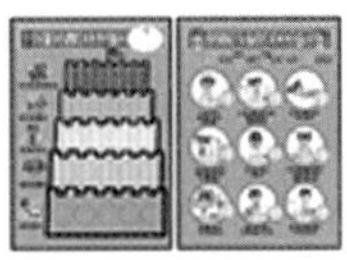

식습관 스티커

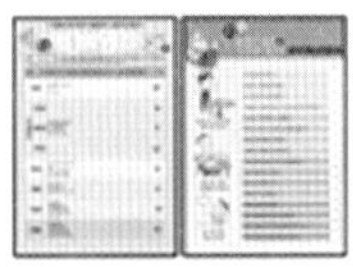

식품교환표 스티커

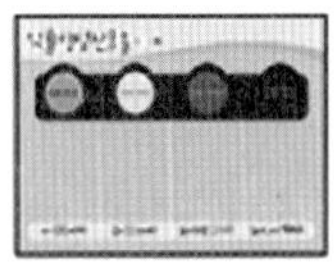

식품영양 신호등 스티커

그림 6-11 스티커의 예

8. 그밖의 인쇄매체

기타 다른 인쇄매체에는 테이블 텐트, 달력, 마우스패드, 카드, 열쇠고리, 자석판, 책갈피 꽂이 등이 있다.

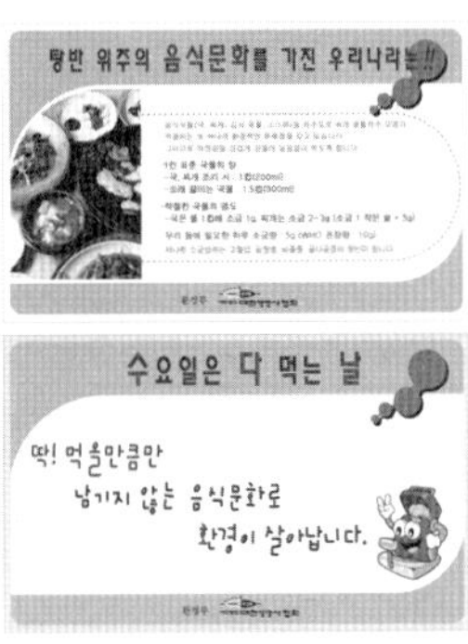

테이블 텐트

아침먹기 실천 달력

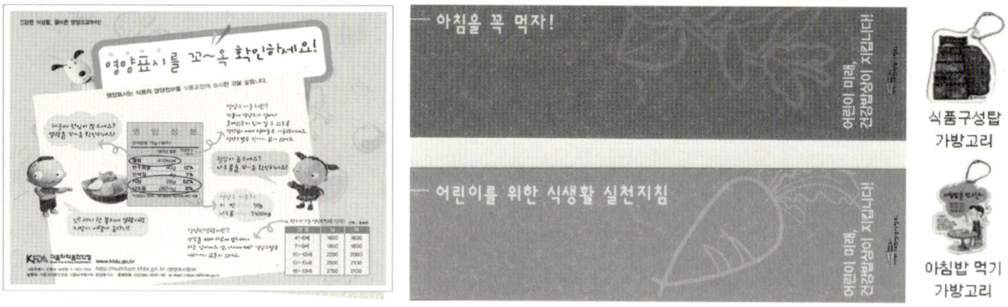

마우스패드　　　　　　　　책갈피 꽂이　　　　　　　　가방고리

그림 6-12　그밖의 인쇄매체

Section 6 게시매체의 특성 및 제작

게시매체는 인쇄매체와 마찬가지로 시각을 자극하는 매체로서 게시판, 괘도, 그래프, 그림자료, 사진, 융판자료 등이 있다.

1. 게시판(Bulletin board)

게시판은 교실에서 사용되어 온 전통적인 매체 중 하나로 요즘은 급식소에서도 식사를 기다릴 때 읽을 수 있도록 하고 있다. 각종 안내뿐만 아니라 경험에서 얻은 지식 등의 창의적인 활동을 게시함으로써 흥미를 유발할 수 있다.

게시내용은 단일 주제로 읽는 부분은 적게 하고 전체적인 색상의 조화를 이용해 오랫동안 인상에 남도록 단순하면서도 강렬하게 호소한다. 사진이나 그림 및 실물이나 모형 등을 함께 게시하면 더욱 효과적이다.

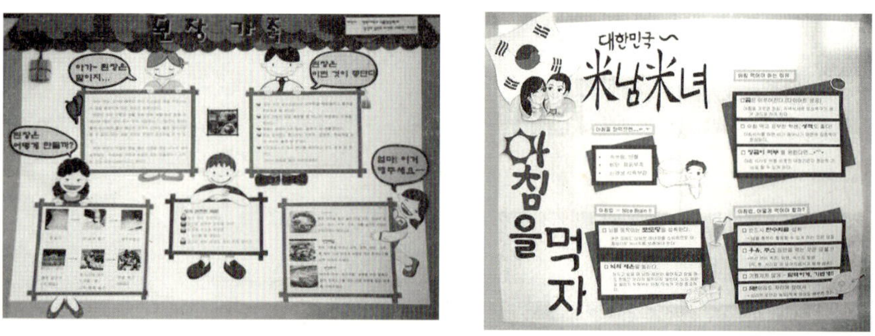

그림 6-13　게시판의 예

2. 괘도(Flipbook, flip chart)

괘도는 강의나 토의 중에 설명의 보조재와 토의자료로 많이 이용되어 왔다. 괘도는 한 장에 한 가지 주제의 내용을 간결하게 넣고, 부드러운 색을 사용하여 만든다. 움직이는 괘도를 이용하면 기분을 전환시키고 주의집중에 더욱 효과적이다. 요즘은 한 장으로 된 도판을 더 많이 이용하는 추세이다.

3. 그래프(graph)

그래프(도표)는 복잡한 자료를 한눈에 잘 알 수 있도록 작성한 것이다. 도표는 제작이 쉽고 간단하므로 이용을 촉진하면 교육효과를 높일 뿐만 아니라 교육 대상자들에게 흥미와 함께 이해에 도움을 줄 수 있다.

도표를 이용할 때에는 다음과 같은 5단계로 활용하면 효과적이다.

① **사전준비** : 무엇 때문에 이 도표를 보여주는가를 알리고 제시할 수 있도록 미리 준비한다.

② **제 시** : 대상자들이 받아들일 심적 수용자세가 갖추어진 다음에 제시한다. 명확한 방법으로 중요한 점을 강조하고, 과정이나 상호관계 및 구조를 자세히 설명하여 이해시킨다.

③ **응 용** : 학습한 내용을 적절히 응용하도록 지도한다.

④ **평 가** : 대상자의 이해 여부와 응용력 테스트를 하는 것이 좋다.

◎ 꺾은선 그래프

시간의 흐름에 따른 수치의 변화를 한눈에 파악할 수 있다.

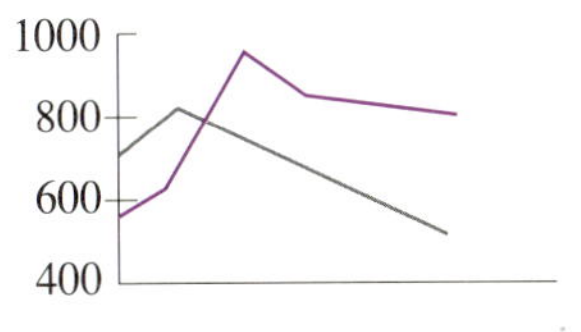

◎ 띠 그래프

시간에 따른 백분비의 변화를 나타낸다.

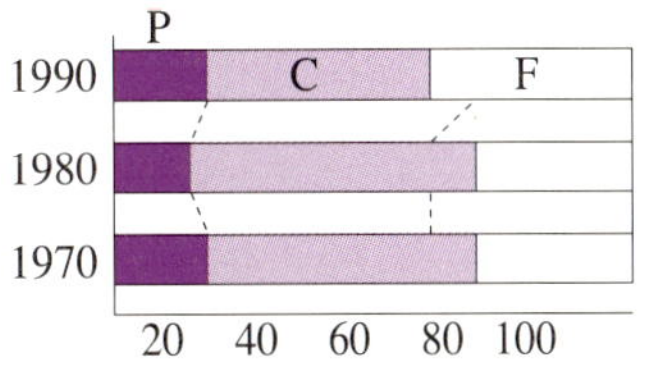

◎ 원 그래프(영양소별 구성비율)

C : P : F 비율을 표현할 때 3.6을 1%로 하여 나타낸다.

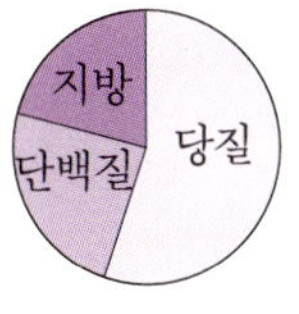

◎ 막대도표

반별 잔반량 비교, 성별 체지방 비교 등에 쓰인다.

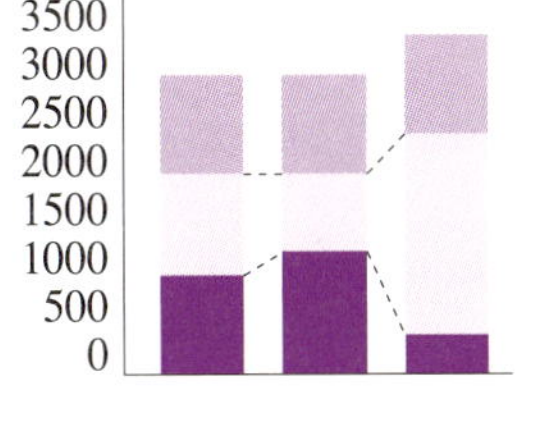

● 도수분포표

연속된 자료의 비교를 위해 이용한다.

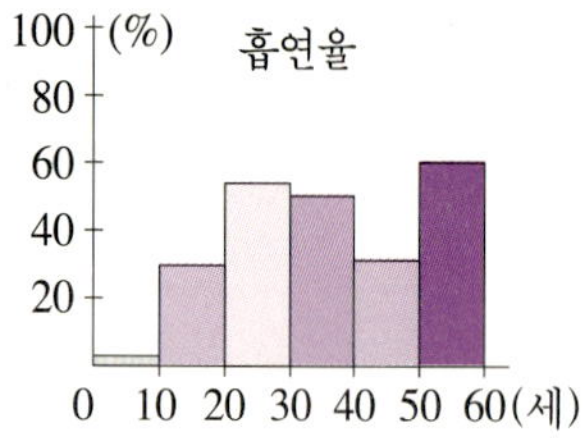

● 다각형도

거미집 그래프라고도 하며, 여러 영양소 권장량과 섭취량을 비교할 때에 이용한다.

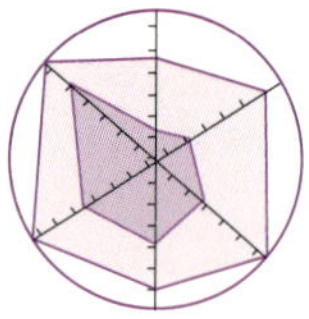

그림 6-14 그래프의 종류

4. 그림 · 사진자료

사진과 그림은 시청각교재 중에서 비교적 손쉽게 구하여 이용할 수 있는 것으로, 제작하기 쉽고 경비도 적게 든다.

그림과 사진은 교육적 가치가 높고 흥미를 돋우며, 뜻을 분명히 해주고, 문제점을 제시하는 등 학습에도 중요한 역할을 한다.

(1) 그림이나 사진활용의 장점

① 실물이나 실제상황을 교육장소에서 사진이나 그림을 통하여 볼 수 있으므로 현장감이 살아있다.

② 어떤 상황이나 모양을 압축하여 간결하게 표현할 수 있다.

③ 구하기 쉽고 제작하거나 그리기가 쉬우며, 비용이 적게 들어서 경제적이다.

④ 필요 시에는 여러 장 복사하여 학습자에게 배부할 수 있다.

⑤ 휴대가 간편하여 어디서든지 활용할 수 있다.

(2) 그림자료의 문제점

① 책이나 잡지 및 신문에 나오는 그림은 대상자에게 보여 주기에 너무 작을 때가 많다. 이럴 때는 확대하여 사용하거나 실물 환등기를 이용하여 제시해 준다.

② 정확한 심도의 지각이 요구되는 개념이나 기술의 학습은 평면적 그림으로 전달하기 힘들다.

(3) 그림자료의 선택

그림의 추상성이나 복잡성의 정도에 따라 영양교육에 그림을 사용할 수 있는지를 결정한다. 교육에 좋은 그림은 다음 조건에 맞아야 한다.

① 흥미의 중심이 뚜렷해야 한다.

② 명확한 메시지를 담고 있어야 한다.

③ 효과적인 채색법을 사용해 입체적이어야 한다. 그리고 색채는 주의를 어디에 집중할 것인가를 명확히 알 수 있도록 사용하면 세부적 사실을 보다 오래 기억할 수 있다.

④ 대비나 명확도가 뚜렷한 그림이어야 한다. 그림의 중요한 부분이 뚜렷하면서 생생하게 돋보이는 그림이 좋은 효과를 얻을 수 있다. 사진의 경우에 기술적 조명, 알맞은 노출, 기술적 현상과 인화를 이용해야 흥미있고 효과적인 시각자료가 될 수 있다.

(4) 그림극의 제작

그림극은 여러 장의 그림을 만들어서 한 편의 이야기를 구성하는 것으로, 유아나 어린이에게 적합한 매체이다. 먼저 주제와 목적을 정하고 줄거리와 장면 수를 정한 다음, 두꺼운 종이에 그림을 그리고 각 장면당 1분 내외의 회화체 해설을 작성한다. 그리고 앞장의 뒷면에 해설을 붙이고, 그림을 모아서 연습을 하고 시연한다.

그림 6-15는 편식교정을 위하여 유아를 대상으로 제작한 그림극의 예이다. 채소밭을 잘 가꾸어 우승하면 금별 뿔모자를 받을 수 있다는 말에 초록뿔 도깨비는 부지런히 밭을 가꾼다. 그러다가 우유와 쌀의 도움을 거절하고 콜라와 피자의 유혹에 빠져서 채소밭을 내주고 시든 채소를 보고 울던 중 우유와 쌀 및 호박의 도움을 받고 다시 채소를 살려서 우승한다는 내용이다.

그림 6-15 그림극의 예 (계속)

그림 6-15 그림극의 예

5. 융판자료(Flannel graph)

융판자료는 30명 이하의 소집단에게 영양교육을 할 때 사용하면 효과적이다. 영양에 관한 지식을 전달하는 과정 중에 참가자들에게 직접 붙이도록 함으로써 흥미를 일으킬 수 있고, 움직이는 자료이므로 여러 가지 주제에 따라 자료를 편집할 수 있다. 융판자료는 휴대할 수 있도록 소형으로 제작한다. 자료제작은 우선 그림이나 사진을 우드락에 붙이고 뒷면에 밸크로 테아프를 붙여서 융이나 우단 또는 부직포 배경에 부착하면 된다. 요즘은 융판자료를 변형한 자석판이 개발되고 있다.

융판자료의 장점

① 반복해서 사용할 수 있다.
② 주위에서 쉽게 구할 수 있는 그림이나 자료를 이용하므로 특별한 예산이 필요 없다.
③ 쉽게 전후 변화과정을 표현할 수 있다.
④ 완벽히 준비하여 대상자들의 주의를 계속 집중시키면, 교육효과가 높다.
⑤ 교육목적에 따라 어느 과정을 올바로 익히게 하거나 구조를 올바로 이해시킬 경우에 대상자들의 참여를 유도할 수 있다.
⑥ 어디서든 사용이 가능하고, 휴대가 가능하므로 방문하여 사용할 수 있다.

그림 6-16 융판자료의 예

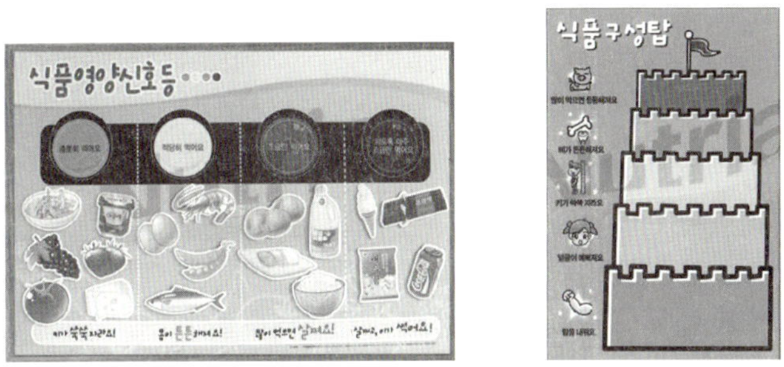

그림 6-17 자석판의 예

Section 7 입체매체

입체매체는 교육내용의 추상적인 개념을 대상자들에게 실제적이고 구체적인 경험으로 재연해 주므로 특히 어린이에게 효과적이다.

1. 실물 교재(realia)

실물 교재는 기존의 물체 그 자체를 의미한다. 실물 교재는 인간의 모든 감각을 동원하여 가장 직접적인 자극에 의해 정보를 받아들일 수 있기 때문에 교육효과가 큰 매체라고 할 수 있다. 그러나 휴대가 불편하고 파손이 쉽다는 단점이 있다.

2. 표본(specimen)

표본은 실물로 보기 어려운 것을 가공처리하여 장기간 보관이 가능하게 만든 것이다. 교육적으로는 단순히 식단표만 제시하기보다는 표본을 같이 제시하면 큰 효과가 있다.

3. 모델(model)

모델은 다루기 쉽고 장기간 보관이 가능하여 반복교육에 용이하며, 필요한 부분만 강조하여 볼 수 있다는 장점이 있다. 하지만 실물처럼 촉각 · 후각 · 미각을 자극할 수는 없다. 모델은 대부분 플라스틱과 파라핀으로 만드는데, 현재 가장 많이 이용하는 모델은 실물 식품을 그대로 플라스틱으로 만든 모형인 레플리카 푸드(replica-food)로 식사요법을 설명할 때 쓴다.

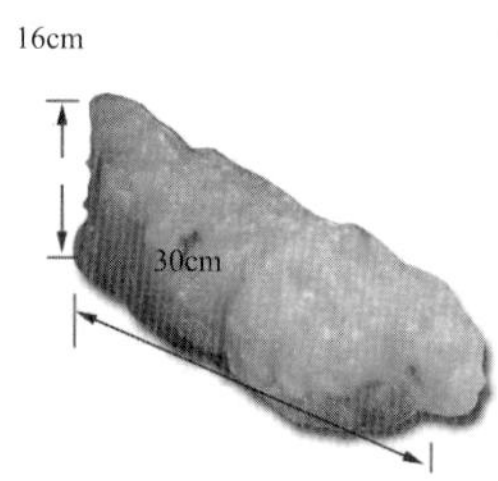

지방 5파운드 모델

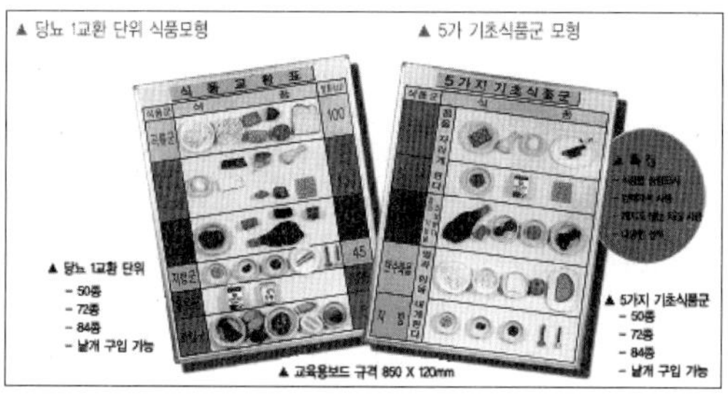

식품 모델

그림 6-18 모델의 예

4. 디오라마(diorama)

디오라마는 전시자료의 일종으로 실제장면과 사물을 축소하여 입체감 있게 전시해 놓은 것을 말한다.

5. 페프샤트

페프샤트는 여러 가지 식품 또는 등장인물을 종이에 크게 그리고 오려서 손에 들거나 머리에 쓰거나 또는 목에 걸어서 노래나 극을 할 수 있도록 한 것이다.

그림 6-19 페프샤트를 이용해 역할극 하는 모습

Section 8 영사매체

1. 슬라이드

슬라이드는 많은 대상자에게 사용할 수 있으며, 보관 및 제작 · 조작이 쉽다. 또한 제작비용이 다른 교육자료보다 낮아서 경제성이 높은 매체이다. 화면은 보다 생생하고 생명력 있는 정보제공이나 학습분위기를 조성할 수 있다.

슬라이드는 움직이지 않는 결점이 있으나 해설하는 내용에 따라 영사하는 시간을 자유롭게 조절할 수 있는 이점이 있다. 슬라이드는 대상의 주의를 집중시킬 수 있고, 교육자는 청중을 보면서 그림이나 도표 등을 예정된 속도로 진행시키며 보여줄 수 있기 때문에 교육효과가 더욱 크다.

(1) 슬라이드의 특징

① 짧은 시간에 많은 정보(지식)를 제공할 수 있다.
② 개념을 구체적 형상으로 전달한다.
③ 소재가 풍부해서 만들기 쉽다.
④ 대상자의 상황에 즉시 대응할 수 있다.
⑤ 만들고 보관하기가 쉬우며 조작이 간편하다.
⑥ 슬라이드의 제작비용이 다른 교육자료보다 저렴하므로 경제성이 높다.

(2) 슬라이드의 제작순서

슬라이드를 만들 때는 도표와 같이 기획 · 구성 · 대본작성 · 촬영 · 편집 · 프린트 · 완성의 단계를 거치며, 그래프 · 구조 · 성능 등의 슬라이드를 만들기 위해서는 제작도의 과정을 거친다. 또 효과적인 해설을 위해 녹음을 할 수도 있다.

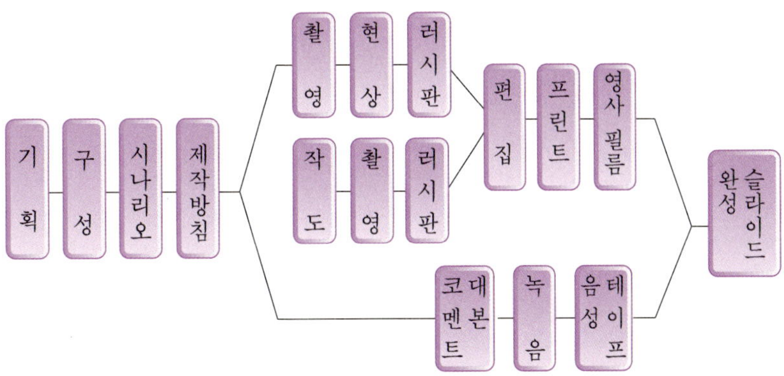

그림 6-20 슬라이드 제작 순서

2. 투시물 환등기와 투시자료

투시물 환등기(over head projector ; O.H.P.)는 스크린에 투시자료(transparency: T.P.)의 내용이 확대 · 투영되는 기계이다. O.H.P.는 어떤 형태의 집단에도 영양교육이 가능하며, 다른 매체보다 활용하기가 간편하고 그 효과도 크다는 것이 장점이다. 그리고 투시자료는 인쇄물의 경우에 복사기를 이용하고, 컴퓨터 자료는 프린터로 쉽게 제작가능하며, 컬러로 제작하면 주의 집중과 흥미유발에 더 용이하다.

암막이 없어도 되기 때문에 어느 장소에서나 신축성 있게 사용할 수 있다.

요즘은 실물, 사진, 그림 등을 손상시키지 않고 그대로 환등기를 통해 확대할 수 있는 실물 환등기가 많이 이용되고 있다.

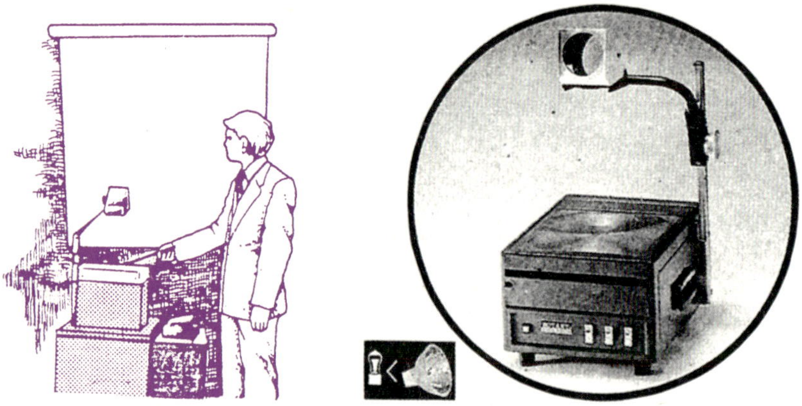

그림 6-21 투시물 투영기(over-head projector)

그림 6-22 실물 환등기 자료의 예

3. 영화

영화는 동작을 포함한 과정에 대해 설명하는 경우에 적합한 교육매체로서 새로운 지식을 알려주고 기술을 습득하도록 도와주며, 태도에 영향을 줄 수도 있다. 어린이는 움직이는 것에 흥미와 관심을 가지기 때문에 편식 등의 문제점을 보여 주며 좋은 점과 나쁜 점을 지도하는 데 효과적이다.

영화는 관람자의 관심을 집중시키는 장점이 있는 반면, 수동적인 학습을 조장하는 단점도 있다. 한편, 영화를 본 내용을 토대로 토의가 진행되어야만 교육의 효과를 볼 수 있다.

Section 9 전자매체

1. 녹음자료

최근 카세트 녹음 테이프는 제작법이 쉬워지고 조작법도 간단하여 유아교육에 많이 활용되고 있다. 녹음 테이프는 단독으로 사용하는 경우도 있지만 슬라이드 · 그림극 · 인형극과 함께 사용하면 더욱 효율적이다.

녹음 테이프는 전하려는 메시지를 전체 그룹 또는 헤드폰을 통해 개별적으로도 전할 수 있다. 그리고 반복하여 들려주고 싶은 부분이 있으면 쉽게 되돌릴 수 있고, 식사지도에 관한 대화 · 동화 · 노래 · 게임 등 내용을 다양하게 만들 수 있다.

녹음자료의 장점

① 많은 인원을 대상으로 사용할 수 있다.
② 중단하거나 다시 반복해서 들을 수도 있으므로 교육대상자의 개인차를 극복할 수 있다.
③ 테이프와 녹음기의 가격이 저렴하기 때문에 경제성이 있다.
④ 녹음과 재생이 쉽고 여러 번 사용할 수 있다.
⑤ 복제와 편집이 쉬우며 오랫동안 보존할 수 있다.
⑥ 녹음에는 특수한 기술이 필요하지 않아서 누구나 사용할 수 있다.
⑦ 자신이 설정한 학습목적에 맞게 스스로 녹음할 수 있고, 자신이 만든 슬라이드 등에 맞추어서 사용하면 교육효과를 높일 수 있다.

2. VTR

비디오가 학습지도 보조자료로 등장한 후에 보급률이 엄청나게 확대되어 현재는 많이 사용되고 있다. 이것은 음성과 영상을 함께 담을 수 있기 때문에 학습활동에 높은 효과를 얻을 수 있다.

실물이나 모형으로는 보여주기 어려운 상황이나 진행과정을 많은 대상자들에게 보여주어야 할 경우에 영화나 비디오 필름으로 제작하면 간접적으로 많은 사람에게 제공할 수 있다. 학교급식의 효과증진을 위해서 아동들에게 학교급식의 필요성과 급식 및 배식지도에 관한 내용을 VTR로 소개하면 효과적이다.

비디오의 장점

① 움직이는 모든 과정을 대화와 함께 보여줄 수 있으므로 사실에 가장 가깝게 접근할 수 있다.
② 많은 대상자들에게 흥미있는 적용이 가능하다.
③ 시간과 장소, 공간을 초월하여 다른 나라나 다른 곳의 상황을 교육장소에서 볼 수 있다.
④ 마음가짐이나 태도, 문제해결 방법, 시범기교 등을 감동적으로 보여 줄 수 있다.

그림 6-23 VTR 자료의 예

3. CD 자료

컴퓨터는 화려한 영상과 음향으로 시각과 청각을 모두 효과적으로 자극하여 대상자들의 흥미를 끌고 주의집중에 용이한 매체이다.

CD 자료는 컴퓨터의 빠른 보급과 사용자의 증가에 따라 효과적이고 효율적인 매체로 부각되었다.

손씻기 캠페인

키쑥쑥 배쏙쏙

짱이 구하기 대작전

그림 6-24 교육용 CD의 예

Section 10 대중매체(mass media)의 활용

시청각에 의한 정보는 소리와 영상에 의해 전해지므로 쉽게 받아들여지고 큰 영향을 미친다.

어린이들은 TV로부터 자극을 받아서 새로운 식품과 음료를 기호에 따라 선택하기 쉬우므로 매체의 힘은 크다고 할 수 있다.

영양교육은 식생활과 밀접한 관계에 있다. 영양과 식생활에 관련된 정보를 받아들일 때는 자신에게 무엇이 필요한가를 먼저 인식하고 자신에게 무엇이 효과가 있는가를 판단해서 식의식을 높이는 것이 중요하다.

제공된 정보로 인해 혼동될 수 있는 무분별함을 지양하고, 옳은 선택을 위해 과학적 판단력을 기르는 것이 무엇보다도 필요하다.

1. 대중매체의 종류

대중매체를 크게 구분한다면 전파매체와 인쇄매체로 나눌 수 있다.

전파매체에는 TV와 라디오가 속하며, 인쇄매체로는 신문과 잡지 등이 대표적이다.

표 6-4 매스미디어의 종류별 특성(영양정보 제공 측면에서)

구분	텔레비전	라디오	신문	잡지
수용자 범위	수용자의 잠재적 범위가 가장 넓음	다양한 형태의 방송으로 TV보다 많은 수용자를 겨냥할 수 있음	넓은 독자에게 빠르게 정보 제공	특정 독자층을 겨냥할 수 있음
전달 경로	소리와 영상으로 내용을 전달하므로 정서적이고 시청자에게 부담이 없음	음성으로 전달하므로 청취자에게 부담이 없음	문자로 내용을 전달하므로 해독할 정도의 교육수준이 요구됨	문자로 내용을 전달하므로 수용자의 일정한 교육수준이 요구됨
효과	시각과 청각적 정보전달로 호소력이 강하고 신뢰성이 높음. 행동의 시범이 용이함	청각적 전달만 가능하므로 TV보다 침투력이 약함	인쇄는 정보를 보다 사실적으로, 자세하게, 합리적으로 전달함	인쇄는 정보를 보다 사실적으로, 자세하게, 합리적으로 전달함
정보의 활용	유료 건강센터 등의 건강보조 프로그램과는 달리, 저소득층 시청자에게도 정보가 전달될 수 있음	유료의 건강관리 프로그램을 이용하지 않는 청취자에게도 정보를 제공할 수 있음	주제의 심층취재에 독자가 쉽게 접근할 수 있음	수용자는 정보를 오려낼 수 있고, 다시 읽을 수 있으며 숙고하여 연구할 수 있음

2. 대중매체의 교육적 활용가치

대중매체는 대량정보의 신속한 전달이 가능해 영양교육 매체로 활용하기 좋다. 특히 라디오의 경우에 전파를 통하여 직접 말하기 때문에 전국적으로 많은 사람들에게 전달할 수 있는 특성을 가지고 있다. TV의 경우는 라디오가 갖는 동시성과 시각적인 구체성을 가지고 있기 때문에 신문이나 잡지보다 파급효과가 높은 매체이다.

3. 대중매체 활용의 장점

① 많은 사람에게 많은 정보를 빨리 전달할 수 있다.
② 주의집중이 쉬우며 동기부여가 강하게 유발된다.
③ 시간적인 동시성을 가지고 있으며, 공간적인 문제를 초월하여 구체적인 사실까지 전달할 수 있다.
④ 반복적인 정보의 축적으로 교육자 없이도 행동변화가 쉽다.
⑤ 인쇄매체인 신문이나 잡지의 경우에 경제성이 높으면서도 광범위한 파급효과를 줄 수 있다.

4. 대중매체 활용의 주의점

① 대중매체 종사자인 방송인이나 언론인들이 건강에 대한 구체적인 내용을 모르면 먼저 현실을 파악하고 구체적인 계획을 작성하여 재검토하는 등 세심한 검증이 필요하다. 다른 매체와 달리, 동시에 전국적으로 확산되므로 신중하게 계획해야 한다.

② 특정한 시점을 선정하여 집중적으로 활용하되, 장기간 지속해야 효과가 있다.

5. 신 문

신문은 전국적으로 홍보할 수 있는 매체이므로 영양교육에 이용하면 큰 효과를 볼 수 있다. 국민들이 관심을 가지는 조사결과와 알맞은 재료를 흥미롭게 발표하면 영양지식이 향상된다.

신문은 전달해야 할 일정한 영양지식이나 식생활에 관한 정보를 일시에 많은 대중에게 전달할 수 있지만, 다음과 같은 점에 유의하여 기사를 제공해야 한다.

① 뉴스로서 가치있는 것이나 계절에 맞는 유용한 지식을 적시에 제공한다.
② 일반적이며 평범한 것이어야 한다.
③ 사진이나 그림을 제공한다.

영양지도를 목적으로 각 관청이나 직장 및 학교 등에서 독자적으로 발행하는 신문과 잡지도 많다. 이 경우에 대상은 한정되어 있으나 문제를 자세하게 취급할 수 있다. 그러나 편집에 특별한 기술이 필요하므로 전문가나 경험이 많은 사람의 지도를 받도록 한다.

Section 11 방송매체

영양교육을 방송하려면 먼저 방송매체를 선정해야 한다. 제작자는 제작하고자 하는 교과내용을 분석하고 내용을 구체화하여 방송자료 내용을 선정한다. 먼저 목표와 내용에 따라 대본을 작성하기 위해서 어떤 형식의 방송자료가 효과적인가를 결정한다.

선정된 방송자료의 내용을 효과적으로 방송하기 위해서는 적합한 연출형식을 알고 실시해야 한다.

1. 교육방송매체

교육방송에서 주종을 이룬다. 즉, 한 사람의 강연자가 학습내용을 말로 설명하는 것이다. 이 강연은 시청자의 수준을 고려할 수 없기 때문에 일방적인 강의가 되어서 시청자에게 부담감을 주고 흥미를 잃게 할 수 있다.

2. 대 담(interview)

유능한 전문가를 초빙하여, 질문을 통해 문제를 해결하고 학습분위기를 조성하여 흥미를 유발한다.

3. 방송매체의 특성

방송은 전파에 의존하는 매스미디어이다. 교육매체로서 방송매체의 특성은 7가지로 나눌 수 있다.

(1) 광범위성

많은 대상을 상대로 교육을 실시할 수 있다. 동일한 정보를 동시에 많은 사람에게 전달할 수 있으며, 수신자에게 학습욕구가 있을 경우에는 큰 효과가 있다.

(2) 동시성

같은 시간 내에 많은 대상이 시청할 수 있다. 동일한 시간 안에 같은 시청 범위에 있는 수신자에게는 빠짐없이 교육내용을 전달할 수 있으며, 한정된 시간 안에 많은 양을 동시에 학습시킬 수 있다.

(3) 속보성

변화하는 현실에 발맞추어 정보를 빠르고 정확하게 알려줄 수 있다. 방송매체의 가장 큰 특성은 바로 속보성이다.

(4) 직접성

인쇄물 등과 달리 직접적으로 전달된다.

(5) 정서성

내용을 부드럽게 전달할 수 있다. 인쇄매체나 강의에 의한 통신은 내용이 단조롭고 딱딱해지기 쉽지만 방송은 내용을 입체적 · 정서적으로 꾸며서 정서성을 살릴 수 있다.

(6) 종합성

시각 · 청각을 동시에 자극하는 것이다. 방송은 다양한 구성을 통해 입체적 효과를 높일 수 있다. 특히 TV의 경우에는 시청각을 동시에 종합적으로 자극하기 때문에 그 효과는 더욱 높아진다.

(7) 다량성

전달내용을 계획적으로 구조화하여 짧은 시간 안에 많은 양을 내보낼 수 있다.

방송매체는 이상의 여러 가지 특성이 있으므로 교내방송이나 신문 등을 교육매체로 이용하면 유익하다. 그러나 방송매체는 일반통신이고, 시간적인 구속을 벗어날 수 없으며, 기록성이 약하고, 내용이 획일적이기 쉽다.

4. 인터넷

사회발달에 따라 정보의 보급형태에도 많은 변화가 있었다. 우리는 현재 정보화 시대에 살고 있으며, 정보화 시대를 주도하고 있는 가장 주된 매체는 인터넷이라 할 수 있다. 인터넷은 그림 · 음향 · 동영상 등 다양한 자료를 제공할 수 있는 멀티미디어로서 5감각기관을 통한 지식흡수 측면에서 시각과 청각을 자극할 수 있고, 쌍방향 의사소통이 가능하며, 시간과 공간을 초월하고, 비용을 절감하는 특성을 가지고 있어서 유용한 교육매체이다.

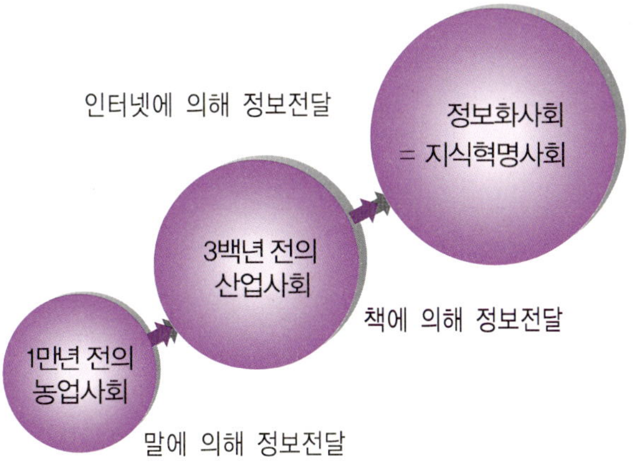

그림 6-25 사회발달에 따른 정보전달방법의 변화

(1) 홈페이지 제작 시에 유의할 점

① 교육대상을 구체적으로 정한다.

② 수용자가 요구하는 영양정보를 파악한다.

③ 특정 분야의 전문화된 정보를 제공한다.

④ 정보의 내용을 수용자의 수준에 맞게 가공한다.

⑤ 이용할 프로그램을 정하고, 디자인을 고려하여 개발한다.

⑥ 최신 뉴스와 정보가 제공되도록 자료를 자주 갱신한다.

⑦ 우수한 영양관련 사이트를 링크하여 영양정보를 확대시킨다.

⑧ 정보제공자는 제공하는 정보에 대한 전문적 · 윤리적 책임감을 가져야 한다.

⑨ 수용자와의 다양한 의사소통 채널을 마련한다.

⑩ 홍보전략을 생각한다.

(2) 홈페이지 제작과정

홈페이지를 제작하기 위해서는 우선 교육대상을 평가하여 어떤 정보 요구가 있는지를 파악하고 관련 사이트를 참고해 제작할 홈페이지의 차별성을 꾀한다. 홈페이지의 구성은 이용의 편리함과 직결되기 때문에 신중을 기해야 하며, 구성이 끝나면 정보를 수집하여 분류하고 서비스 방법을 결정한다.

다음으로 대상의 수준에 따라 정보의 수준을 맞추는 작업이 있어야 하고, 데이터베이스 구축을 한 후에 실제 제작을 한다. 제작 후에는 평가를 해야 하는데, 홈페이지 제작자에 의한 내부평가와 교육대상자들에 의한 외부평가로 나누어서 행한다.

평가 후에 수정작업을 거친 다음, 적극적인 홍보를 한다. Off-line 홍보로는 지역일간지 또한 관련학회를 이용한다. 만약 학생들이 대상이라면 교육청을 통하여 공문을 내리는 것도 한 방법이라고 할 수 있다. On-line 홍보로는, 검색엔진에 등록하고 관련사이트에 링크시키는 방법이 있다.

개발한 홈페이지가 대상자들에게 호응을 얻고 지속적으로 운영되기 위해서는 대상자 설정과 명확한 제작목적이 필요하다. 최신성과 참신성을 겸비한 충실한 콘텐츠, 다양하고 지속적인 서비스, 이용의 편리함 등도 관계한다.

현재 여러 공공단체와 기관 및 개인들에 의해 인터넷으로 많은 영양교육 프로그램들이 제작 · 제공되고 있으나 아직까지 정보의 신뢰성이나 최신성 · 다양성 등의 면에서 문제점이 제기되고 있다.

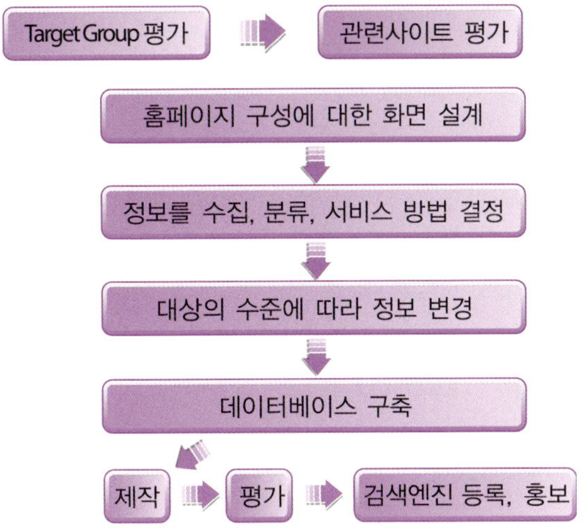

그림 6-26 홈페이지 제작과정

표 6-5 국내 영양교육현장에서 활용 가능한 웹사이트 주소

웹사이트명	인터넷 주소
영양친구	www.food79.net
지방·당·나트륨 저감화 영양교육 사이트(식약청)	nutrition.kfda.go.kr/nutrition/hesalkids
영양표시정보, 영양평가(식약청)	www.kfda.go.kr/nutrition
건강한 세상	www.woorisung.com/gungang
BH 영양연구소	www.bhschool.co.kr
CJ food system	www.cjfood.com
대한지역사회 영양학회	www.dietnet.co.kr
영양평가(식약청)	www.nutrution.kfda.go.kr
대한영양사협회	www.dietitian.or.kr

보건복지부(국민건강공단) goodmenu.mohow.go.kr/index asp.

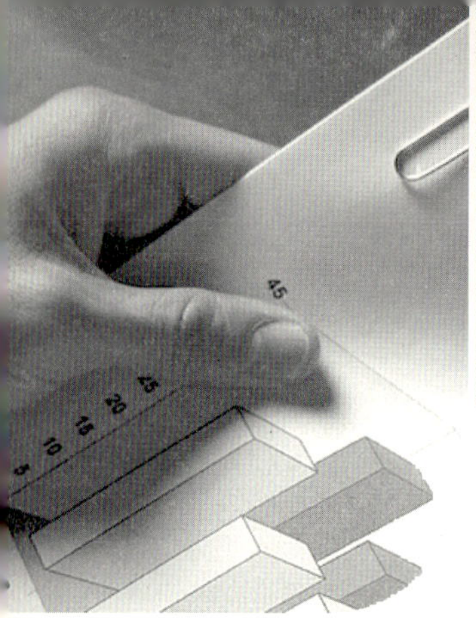

CHAPTER

07

Nutrition Education and Consultation

영양교육 지도안의 실제

Section 1 교수체제개발 모형

교수체제개발이란 교수를 일종의 체제(system)로 보고 이러한 교수체제를 개발하는 것을 말한다. 교수체제개발 모형이란 효과적이고 효율적인 교수체제를 개발하기 위해서 관련되는 요구와 문제를 밝혀내고, 이를 토대로 목표를 명확히 설정하여 수업내용, 방법, 평가 등에 이르는 교수체제의 전과정을 도식화하여 나타낸 것을 말한다. 1960년대 중반 이후 성행한 교수체제개발모형은 일반체제이론에서 나오는 개념들을 교육과 훈련설계와 개발에 적용시킴으로써 실제 교육프로그램을 개발하는 상황에서 의사결정을 내리는 데 도움을 준다.

교수체제개발 모형은 일반적으로 구성요소들이 상호의존적이고 상호작용하는 요소들로 이루어져 있다. 지금까지 제시된 다양한 교수체제개발 모형들은 상당부분 유사하며, 과정을 개발할 때 어떤 단계를 더 강조하는가에 따른 차이만 있다. 교수학습의 상황과 조건에 따라 적용할 수 있는 모형이 다르며, 따라서 가장 이상적인 교수체제개발 모형을 찾기는 힘들다.

1. 글레이저(Glaser)의 수업모형

글레이저는 수업내용을 일종의 정보로 보고, 수업과정을 신속하고 정확하게 정보를 처리하는 컴퓨터의 구조와 기능과 같다고 봤다. 그는 수업과정을 수업목표 설정, 출발점 행동진단, 수업절차, 학습성과 평가의 4단계로 구분하였다(그림 7-1). 전 단계는 후속단계를 결정하고 수정하며, 각 단계가 피드백 선에 의해 유기적으로 관련되어 있다.

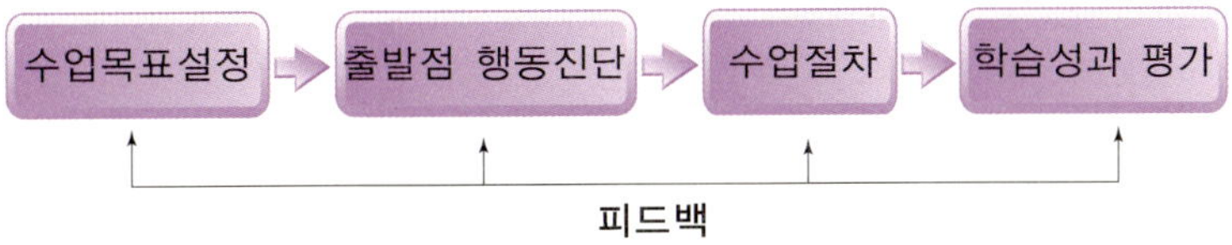

그림 7-1 글레이저의 수업모형

(1) 수업목표 설정

수업목표는 컴퓨터의 입력장치에 해당된다고 본다. 컴퓨터에서 입력장치를 통해 정보나 자료가 투입되듯이 수업내용 선정의 기초가 되는 수업목표가 가장 먼저 설정되어야 한다. 수업목표는 학생들이 성취해야 할 궁극적 목표이며, 관찰 · 측정 · 기술이 가능한 것으로 세분화되어야 한다. 수업목표가 모호하면 수업과정이 컴퓨터처럼 정확하게 운영될 수 없다.

(2) 출발점 행동진단

출발점 행동이란 새로운 수업과정이 시작되는 단계에 있어서 학생이 가지는 선행학습의 정도를 말한다. 학습내용을 이해하는 데 필요한 학습자의 기초실력을 뜻하며, 이를 알아보는 것이 바로 출발점 행동의 진단이다. 출발점 행동을 알아보기 위하여 진단평가를 실시해 학습의 결함을 발견하고 그 처치방안을 마련해야 한다.

(3) 수업절차

수업절차란 교사가 학습자에게 가르칠 내용을 직접 가르치는 수업전개 활동을 말하며 학습자의 출발점 행동에서부터 수업을 마치고 그 상황을 떠나기 전까지의 과정이다. 이 단계에서는 수업현장에 필요한 수업전개의 구체적인 단계와 절차를 계획하고, 교재의 재구성 및 교과내용에 적합한 매체나 학습자료의 준비, 다양한 교과내용에 적합한 교수방법의 선정 · 활용 등으로 효과적인 수업이 이루어진다.

Guide

형성평가
수업이 진행되는 과정에서 학습자가 수업목표 달성을 위하여 제대로 학습을 잘하고 있는지를 알아보기 위하여 수시로 실시하는 평가

총괄평가
월말 · 중간 · 기말평가 등이 여기에 해당하며, 학습자의 학업수행 전체에 대한 포괄적인 내용을 평가

(4) 학습성과 평가

학습성과 평가는 컴퓨터의 출력장치에 해당된다고 할 수 있다. 설정된 수업목표의 달성여부를 평가하는 방법으로, 형성평가와 총괄평가의 두 가지가 있다. 형성평가는 교수-학습과정이 진행되는 동안 평가하는 것이고, 총괄평가는 교수-학습과정이 완전히 끝났을 때 평가하는 것이다.

형성평가에서 얻어진 정보는 후속되는 학습활동을 조정하는 데 이용되고, 총괄평가의 결과는 설정된 수업목표에 대한 도달정도를 파악하고 다음 교수과정 설계의 기초자료로 이용된다.

2. ADDIE 모형

ADDIE 모형은 교수체제설계의 기본모형이다. 분석(Analysis), 설계(Design), 개발(Develop ment), 실행(Implementation), 평가(Evaluation)로 나누어지며, 다섯 가지 기본과정의 첫 음을 따서 ADDIE 모형으로 부르고 있다(그림 7-2).

그림 7-2 ADDIE 모형

(1) 분석(Analysis) 단계

분석단계는 교수설계의 초기 단계이다. 이 단계는 설계를 위한 조직적인 계획을 결정해야 하는 단계로, 교육적 요구분석, 학습자 분석, 학습환경 분석, 직무 및 과제분석 등이 실시된다. 설계를 위한 임무, 내용, 가능성도 이 단계에서 결정해야 한다.

(2) 설계(Design) 단계

효과적이고 효율적인 교육프로그램을 개발하기 위해서 분석결과를 토대로 구체적인 교육명세서를 작성하는 단계이다. 설계과정에서는 수행목표의 명세화, 평가도구의 개발, 계열화, 교수전략과 매체의 선정을 통하여 교육훈련의 전체모습 또는 청사진을 만든다.

(3) 개발(Development) 단계

분석과 설계단계에서 만들어진 명세서에 따라 수업에 사용될 교수자료를 실제로 개발 · 제작 · 수정한다.

(4) 실행(Implementation) 단계

개발된 교수 프로그램이나 교수자료를 실제 교육현장에서 활용하고 유지, 변화를 관리하는 활동이다. 교수내용의 효과적이고 효율적인 전달이 그 목적이다.

(5) 평가(Evaluation) 단계

이 단계는 교수설계과정의 효율성과 효과성을 평가하는 단계이다. 평가는 형성평가와 총괄평가가 있다.

3. 딕과 케리의 교수체제설계 모형

딕(Dick)과 케리(Carey)의 교수체제설계 모형은 체제접근에 입각하여 교수설계,

교수개발, 교수실행, 교수평가의 과정을 제시하는 대표적인 절차적 모형이다. 이 모형은 효과적인 교수프로그램을 개발하는 데 필요한 일련의 단계들과 그 단계들 간의 역동적인 관련성에 초점을 맞추고 있다.

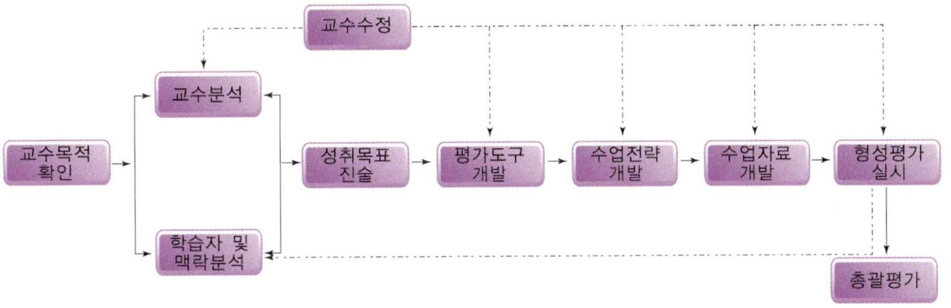

그림 7-3 딕과 케리의 체제적 교수설계 모형

(1) 교수목적 확인

이 단계는 학습이 끝난 후 학습자가 할 수 있게 되는 것을 결정하는 단계이다. 최종 교수목표는 교과의 학습목표 또는 요구분석의 결과 등에서 추출된다.

(2) 교수분석

교수목적이 설정되면 학습자가 설정된 목적에 도달하기 위해 단계별로 무엇을 어떻게 행할 것인가를 정해야 한다. 수업시작 전에 학생들에게 요구되는 출발점 행동을 정하고 이들 간의 관계를 정리해서 제시한다.

(3) 학습자 및 맥락분석

이 단계는 학습자의 특성과 학습상황, 학습한 것을 활용하게 될 맥락을 분석한다. 학습자의 현재 수준이나 기능, 선호하는 취향, 태도 등의 정보를 얻어서 교수전략을 수립하는 데 이용한다.

(4) 성취목표 기술

성취목표는 앞의 교수분석 및 출발점 행동 진술을 활용하여 학습이 종결되었을 때 학습자가 할 수 있는 것을 구체적으로 진술하는 것이다. 성취목표의 세 가지 요소에는 학습될 성취행동(기능), 성취행동이 실행될 조건, 수행의 성공여부를 판단하는 준거가 있다.

(5) 평가도구 개발

목표로 세웠던 기능을 학습자가 성취했는가를 알아보는 검사문항을 개발한다.

(6) 수업전략 개발

수행목표를 달성하기 위해 이용가능한 전략을 정하는 것이다. 수업 전 활동, 정보제시, 연습 및 피드백, 시험, 후속 활동 등의 교수전략이 나와야 한다.

(7) 수업자료 개발 및 선정

앞에 설정된 교수전략을 기초로 하여 교수에 관련되는 모든 형태의 자료를 만드는 단계이다. 교수자료는 교재, 지침서, 교수자료, 비디오테이프, 멀티미디어 등의 다양한 형태로 개발하거나 기존의 자료를 수정하여 사용할 수 있다.

(8) 수업 형성평가 실행

교수프로그램 초안이 완성되면 프로그램의 질을 높이기 위해 필요한 자료를 수집하는 평가를 말한다. 형성평가 방법에는 일대일 평가, 소집단 평가, 현장 평가가 있다.

(9) 교수 프로그램의 수정

형성평가 결과를 토대로 교수프로그램이 가지고 있는 결점을 수정 · 보완한다. 또한 교수분석의 타당성, 학습자의 출발점 행동 및 특성 분석의 정확성, 성취목표 진술의 적절성, 검사 문항의 타당성, 효과 등을 검토하여 수정한다.

(10) 총괄평가 실행

교수 프로그램의 절대적이고 상대적인 가치를 평가하기 위해서 형성평가가 끝나고 충분한 수정이 이루어진 후에 실시된다. 보통 외부의 평가자에게 의뢰한다.

이 모형은 요구분석과 직무분석이 포함되지 있지 않아서 교수목표를 정할 수 있는 단계가 준비된 이후에 사용하는 것이 바람직하다.

4. 학교교육개발원의 수업설계모형

한국교육개발원이 우리나라 교육실정에 맞도록 개발한 모형이다. 이 모형은 교사에게 과중한 직무부담을 주지 않는 범위 내에서 개인차를 고려한 개별화된 수업을 진행할 수 있도록 개발되었다. 제시한 수업모형은 계획단계, 진단단계, 지도단계, 발전단계 및 평가단계로 진행된다(그림 7-4).

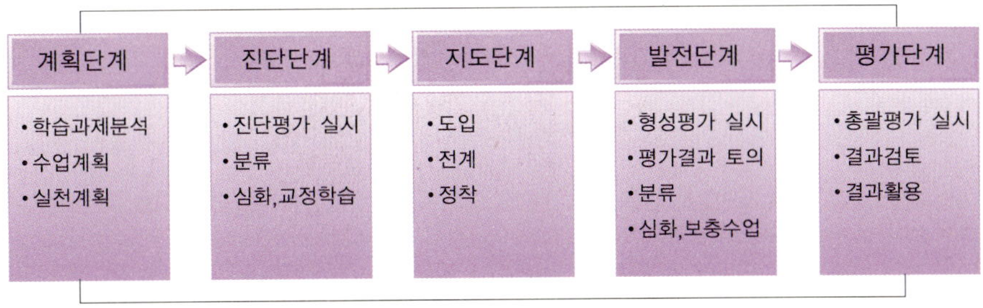

그림 7-4 한국교육개발원 수업모형

(1) 계획단계

계획단계에서는 수업지침서에 제시된 수업목표와 내용을 분석하여 수업을 계획한다. 계획할 때 학습자 활동, 교사활동, 학습계열, 매체, 평가 등을 고려해야 하고, 일정, 교재, 인력 등에 대한 구체적인 계획을 수립한다.

(2) 진단단계(진단평가 실시)

진단단계는 학습자에게 진단검사를 실시하고 학습무결손, 부분적 결손, 전반적 결손으로 분류하여 무결손집단에게는 심화 또는 촉진학습을 시키고, 부분적 결손 학생에게는 프로그램 학습교재나 연습교재를 이용하여 교정학습을 하며, 결손이 심한 학생에게는 소집단 특수지도를 한다.

(3) 지도단계(본 수업 전개)

지도단계에서는 실제 수업이 전개되는데, 수업은 도입 · 전개 · 정리단계를 거친다. 도입단계는 목표제시, 동기유발, 선수학습과 관련짓기로 나누어지고, 전개단계는 학습과제의 내용을 학생들에게 제시하며, 학생들은 반응하며 이해해 나간다. 정리단계는 정리 · 연습 · 통합 · 적용이 실시된다. 일단 학습된 내용은 정리하고, 연습을 통한 강화를 촉진하며, 새로운 사태에 적용하고 일반화할 수 있도록 지도한다.

(4) 발전단계(형성평가 실시)

학습자들의 수업목표 달성 정도를 알아보기 위해 형성평가를 실시하고, 그 결과에 따라 학습자들을 학습완성집단, 부분적 미완성집단, 전반적 미완성집단으로 나누어 각 집단에 따라 심화학습과 보충학습을 실시한다.

(5) 평가단계

평가 단계에서는 수업과정을 통하여 학습자들이 성취한 학습정도를 최종적으로 총괄평가하는데, 통계처리나 문항분석을 통하여 결과를 토의하고, 결과를 활용한다.

Section 2 수업의 계획

1. 학습목표 설정

교육은 오랜 시간에 걸쳐 계획되고 실시되는 중요한 인간과업이다. 교육과업에서 가정 먼저 결정되어야 하는 것이 학습목표이다. 학습목표는 교육이 나아가야 할 방향을 제시하는 것이고, 교육목표가 실제로 구체화되는 것이 교육과정이다.

교육과정은 교육목표가 명료하게 진술될 때 비로소 달성에 적합한 교육방법과 전략, 자료, 매체를 포함한 교육환경을 조직할 수 있고, 평가를 위한 기준이 될 수 있다.

수업목표란 교육이 끝난 다음 대상자가 나타내기를 기대하는 행동의 변화라 정의할 수 있다. 수업목표는 다음과 같은 분류체계에 의해 분류된다.

(1) 수업목표 설정의 자원

블룸(Bloom)은 교육목표의 설정과정을 타일러(Tyler)가 제시하는 교육과정 구성의 원칙에 기초하여 교육목표를 체계화하였다. 수업을 통하여 달성하고자 하는 학습자의 행동특성을 인지적 영역, 정의적 영역, 심리운동적 영역으로 분류하였다.

① **인지적 영역** : 지식의 기억, 상기, 문제해결, 창의력 등 광범위한 지적과정을 모두 포함하는 것이다. 인지적 행동의 수업목표를 지식과 지적 기능으로 분류하고 지적 기능은 이해, 적용, 분석, 종합, 평가의 다섯 가지 상이한 지적능력이 포함된다.

② **정의적 영역** : 수업목표를 분류하는 데 있어서 가장 중요한 가정인 가치획득의 유형은 가장 낮은 인지의 단계에서 점차 높은 수준의 가치단계로 발전하는데, 이 때 가장 기초가 되는 것은 내면화 수준이라고 한다. 따라서 정의적 특성의 내면화의 원칙에 따라 감수, 반응, 가치화, 조직화, 인격화의 다섯 가지 수준으로 분류하였다.

③ **심리운동적 영역** : 근육의 발달과 사용, 그리고 신체의 운동을 조절하는 신체능력에 관한 행동이다. 대부분의 기능, 운동, 지각활동이 여기에 포함된다.

> *Guide*
> - **인지적 영역** : 지식 영역
> - **정의적 영역** : 태도 영역
> - **심리운동적 영역** : 행동 영역

(2) 수업목표의 진술방법

수업목표는 수업에서 다양한 기능을 하는데, 수업이 일관성 없이 이루어지는 것을 막고, 방향을 제시한다. 또한 학습자에게 수업내용을 미리 짐작할 수 있게 하므로 흥미와 동기를 유발하고, 수업방법, 매체, 집단편성 등의 수업전략을 결정하는 기준이 된다. 수업목표는 학습자의 성취여부를 평가하는 기준이 되며, 수업시간을 효율적으로 관리할 수 있고, 효과적인 피드백을 제공하는 단서가 된다.

수업목표는 수업 후 달성 가능해야 하고, 구체적이며 명확하게 진술되어야 한다. 목표는 가능한 가시적이며 학습자에게 기대되는 행동용어(도착점 행동)로 기술한다. 알다, 이해하다, 깨닫다, 믿다, 흥미를 가지다, 좋아한다. 느낀다, 비판적으로 생각한다, 평가한다, 생각한다, 상상한다와 같은 애매한 동사보다는 구체적인 행동동사를 사용하여 진술하는데, 메이거(Mager)식 목표 진술방법에 사용되는 행동동사의 예는 표 7-1과 같다.

표 7-1 수업목표 진술에 적합한 각 영역의 행동동사

영역	동사
인지적 영역	말한다, 나열한다, 묘사한다, 확인한다, 명칭을 붙인다, 계산한다, 비교한다, 토의한다, 설명한다, 해석한다, 구별한다, 그린다, 결정한다, 분석한다, 분류한다, 계획한다, 준비한다, 순위를 매긴다
정의적 영역	수용한다, 고려한다, 관찰한다, 선택한다, 조직한다, 참가한다, 반응한다, 표현한다, 노력한다, 변경한다
심리운동적 영역	고른다, 차이를 구별한다, 측정한다, 바꾼다, 변화시킨다, 깨끗이 한다, 요리한다, 실천한다

또한 교육내용에는 내용과 변화여부를 알 수 있는 기준이 함께 들어가야 한다. 즉 교육목표에는 대상자, 기대되는 행동, 내용, 기준의 네 가지 요소가 포함되어야 한다.

- 교육에 참가한 수유부들은 이유식 조리법을 각 단계별로 설명할 수 있다
  대상자(생략할 수 있음) 내용 기준 행동
- 식품 속의 기본 맛 네 종류를 구별할 수 있다
  내용 기준 행동

목표진술 시 하나의 세부목표 속에 두 가지 이상의 학습내용을 포함하면 목표달성 여부를 결정하는 평가기준을 설정할 수 없으므로 한 가지 내용을 담는다.

- 교육에 참가한 수유부들은 이유식 조리법과 식품을 각 단계별로 설명할 수 있다
  대상자(생략할 수 있음) 두 가지 내용 기준의 오류 행동
- 식품 속의 기본 맛과 대표식품 네 종류를 구별할 수 있다
  두 가지 내용 기준의 오류 행동

또한 하나의 세부목표 속에 두 가지 학습목표를 함께 다루지 않는다. 문장 중에 '고'와 '와'의 사용에 주의한다.

- 각 단계별로 이유식 조리법을 설명하고, 대표식품을 열거할 수 있다
  목표 1 목표 2
- 식품 속의 기본 맛 네 가지를 구별하고, 대표식품을 열거할 수 있다
  목표 1 목표 2

1시간 정도 교육에는 1~2개의 목표가 적당한다.

- 이유식 조리법을 각 단계별로 설명할 수 있다.
- 이유식에 적절한 식품을 각 단계별로 열거할 수 있다.
- 교육에 참가한 수유부들은 이유식 조리법과 식품을 각 단계별로 설명할 수 있다
  대상자(생략할 수 있음) 두 가지 내용 기준의 오류 행동
- 식품 속의 기본 맛 네 종류를 구별할 수 있다.
- 기본 맛의 대표식품을 5가지 이상 열거할 수 있다.
- 식품 속의 기본 맛과 대표식품 네 종류를 구별할 수 있다
  두 가지 내용 기준의 오류 행동

2. 출발점 행동의 진단

(1) 출발점 행동의 의미

출발점 행동이란 새로운 단원이나 과제를 학습하기 전에 학습자가 이미 가지고 있는 지식, 기능, 태도 등을 의미한다. 일종의 준비성이라고도 할 수 있고, 선수학습 능력 또는 선수학습 요소라고 한다.

(2) 출발점 행동의 진단방법

수업목표를 효과적으로 달성하기 위한 방법 중 하나로 학습자의 출발점 행동을 분명히 진단하고 출발점 행동의 정도에 따라서 최적의 수업활동을 전개하는 것을 들 수 있다. 출발점 행동의 진단요소에는 선수학습 능력의 정도 진단, 사전학습 성취 수준의 진단, 수업내용과 학생특성에 따른 집단분류, 학습결손의 원인진단이 있다. 출발점 행동 진단도구로는 자체제작 검사, 관찰 및 체크리스트 등이 있다.

3. 학습내용의 선정 및 조직

학습내용은 대상자의 건강향상에 꼭 필요하고 중요하며, 다양한 상황에 전이되고 활용될 수 있는 내용으로 선정하고, 너무 광범위하거나 피상적이어도 안 되고, 일부 제한된 내용만 깊게 다루어도 안 된다.

진부하고 되풀이되는 내용이 아니고 새롭고 참신한 내용이면서 가장 최근의 이론, 지식, 기술로 선정하는 것이 좋다. 또한 내용은 대상자의 수준에 맞는 내용으로 정하고, 자료는 산뜻하게 정리한다.

학습내용은 구체적인 것에서부터 추상적인 것으로, 직접적인 것에서 거리가 먼 것으로, 이미 알고 있는 것에서 모르는 것으로, 쉬운 것에서 어려운 것 순으로 정리한다.

4. 학습전개 계획

학습활동은 도입, 전개, 정리의 세 단계로 구분할 수 있다. 각 단계의 주요활동은 표 7-2와 같다.

표 7-2 학습지도의 단계별 주요활동

단계	도입	전개	정리
주요활동	• 동기유발 • 목표인지 • 선수학습 관련 짓기	• 학습내용의 제시 • 학습자료의 제시 • 학습자의 참여 • 다양한 수업기법의 활용 • 시간과 자료의 관리	• 요약 정리 • 강화 • 일반화의 유도 • 보충 및 예고

(1) 도입단계

도입단계는 본교육이 시작되는 단계로, 심리적 안정감을 꾀하고, 학습태세를 갖추게 한다. 교육상황에 따라 차이는 있지만 5분 내외의 짧은 시간 안에 이루어진다. 이 단계의 주요 활동으로는 동기유발로 대상자의 주의를 집중시키며, 도달해야 할 수업목표를 제시하고, 본 교육과 관련된 과거의 학습내용을 회상시켜 관련지어 준다.

1) 동기유발의 원칙

교육자체가 재미있고 흥미롭다면 대상자는 당연히 교육에 관심을 가지고 주의를 집중시킬 것이다. 적절한 동기는 교육활동을 적극적으로 수행할 수 있도록 하여 만족스러운 결과를 가져오게 한다.

① 수업목표와 관련된 예화, 적용사례, 경험담을 들려주어 대상자의 관심을 유도하는 방법이다. 최근에 뉴스나 신문을 통해 알려진 사건이나 일상생활에서 경험한 것을 언급함으로써 대상자의 관심을 불러일으킨 다음 이것이 참여한 수업과제와 어떻게 관련이 있고, 왜 중요한지에 대해 설명한다.

② 시청각 보조자료를 이용하여 대상자의 흥미와 관심을 학습내용과 관련시킨다.

개선해야 할 문제 상황을 담은 사진, 비디오, 인터넷 자료, 동영상 등을 보여줌으로써 대상자의 호기심을 자극하고 시선을 모으는 것이다.

③ 목표 달성에 필요한 방법이나 절차를 제시하여 대상자의 학습행동을 칭찬 · 격려하고, 교육과 관련 있는 학습경험을 재생 혹은 회상하게 함으로써 자신감을 부여한다.

④ 수업목표를 정확히 하고, 목표달성으로 얻어지는 이익을 열거함으로써 목표가치를 인식시킨다. 대상자는 도입단계에서 교육에 적극적으로 참여했을 때 무엇을 얻게 되는가를 분명히 알아야 성취동기가 생긴다.

⑤ 교육자료, 매체 등에 대한 선호도나 준비 등에 대한 개인차에 따라 학습과제를 제시한다.

⑥ 대상자의 능력에 맞는 과제 제시, 능력을 고려한 질문, 학습결손의 조기 발견 · 처치를 통해 성공적인 경험을 하게 하여 동기를 강화한다.

2) 학습 목표(공부할 문제)의 제시

학습목표는 한 시간 수업이 끝났을 때 학습자가 할 수 있게 된 것으로 진술해야 한다. 학습목표는 수업의 성공여부를 판단하는 평가기준이 되며, 이 기준이 학습자의 학습활동을 촉진시키는 요인이 될 수 있다.

학습목표는 학습자에게 분명히 인식시킨 다음에 수업을 진행해야 한다. 이를 위해서 수업목표를 구두로 설명하거나, 칠판에 판서하거나, 완성된 작품제시 또는 숙달된 학생의 시범행동을 보여주는 방법을 생각할 수 있다.

3) 선수학습과 관련짓기

어떤 과제의 학습이 이루어지기 위해서는 본 수업에서 다룰 학습과제와 관련이 있는 과거의 학습경험을 회상시키거나 재생시켜 줄 필요가 있다. 그리고 학습자로 하여금 선수학습과 현재 학습해야 할 과제들을 연결시켜 그 관계를 분명하게 이해하게 하면 새로운 학습과제의 해결이 매우 용이해질 것이다.

(2) 전개단계

전개단계는 전체의 75~80% 정도의 시간을 할애하는 실제 수업의 대부분을 차지하며, 수업의 중심활동으로, 도입과 정리단계의 활동을 연결한다. 전개에서는 학습과제의 내용을 학습자에게 제시하고 다양한 수업방법을 사용하여 목표달성을 위한 교수-학습활동을 하게 된다.

전개단계의 주요활동으로는 학습내용의 제시, 학습자료의 제시, 학습자의 참여유도, 다양한 수업방법의 사용, 시간과 자원의 관리가 있다.

본 활동에는 학생의 자발적 행동이 필요하기 때문에 강제성을 띠지 않아야 하고, 교사는 학습 활동이 활발하게 이루어질 수 있도록 충분한 자료를 마련해 주며, 교실이 작업장, 연구실, 실험실이 되도록 분위기를 조성하는 역할을 해야 한다.

1) 학습내용의 제시

학습내용을 학습자들에게 제시하기 위해서 생각해야 할 일은 어떤 순서로 제시할 것인가이다. 내용제시는 학습과제의 분석표를 기초로 하여 단순하고 쉬운 기본과제로부터 시작하여 순차적으로 복잡하고 어려운 일반과제에 이르게 한다.

한 시간에 가르칠 학습내용을 학습자의 수준과 특성, 수업의 조건과 활동상황 등을 고려하여 적당한 양으로 조절하고, 주어진 학습목표에 도달하기 위해 복잡한 개념이나 원리는 적절한 예를 제시한다.

2) 학습자료의 제시

학습자료는 학습목표에 도달하는 데 필요한 여러 프로그램이나 매체들을 의미한다. 과거의 학습자료는 단순히 수업을 보조하는 수단으로 사용되었으나 최근에는 학습자료 자체가 수업을 주도할 수 있다. 학습자료 및 매체를 선정하고 활용할 때에는 학습자의 특성을 고려해야 한다. 예를 들어 학습자가 글을 읽기 힘들어 한다면 설명이나 모형을 통한 학습이 더 효과적이다.

학습자의 지능과 연령이 낮을수록 추상적인 기호나 언어 위주의 매체보다는 구체적이고 감각적인 매체가 더 효과적이다.

> *Guide*
>
> **학습자료의 효과적인 제시를 위한 4R 조건**
>
> ① 적절한 자료 (Right Materials)
> ② 적절한 장소 (Right Place)
> ③ 적당한 시간 (Right Time)
> ④ 적절한 방법 (Right Method)

3) 학습자의 참여 유도

전개단계에서는 학습자의 적극적인 학습활동이 필수적이다. 교사는 수업의 전 과정을 주도하기보다는 집단이나 개인별로 학습자의 참여를 유도해야 하며, 충분한 시간을 할애해야 한다.

학습자를 능동적으로 수업에 참여시키기 위해서는 좋은 질문을 통해 학습자의 사고를 독려하고, 많은 칭찬과 격려를 한다. 그리고 학습자의 생각과 의견을 상호교환하는 토론기회를 마련하여 학습과제에 대하여 신중하게 사고하고, 의견을 모을 수 있도록 한다.

학습자들에게 학습과제를 부과하는 것도 좋은 방법이 될 수 있는데, 지적 영역, 기술적 영역, 태도적 영역의 과제를 제시하여 학습자들 간에 서로를 가르치는 동료학습을 유도할 수 있다. 또한 노트필기를 통해 학습자들이 핵심적인 학습내용에 주의를 기울이게 한다.

4) 다양한 수업방법 사용

설정된 수업목표를 달성하기 위해서는 다양한 수업방법이 요구된다. 가르칠 수업목표와 내용에 가장 적절한 방법을 선정하고 수업상황, 수업자료의 특성, 학습자의 수준도 생각해야 한다. 보통 1차시 수업에 학생들의 능력, 욕구, 흥미를 고려하여 저학년은 1~2개의 활동을, 고학년은 3~4개의 활동으로 변화있게 실시한다.

활동시 연습문제지(활동지)를 마련하여 학습자의 학습내용을 연습 내지 응용해 보는 기회를 제공하여 현실에 적용해 볼 수 있도록 하는 것이 좋다. 그리고 학습내용에 따라 적절한 인원으로 구성하는 것도 학습효과를 높일 수 있는 방법이 된다.

표 7-3 인원구성에 따른 학습방법

학습형태	학습특성
개별활동	학생 개개인의 문제에 대해 스스로 생각하고 해결해 나가는 방법
도란도란 활동	짝끼리 이야기를 주고받으며 주어진 학습주제나 문제에 대하여 함께 의논하면서 해결하는 학습방법
동그라미 활동	4명이 한 모둠이 되어 학습하는 방법. 6명, 8명 단위의 소집단보다 학습에 소외되는 경우를 막을 수 있다는 장점이 있음
모둠활동	정해진 6~7명으로 만들어지고, 여러 가지 활동을 많이 한 경험이 있어서 구성원 간에 응집력도 있고, 다른 모둠과 경쟁심리도 있는 편
어깨동무 활동	학습을 함께 하는 인원이 8~12명 정도. 집단의 규모가 비교적 크기 때문에 활동공간이 넓은 운동장이나 야외학습에 적용
전체활동	반 전체의 학생이 함께 학습하는 가장 일반적인 학습형태

5) 시간과 자원의 관리

전개단계는 1차시 수업의 대부분을 차지한다. 따라서 몇 개의 활동으로 구분하여 시간과 자원을 관리하는 것이 효율적인 수업전개를 위해서 유용하다. 활동은 대체로 세 단계로 구분되는데 탐색활동단계, 해석활동단계, 응용단계이다. 이 단계들은 1차시 수업에서 한 번으로 끝날 수도 있지만 몇 번씩 반복할 수도 있다.

(3) 정리단계

정리단계는 전개단계에서 학습한 것을 종합하여 설정된 목표에 따라 정리해보는 단계로서, 수업에서 매우 중요한 단계이므로 철저한 준비와 함께 반드시 시행되어야 한다. 이 단계에는 학습과제에 대한 요약과 종합, 연습과 피드백을 통한 강화, 일반화, 보충자료 제시, 과제 제시 및 차시예고 활동들이 있고, 전체 교육시간의 약 5% 정도를 배치한다.

1) 학습과제에 대한 요약과 종합

학습내용을 다시 살펴보면서 중요한 사항들을 요약·종합한다. 요약은 여러 중요한 지식을 하나하나 정리해 주는 것이고, 종합이란 학습자가 부분적으로 파악하고 있는 학습내용을 전체 맥락에서 이해시켜 하나의 완성된 학습과제로서 인식하고 수행하게 하는 것이다.

2) 연습과 피드백을 통한 강화

학습지도를 통하여 학습자가 학습내용을 실제 상황이나 이와 유사한 상황에서 적용시킬 수 있도록 연습의 기회를 제공해야 한다. 연습은 학습한 것을 보다 분명하게 이해시켜 주며, 쉽게 망각하지 않도록 한다. 피드백은 정오답에 대한 정보와 칭찬 또는 격려가 함께 제시되어야 한다.

3) 일반화

학습자가 학습내용을 주변의 실생활 문제에 적용해서 해결해 보는 경험은 학습의 일반화 및 전이의 효과를 가져온다. 이것은 연습의 효과와도 밀접한 관련이 있으므로 상호작용하면 일반화의 수준을 높일 수 있다.

일반화를 위한 방법에는 단순암기나 단편적인 학습보다는 학습요소나 내용들의 관계를 이해하고, 이에 관련된 문제를 해결할 수 있도록 한다. 그리고 학습한 내용을 실생활에 적용해 보는 기회를 반복적으로 제공하며, 학습 직후에 학습한 주요내용을 요약·정리해 준다.

4) 보충자료 제시 및 차시 예고

수업에서 충분히 다루지 못한 학습내용이나 학습자가 더 알고 싶어하는 내용에 대한 보충자료나 참고자료를 언급하여 학습자의 지적 욕구를 충족시켜 준다. 그리고 학습의 계열성을 유지시키고, 차시 수업에 대한 학습자의 준비와 기대효과를 유도하기 위하여 다음 시간에 학습할 내용이나 주제를 이번 수업시간에 배운 내용과 관련지어 제시한다.

5) 평가단계

평가단계는 학습목표에 얼마나 도달했느냐 하는 학습효과를 판정하는 단계이다. 평가는 학생에게 학습성과를 반성하는 기회를 주고 학습에 대한 흥미와 동기를 환기시킨다. 학습자가 주어진 목표수준에 도달했을 때 강화를 주고, 교사에게는 교수성과의 적부를 판단하여 치료적 교수를 위한 지침을 제공한다. 평가의 방법은 단원의 목적에 따라 적합한 방법을 선택한다.

Section 3 학습지도안 작성

학습지도안은 학습자를 지도하는 교육활동의 기반이 되는 것으로, 교수-학습의 목표를 효과적으로 달성하기 위하여 학습목표, 수업진행순서(단계) 및 내용, 매체의 활용, 교사활동, 필요자료, 주의점, 평가들을 구체적이고 조직적으로 사전에 계획하는 것이다.

지도안은 교사에게는 학습자가 배워야 할 학습내용을 제시해 주고, 전문가의 관점에서 교육을 실시할 수 있도록 해 준다. 지도안에는 그리고 수업 내용을 표준화하여 강의 때마다 강의내용을 동일하게 진행할 수 있는 장점이 있다.

지도안을 사용하면 수업을 준비하는 동안에는 상세한 수업내용의 계획수립이 가능하고, 수업 실시 이전에는 수업을 준비하고 예비실시하기 위한 지침서가 된다. 그리고 수업 실시 도중에는 수업을 실시하기 위해서 따라야 할 안내도 역할을 하고, 수업 실시 후에는 수업을 다시 실시하기 위하여 수정하거나 사용할 수 있는 문서의 역할을 한다.

지도안이 갖추고 있어야 할 조건

- 적절하고 구체적인 수업목표를 정한다.
- 실제 사용될 수 있도록 작성한다(실용성).
- 쉬운 표현을 사용한다(용이성).
- 수업전개 요령을 명시한다.
- 이전 시간의 수업과 관련성을 갖도록 한다.
- 학습자의 출발점 행동을 조사하여 명시한다.
- 수업의 계열을 논리적으로 조정한다.
- 학습자의 능력과 흥미 등을 고려하고, 융통성 있게 한다.
- 이용 가능한 다양한 실례를 준비한다.
- 명확하게 볼 수 있도록 한다(명확성)
  - 글씨는 크게 써서 전체 레이아웃을 생각한다.
  - 번호는 1. 1) (1) 등으로 체계를 잡아 순서대로 쓴다.
  - 중요한 사항 또는 특별한 내용 등에는 *이나 # 등의 특수한 표시를 해둔다.
  - 강조부문 · 예화 등에 표시에는 컬러를 사용할 수 있다.
- 수업의 단계별 시간을 예상한다.
- 적절한 요약을 한다.

지도안은 단원의 지도계획(계열화)을 먼저 작성하고, 다음에는 매 수업시간별 지도계획을 작성한다.

지도안은 세안 또는 약안으로 작성하는데, 연구수업발표와 같은 특별한 경우를 제외하고는 대부분 약안의 형식으로 작성한다.

1. 단원의 지도계획

단원은 학습내용의 조직단위로서, 그 범주에 따라 대단원, 중단원, 소단원으로 분류되고, 교과에 따라 중단원이 생략되는 경우도 있다. 일반적으로 교과서는 5~6개의 대단원으로 구성되고, 하나의 대단원은 여러 개의 중단원 또는 소단원을 가진다. 단원지도에 관한 내용은 교사용 지도서에 상세하게 진술되어 있으나 지역이나 학교특성, 학생의 능력 등에 따라 차이가 있으므로 교사가 재구성하는 것이 바람직하다.

Guide

- **제안** : 세부지도안의 줄임말로, 깔끔하고 자세하게 작성된 지도안.
- **약안** : 약식지도안의 줄임말로, 간단하게 줄여 만든 지도안.

교과나 단원의 특성에 따라 차이는 있겠지만 모든 교과의 공통적인 단원지도 구성요소로는 단원명, 단원의 개관[단원구성 또는 학습문제, 단원의 설정이유, 단원목표, 지도상의 유의점, 학습과제 분석, 출발점 행동의 진단과 처치(진단평가, 보충학습, 심화학습)], 단원의 전개 등이 있다.

(1) 단원명

단원명은 학습의 방향을 알아볼 수 있도록 하며, 관심과 흥미를 끌만한 매력이 있어야 한다. 교과서에 제시되어 있는 단원명을 그대로 사용하고, 독자적인 프로그램은 중요한 개념이나 원리 혹은 중심내용을 나타내는 용어로 정하는 것이 바람직하다. 단원명 설정방법에는 제목식, 방법식, 문제식이 있다.

- **제목식** : 명사로 된 제목 그대로를 주제로 표시하는 것으로 일반적으로 많이 사용하고 있는 형식이다.
  예) '식품구성탑'
- **방법식** : 능동적으로 무엇 무엇을 해보자는 식으로 표현된다.
  예) '식품구성탑' 의 구성식품을 알아보자.
- **문제식** : 의문형 또는 질문식으로 기술하는 것이다.
  예) '식품구성탑' 이란 무엇일까?

(2) 단원의 개관

단원의 개관에는 그 단원을 왜 가르쳐야 하는지의 필요성을 근거로 정당성을 논리적으로 기술한다.

- **사회관** : 사회나 국가에서 요청하는 것과 사회생활의 개성과 국가발전에 공헌할 가치를 쓴다.

- **교재관** : 교재의 계열적인 요구로서 단원의 핵심과 본질 및 성격을 규명하여 이 주제가 학습자의 가치있는 성장이나 사회에 미치는 영향의 가치를 쓴다.
- **학습자관** : 학습자와 주제의 내용 간에 적합성을 밝힘으로써 본 주제와 학습자의 발달특징과 과거경험과의 관계를 규명하여 학습자의 흥미와 욕구의 관계를 진술한다.

(3) 단원의 목표

단원목표는 단원지도 후에 학습자가 성취하게 될 행동으로, 주요 내용영역과 그 내용을 다룸으로써 달성하게 될 것으로 기대되는 지식, 태도, 기능을 골고루 뽑아서 진술한다. 단원의 목표는 차시별 수업목표(학습목표)에 비하여 상대적으로 포괄적이고 종합적이다.

(4) 지도상의 유의점

단원의 범위와 정도, 학습자의 준비도, 전후 단원과의 관련성 등으로 보아 단원을 지도할 때 유의할 점이나 강조할 사항 등을 진술한 것이다. 지도상의 유의점들은 다소 포괄적일 뿐만 아니라 각급 학교실정이나 학생들의 특성을 감안한 것이 아니므로 교사 나름대로 지도상의 유의점을 학습환경에 맞게 조정할 수 있어야 한다.

(5) 단원의 전개계획

단원의 전개계획은 한 단원을 어떻게 가르칠 것인가에 대한 개략적인 설계도이다.

1) 수업계열의 결정

단원목표에 따라 학습과제를 분석하고 그 요소를 추출한 후에는 이를 토대로 단원의 목표를 달성하기 위하여 필요한 시간과 어떤 순서로 단원을 전개할 것인가를 결정한다. 수업계열을 결정하기 위해서 먼저 생각해야 할 것은 한 수업목표의 학습이 다음 차시의 수업목표의 학습에 최대한 전이를 줄 수 있도록 배열하는 것이다.

2) 수업전략의 수립과 수업방법 결정

수업계열의 결정에 따라 한 단원을 몇 시간 동안 가르칠 것인가가 결정되고 수업목표가 결정되면 단원의 첫 차시부터 마지막 차시까지 이용할 전략과 방법을 결정해야 한다.

3) 수업매체의 선정

수업매체의 선정에서 가장 중요한 원칙은 수업목표 달성의 적합성 여부이다.

(6) 평가계획의 수립

평가는 학습자의 학습목표 도달여부를 알아보는 데 필요하고, 교사 자신의 지도 계획과 방법 및 과정에 대한 평가의 역할도 한다. 평가는 진단평가, 형성평가, 총괄평가 등을 언제 어떠한 방법으로 실시할 것인가를 결정해야 한다.

진단평가는 단원을 시작하는 첫 시간에 해야 하고, 형성평가는 대개 3~4시간의 수업 후에 하는 것이 좋으며, 총괄평가는 단원의 마지막에 배정하게 된다. 가능한 한 평가도구는 단원전개계획을 수립하는 단계에서 제작하는 것이 좋다.

2. 본시의 수업계획

본시의 수업계획은 대단원의 계획 중에서 한 차시의 분량을 어떻게 전개시킬 것인가에 관한 구체적이고 상세한 지도계획이다. 수업계획은 학습지도안으로 작성되는데, 지도안 구성형식은 정해진 형식이 있는 것은 아니고 단원의 성질, 학생의 요구, 수업의 성격 등을 잘 반영하는 형식으로 작성한다. 일반적으로 다음의 요소들이 들어가도록 작성한다.

- **단원명, 지도대상, 차시**
- **수업목표** : 무엇을 이해 또는 습득시킬 것인가?
- **학습내용** : 도입 · 전개 · 정리의 3부분으로 구성
- **판서** : 무엇을 판서할 것인가? 주제와 대 · 중 · 소 항목 및 내용
- **요약** : 강조점이 무엇인가?
- **시간배분** : 5분 또는 10분 단위로 표시
- **교육매체** : 자료명과 활용방법 등
- **기타 교수활동** : 질문 · 예화를 비롯해 통계 · 인용 · 유머 등은 별도로 표시, 준비물, 휴식시간 · 그룹편성 · 테스트 · 전회의 복습, 다음 회의 숙제 등

(1) 단원명

단원명은 소단원 · 중단원 · 대단원명을 기입한다. 대단원의 지도 시수가 많지 않은 경우에는 일반적으로 대단원명을 기입하지만 너무 많은 경우에는 중단원이나 소단원을 기입하는 것이 바람직하다.

(2) 지도대상

학교의 경우에는 지도학급 또는 학년이 될 것이고, 병원이나 보건소는 질환별 환자가 될 수도 있다.

(3) 차시

차시는 사선 윗부분에는 본시의 차시를, 아랫부분에는 단원의 총시수를 숫자로 기입한다. 예를 들면 2/5는 단원의 총시수가 5시간인데, 본 수업이 2차시란 뜻이다.

(4) 수업목표

본시의 수업목표는 학습자가 학습 후에 도달해야 할 성취행동으로 진술하고, 행동동사를 사용하여 성취결과를 명확하게 할 수 있도록 해야 한다.

(5) 기타

지도단계, 학습내용, 교수-학습활동, 수업매체 등은 학습지도의 절차를 참고.

3. 영양교육 지도안의 예

(1) 활동중심의 영양교육

활동(Activity)은 겉으로 드러나는 실제적인 행동과 사고활동의 두 종류로 나뉜다. 활동주의는 전통적인 학교에서의 정숙, 침묵, 부동자세 등의 인지주의적 교육방식에 대한 반론으로 제시된 것으로 신체적 활동을 중시한다. 행동으로서의 활동성은 목적이 아니라 수단이며, 활동주의 교수법에서는 어떤 특정한 지식의 이해를 위해서는 먼저 그와 밀접히 관련되어 있는 행위로부터 시작할 것을 주장한다.

아동은 타고난 호기심으로 만지고, 조작해보고, 탐색하는 것을 통하여 능동적으로 배우는 존재이다. 아동들은 서로에게 이야기하고 농담도 하고 놀이를 만들어 놀기도 하는 등 활동을 좋아한다. 그리고 활동에 변화가 있기를 기대하며 흥미 있고 호기심을 자극하는 활동을 찾는다.

활동중심의 교육은 아동의 움직이고자 하는 욕구와 신체적 근육의 발달 정도를 고려하여 놀이, 게임, 노래부르기, 동화 만들기, 노래가사 만들기 등 다양한 만들기 활동 및 조리 등 활동이 중심이 되는 학습으로, 아동과 아동, 아동과 교사, 아동과 자료가 상호작용하면서 지식을 구성해 나가도록 격려하는 교육방법이다.

활동중심 교육의 목표는 아동이 자신의 발달 수준과 능력, 흥미에 맞추어 즐겁게 학습함으로써 학습을 위한 기초개념과 기능, 문제해결능력, 그리고 학습에 대한 지속적인 관심과 흥미를 높이는 데 있다. 학습방법을 선택할 때에는 학습자가 구체적으로 만지고 조작할 수 있는 학습자료와 방법을 사용하고, 학습내용을 선택할 때에는 학습자의 경험을 바탕으로 할 수 있는 것과 아동의 현재 식생활에 대한 반성과 변화를 도모하는 활동들로 구성하는 것이 바람직하다.

활동중심의 영양교육에 활용될 수 있는 활동의 예는 표 7-4와 같다.

표 7-4 아동 영양교육에 활용될 수 있는 활동의 종류와 예

활동	활동의 예
쓰기활동	식품에 대해 자세히 묘사하기, 편지쓰기, 식품친구 소개하기, 영양일기 쓰기
토의활동	급식식단 읽고 토론하기, 주제별 토의하기
게임활동	올림픽, 사다리 타기, 장보기, 빙고, ○×퀴즈, 미로게임, 퍼즐 맞추기, 연상퀴즈, 낚시게임, 엿치기, 숨은 그림 찾기, 3행시 짓기, 카드 뒤집기
만들기활동	그림보고 이야기 만들기, 상차리기, 신문만들기, 책만들기, 식품광고 만들기
그리기활동	미래의 모습 그리기, 얼굴표정 그리기, 그림 꾸미기, 색칠하기
읽기활동	만화읽기, 신문기사 읽기, 동화읽기
극활동	모의상황 대처하기, 노래부르기, 역할극, 노래극, 몸짓으로 표현하기
조리활동	간식 만들기, 김치 만들기 등
말하기활동	3분 연설활동, 인터뷰 활동, 뉴스활동, 모의재판 활동

(2) 싱글벙글 신나는 식생활(경상남도 교육감 초등학교 저학년 재량활동 인정도서)

〈싱글벙글 신나는 식생활〉은 식문화, 식품, 영양, 위생과 환경, 조리의 5개의 대단원으로 구성되어 있다. 각 대단원은 5~6개의 소단원으로 구성되었고, 각 소단원마다 1~2차시씩 계획하여 총 32차시 분량의 교재와 지도서가 개발되어 있다.

그림 7-5 교재의 표지

1) 교재

교재는 각 소단원의 활동에 필요한 활동지 모음 형식으로 구성하였다. 1차시당 2~4쪽 분량으로 하였으며, 동기유발과 본 활동은 색상의 차이를 두어 구별하였다.

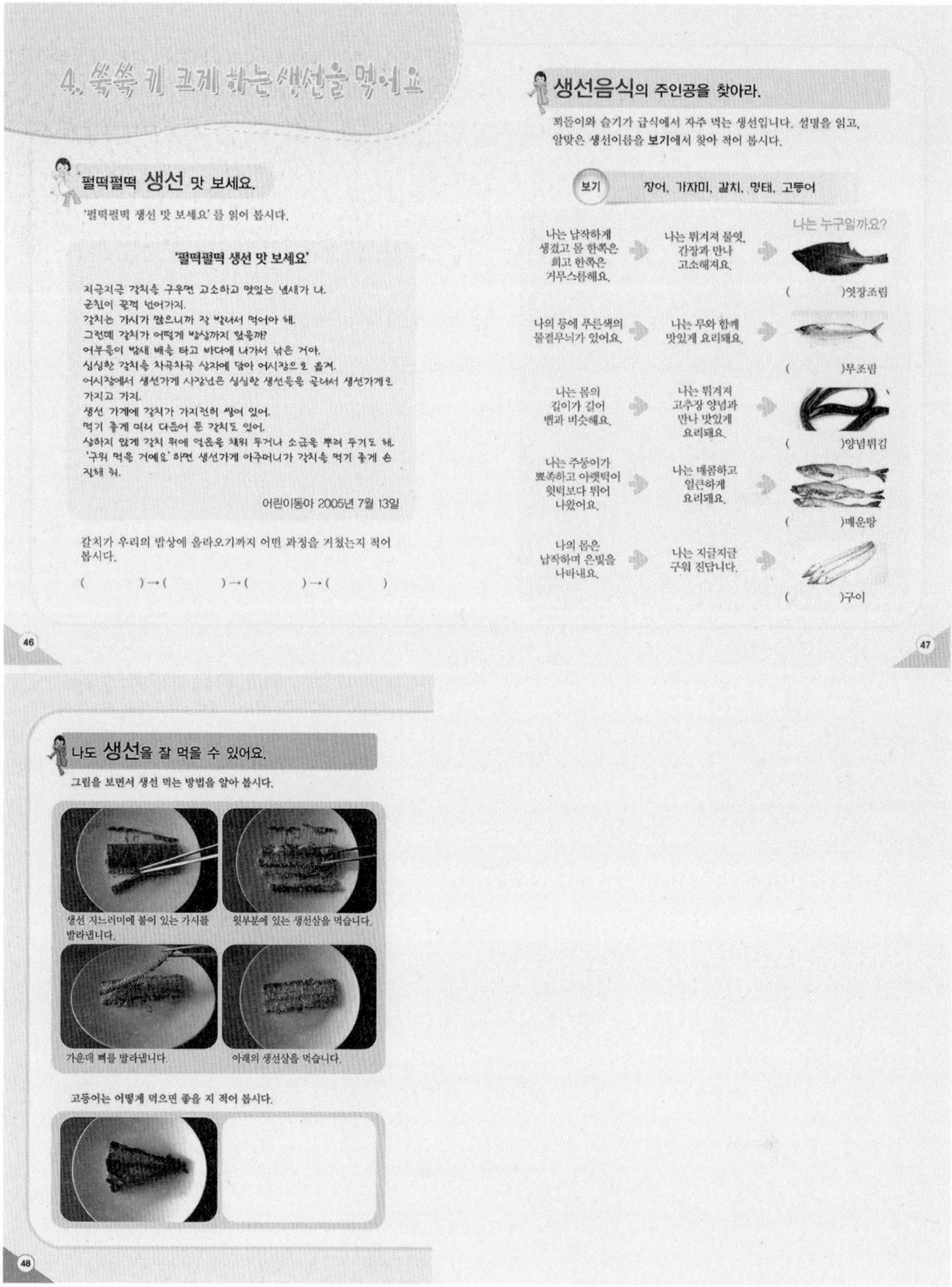

그림 7-6 교재 구성의 예

꾀돌이 가족(아빠, 엄마, 슬기, 꾀돌이)과 영양요정 캐릭터를 개발하여 내용전달에 연계시켰고, 교육요구도 조사에서 아동이 선호하는 것으로 나타난 실험하기, 만들기, 그림그리기, 놀이뿐만 아니라 식품 선택하기, 비교하기, 이야기 만들기, 노래 부르기, 관찰하기, 색칠하기, 편지쓰기, 오려 붙이기, 요리하기 등의 다양한 활동중심으로 교재를 구성하여 이해도를 높였다.

2) 지도서

지도서의 각 대단원은 단원의 배경, 목표, 지도계획, 지도상 유의점으로 구성하였고, 각 차시별로는 학습목표와 교수 · 학습자료, 유의점, 교수학습과정(마음열기, 동기유발, 공부할 문제, 학습내용 정리 및 평가), 참고자료 순으로 되어 있다.

학습과정을 도입하는 부분에서는 마음열기와 동기유발을 할 수 있도록 노래부르기, 상상하기, 놀이, 관찰하기, 그리기 등으로 시작하여 공부할 문제와 연계하였다. 전개에서는 보다 능동적이고 흥미로우며 실제 식생활의 반성과 체험이 이루어질 수 있도록 다양한 활동을 예시하였으며, 각 활동 다음에 관련교재 페이지 화면을 함께 삽입하여 보기 편리하도록 하였다.

1 우리 식문화를 지켜요.

가. 단원의 배경

식문화는 그 나라의 기후나 계절과 같은 자연환경과 시대의 사회적 환경이 반영되어 형성되며, 개인의 식습관과 섭취 식품의 종류를 결정하는 중요한 요소이다.

우리나라의 식문화는 쌀과 잡곡을 주식으로 하고, 콩을 이용한 발효음식이 발달하였으며, 유교사상의 영향인 통과의례 음식이 있고, 식사 시 숟가락과 젓가락을 사용하는 특징을 가지고 있다.

그러나 오늘날 산업과 정보의 발달로 인한 세계화 현상은 우리의 식생활에도 영향을 미쳐서 식습관과 생활양식을 변화시키고, 식문화에 대한 이해와 이용이 줄어드는 추세에 있다. 한편 사회구조의 변화로 인해 학교급식이 확대되어 아동들에게 빼 놓을 수 없는 식생활의 한 부분으로 자리매김 하고 있다. 따라서 초등학교시기에 우리나라 식문화의 중요성과 가치를 인식시키는 내용이 적극 반영될 필요가 있겠다.

① 우리 식문화를 지켜요

본 단원은 학교급식의 각 과정에서 지켜야 할 적절한 급식예절을 경험하고 실천할 수 있도록 한다. 그리고 자신의 젓가락 사용법이 올바른지 살펴보고 바른 젓가락 사용법을 습득하도록 한다. 또한 우리 식문화를 대표하는 전통 떡, 발효음식, 통과의례 음식, 전통과자와 관련된 활동을 통하여 우리 식문화의 가치를 인식하고 계승시키는 태도를 기르도록 한다.

나. 단원의 목표

1. 급식소 식사 예절에 대하여 말할 수 있다.
2. 설날과 한가위에 먹는 떡을 말할 수 있다.
3. 된장과 청국장을 비교하고 발효식품의 우수성에 대해 말할 수 있다
4. 특별한 날에 먹는 음식에 대하여 말할 수 있다.
5. 젓가락을 바르게 사용할 수 있다.
6. 전통과자의 이름을 알고 나만의 독창적인 전통과자 만들기를 계획할 수 있다.

다. 단원의 지도계획

소단원	활동내용	차시	관련 학년 및 교과		
			학년	교과	단원
1. 꾀돌이와 함께 하는 급식소 식사예절	① 그림을 보고 급식소 식사예절 이야기로 꾸미기 ② 체험학습을 통해 급식소에서 지켜야 할 예절 알기	1	1/1	바른생활	1. 즐거운 학교생활
2. 명절에 먹는 전통 떡 이야기	① 설날아침에 먹는 떡국의 유래 ② 가래떡 썰기 ③ 관창이 들려주는 반달송편 이야기 ④ 소원 송편 만들기	2-3	1/2	즐거운 생활	3. 함께하는 한가위
3. 난 콩으로 만든 거야!	① 된장과 청국장의 만드는 과정 비교 ② 미로로 찾아보는 발효음식의 좋은 점	4	2/1	재량	
4. 특별한 날에는 이런 음식을 먹어요	① 돌상 음식 색칠하기 ② 특별한 날의 대표음식 알기	5	2/2	재량	
5. 젓가락질을 바르게 해요	① 젓가락의 바른 사용법 ② 놀이로 바른 젓가락 사용법 익히기	6	3/1	국어 (말,듣)	우리들의 꿈 1. 이야기와의 만남
6. 내가 만드는 전통과자	① 전통과자 이름 맞히기 ② 나만의 전통과자 만들기	7	3/1	국어 (읽기)	5. 앎의 즐거움

라. 단원의 지도상 유의점

1. 급식소 식사예절은 학년 초기에 급식소에서 실시하는 것이 효과적이며, 급식을 제공받을 때 식사 예절을 바르게 실천하도록 한다.
2. 설날과 추석에 먹는 떡의 의미를 이해하고 적절한 명절음식을 먹을 수 있도록 한다.
3. 발효음식의 우수성을 이해시켜 청국장과 된장으로 만든 음식에 대한 거부감을 없앨 수 있도록 지도한다.

그림 7-7 각 대단원의 예

학습 마무리 과정에서는 각 활동에서 배운 내용을 정리하고 실제로 적용할 수 있도록 하였으며, 각 주제와 관련된 참고자료 및 교육자료를 제시하여 교사가 수업에 활용할 수 있도록 하였다.

4. 쑥쑥 키 크게 하는 생선을 먹어요(1).

차시	1	2	3	4	5	6	7	교재 46-48쪽

◎ 학습목표

ㅇ 자주 먹는 생선이름을 말할 수 있다.
ㅇ 생선을 자주 먹을 수 있다.

◎ 교수·학습자료

ㅇ 교사 : 교재, '튼튼송'
ㅇ 학생 : 교재, 필기도구

◎ 유의점

ㅇ 생선을 자주 먹도록 하기 위하여 생선 뼈 바르는 방법을 몸에 익힐 수 있도록 지도한다.

◎ 교수·학습 과정

■ 마음열기

ㅇ 인사나누기
ㅇ '튼튼송' 부르기

■ 동기유발 : 펄떡펄떡 생선 맛 보세요 (전체활동)

<준비물> 교재, 필기도구

ㅇ 생선의 유통과정 알기

-교재의 NIE 자료를 읽고 갈치가 밥상에 오르기 까지 어떤 과정을 거치는지 이야기 한다.

· '펄떡펄떡 생선 맛 보세요'를 읽고 갈치가 밥상에 올라오기 까지 어떤 과정을 거치는지 적어 봅시다.

(바다)→(어시장)→(생선가게)→(손님)

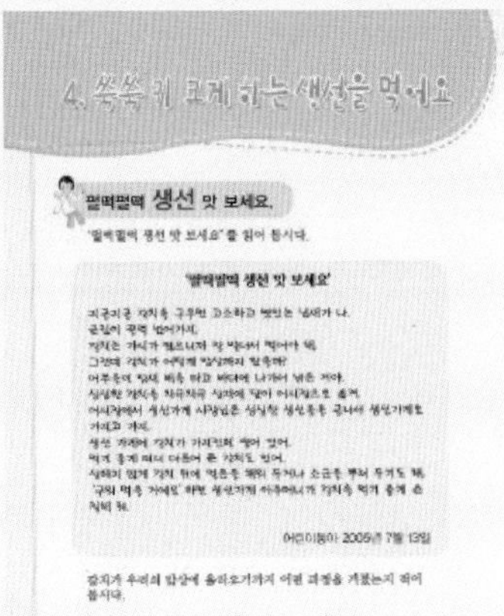

■ 공부할 문제

ㅇ 자주 먹는 생선이름과 생선 뼈 바르는 방법을 알아봅시다.

■ 활동1 : 생선음식의 주인공을 찾아라 (개별활동)

<준비물> 교재, 필기도구

ㅇ 급식에서 먹어보았던 생선음식의 생선이름 찾기

-생선에 관련된 글을 읽고 해당되는 생선을 찾아 적는다.

· 첫 번째 생선음식의 주인공에 대한 설명을 읽어 봅시다. 누구인가요? (가자미)
· 두 번째 생선음식의 주인공에 대한 설명을 읽어 봅시다. 누구인가요? (고등어)
· 세 번째 생선음식의 주인공에 대한 설명을 읽어 봅시다. 누구인가요? (장어)
· 네 번째 생선음식의 주인공에 대한 설명을 읽어 봅시다. 누구인가요? (명태)
· 다섯 번째 생선음식의 주인공에 대한 설명을 읽어 봅시다. 누구인가요? (갈치)

※급식에 생선이 나왔을 때 관심을 가지고 먹도록 한다.

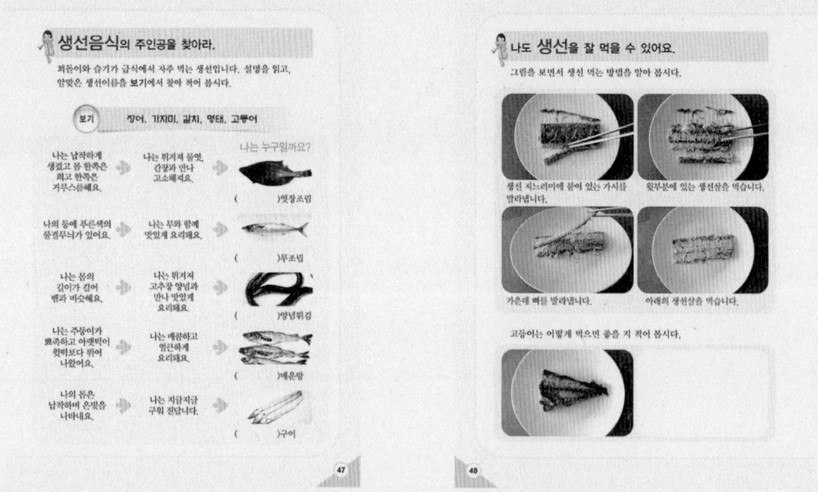

■ **활동2 : 나도 생선을 잘 먹을 수 있어요 (전체활동)**

<준비물> 교재

○ 생선 뼈 바르는 방법 익히기

-교재를 보고 생선 뼈 바르는 방법을 설명한다.

○ 고등어 뼈 바르는 방법 생각해 보기

-고등어 뼈를 바르는 방법을 생각하여 이야기 한다.

· 고등어 뼈는 어떻게 발라야 할까요?
  먼저 지느러미에 붙은 뼈를 발라낸다.
  가운데 뼈를 발라낸다.
  고등어 살을 맛있게 먹는다.

※생선 가시를 잘 발라서 먹을 수 있다는 자신감을 심어주도록 한다.

※생선의 잔가시는 충분히 씹어 먹으면 목에 걸리지 않는다는 것을 강조한다.

※구운 생선을 준비하여 생선 뼈 바르는 모둠별 활동을 진행하는 것도 생각해 볼 수 있다.

■ **학습내용 정리 및 평가**

○ 자주 먹는 생선의 종류에 대해 이야기 한다.

○ 생선 뼈 바르는 방법에 대해 이야기 한다.

■ **실천과제 제시**

○ 생선 반찬을 남기지 않고 먹는다.

◎ **참고자료**

○ 생선 관련 교육자료

-아동책자

· 우리 아이를 쑥쑥 자라게 하는 고기와 생선: 단백질. 수잔 마르티네. 베틀북. 2007

-교사참고 책자

· 누구나 알아두면 좋을 우리생선 이야기. 김소미. 효일. 2002

그림 7-8 본시 지도안의 예

(3) 나(Na)를 위한 나트륨 이야기(식품의약품 안전처)

2007년도에 지방, 당, 나트륨 저감화 사업의 일환으로 초등학교 저학년과 고학년을 나누어 총 6권의 교재와 지침서를 개발하였다. 각 교재는 6차시 분량으로 구성되어 있고, 재량활동용 또는 자가학습용으로 이용가능하다. 고학년 대상의 〈나를 위한 Na 이야기〉 교재와 지침서의 예는 그림 7-9~7-12와 같다.

그림 7-9 교재의 표지

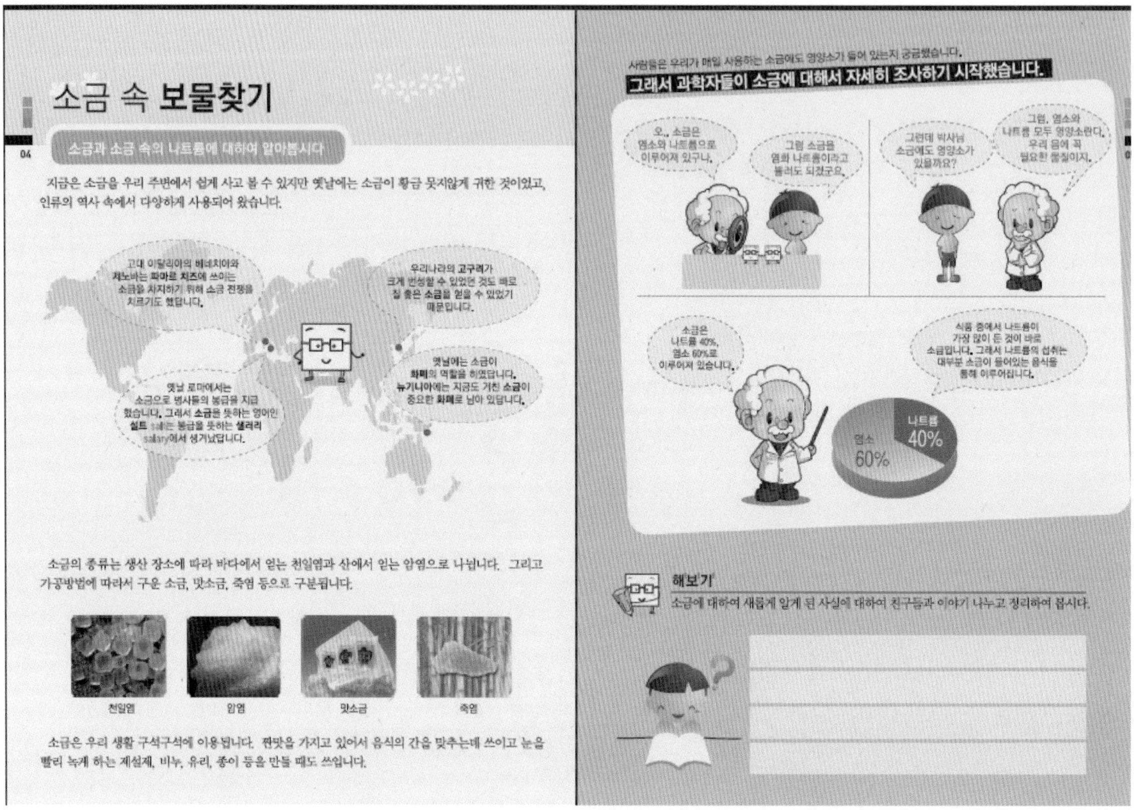

그림 7-10 교재 구성의 예

제1부 총론

1. 초등학교에서 나트륨(영양)교육의 필요성

나트륨은 대부분의 식품 속에 함유되어 있으며 우리 몸에 꼭 필요한 필수 물질이면서 과잉 섭취 시는 여러 가지 병의 원인이 되는 물질이다. 현재 대부분의 어린이들은 하루 권장섭취량의 2배 정도로 나트륨을 과잉 섭취하고 있다. 이에 본 교재는 초등학교 어린이를 대상으로 나트륨에 관한 이해를 높이고 섭취량을 줄이기 위한 교육의 필요로 개발되었다.

2. 나트륨 교육의 목표

가. 우리 몸 속에서 나트륨이 하는 기능을 알고, 내게 필요한 적당한 섭취량을 알 수 있다.

나. 나트륨 과잉섭취와 관련된 질병을 알고 올바른 섭취로 건강관리를 할 수 있다.

다. 나트륨이 들어 있는 식품을 알고 스스로 함량이 적은 식품을 선택하여 먹을 수 있다.

3. 나트륨 교육의 개관

본 교재는 초등학교 고학년 어린이들에게 나트륨에 관한 이해를 높이고 섭취량을 줄이기 위한 목적으로 개발되었다.

3개의 대영역 아래 6개의 소영역으로 구성되어 있으며 이를 6차시에 걸쳐 학습할 수 있도록 구성하였다.

첫번째 영역에서 소금과 나트륨의 관계를 알고 나트륨의 기능에 대하여 학습한다. 이 학습을 통해서 어린이들은 나트륨이라는 생소한 물질에 관해 자세히 알게 되고 나트륨은 늘 가까이에 존재하며 우리 몸에 꼭 필요한 영양소임을 알게 된다. **두번째** 영역에서는 나트륨이 들어 있는 식품에 관해 알아보고 식품 속에서의 나트륨 함량을 비교해 본다. 이 영역의 학습을 통해서 어린이들은 자기가 자주 먹고 있는 가공식품 속에 나트륨이 많이 들어있다는 것을 알게 된다. **세번째** 영역에서는 나트륨의 과잉섭취와 건강과의 관계를 알고 자신의 섭취습관을 평가하고 반성한다. 이 교재는 학습을 통해서 어린이 스스로가 나트륨 섭취를 줄이기 위해서 노력해야 함을 깨닫고 실천할 수 있도록 안내하고 있다.

4. 나트륨 교육의 내용 및 지도계획

대영역	소영역	단원명	학습내용	활동종류	교재쪽수
1 나트륨의 특성	소금과 나트륨	소금 속 보물찾기	· 소금의 종류와 쓰임새 · 소금 속의 나트륨	· 그림 보고 소금의 종류와 쓰임새 이해하기 · 소금과 나트륨의 관계 이해하기 · 상상하여 토론하기	4~5
	나트륨의 역할	우리 몸에 꼭 필요한 나트륨	· 나트륨의 체내 기능	· 그림 보고 나트륨의 체내 역할 이해하기 · 〈명수의 고민〉해결하기	6~7
2 나트륨과 식품	자연식품과 나트륨	자연식품 속에 숨은 나트륨	· 자연식품 속의 나트륨	· 역할극하기 · 사진보고 자연식품속 나트륨 함량 알기	8~9
	가공식품과 나트륨	가공식품 속에 숨은 나트륨	· 가공식품의 나트륨 함량 · 자연식품과 가공식품의 나트륨 함량비교	· 식품군별 가공식품의 나트륨 함량 알기 · 나트륨 식품카드 게임하기	10~12
3 나트륨과 우리생활	나트륨과 건강	많이 먹으면 안돼요	· 나트륨의 목표섭취량 · 나트륨 섭취 관련 질병 · 나트륨 섭취습관 평가	· 자신의 나트륨 섭취 습관 평가 · 반성하기 · 나트륨 저감화 노래부르기	13~15
	나트륨 저감화 방안	나를 위해 줄여요	· 나트륨 저감화 방법 · 나트륨 저감화 실천계획 세우기	· 저감화 방법 상황에 적용하기 · 영양성분표 이용하여 식품 선택하기 · 나의 다짐 쓰기	16~19

그림 7-11 고학년 나트륨 지침서의 총론

제2부 각론_차시별 지도의 실제

part 01

1. 소금 속 보물찾기

학습목표

· 소금의 종류와 쓰임새에 대해 설명할 수 있다.
· 나트륨과 소금의 관계를 말할 수 있다.

학습개요

도입 — • 스무고개 놀이를 통해 소금 떠올리기

전개 — • - 옛날의 소금이용 알기
- 소금의 종류와 쓰임새 알기
- 소금과 나트륨의 관계 알기

정리 및 적용 — • - 소금이 없을 때 발생 할 수 있는 일에 대해 토론하기
- 소금이 우리 생활에 중요한 이유 말하기

차시지도계획

차시	1	2	3	4	5	6	4~5쪽

학습 자료

CD-ROM자료, 죽염, 암염, 식용소금
*학습자료 준비 시 유의점 : 식용소금은 굵은 소금이 적당함

교수학습과정

도입 — • 【동기유발】
연상퀴즈(스무고개 놀이)하기
- 나는 무엇일까요?

【공부할 문제】
소금과 소금 속의 나트륨에 대하여 알아봅시다.

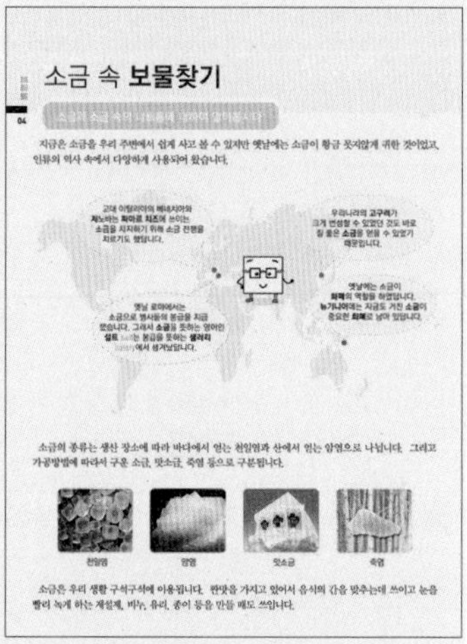
소금 속 보물찾기

지금은 소금을 우리 주변에서 쉽게 사고 볼 수 있지만 옛날에는 소금이 황금 못지않게 귀한 것이었고, 인류의 역사 속에서 다양하게 사용되어 왔습니다.

소금의 종류는 생산 장소에 따라 바다에서 얻는 천일염과 산에서 얻는 암염으로 나뉩니다. 그리고 가공방법에 따라서 구운 소금, 맛소금, 죽염 등으로 구분됩니다.

천일염 암염 맛소금 죽염

소금은 우리 생활 구석구석에 이용됩니다. 짠맛을 가지고 있어서 음식의 간을 맞추는데 쓰이고 눈을 빨리 녹게 하는 제설제, 비누, 유리, 종이 등을 만들 때도 쓰입니다.

전개 — • 【활동 1】 옛날의 소금 이용
교재의 그림을 보고 옛날에 소금이 어떻게 이용되었는지 알아보기
- 소금 전쟁, 봉급, 화폐로의 역할 등
(관련자료 - http://hesalkids.net)

【활동 2】 소금의 종류와 쓰임새
소금의 종류에 대해 알아보기
- 생산 장소 : 천일염, 암염
- 가공 방법 : 구운소금, 맛소금, 죽염 등
소금의 쓰임새에 대해 알아보기
- 음식의 간 조절
- 저장음식을 만들 때
- 제설제, 비누, 유리 등 생활용품 등

【활동 3】 소금과 나트륨의 관계
만화를 읽고 소금의 구성 성분 알기
- 나트륨과 염소로 구성
- 나트륨은 소금 중량의 40%를 차지
나트륨을 섭취하는 방법 알아보기
- 자연식품과 가공식품의 통해 섭취
- 간장, 고추장 등을 통해 섭취

【발전학습】
소금에 대하여 새롭게 알게 된 사실에 대해 토의하여 적어보기
- 음식이 맛이 없다.
- 나트륨을 섭취할 수 없게 된다.

정리 및 적용

【정리】
- 소금은 여러 종류가 있으며, 그 쓰임새가 다양하다.
- 소금은 염소와 나트륨으로 구성되어 있으며, 소금을 통해 대부분의 나트륨을 섭취하게 된다.

【적용】
소금이 우리 생활에서 중요한 이유 말하기

【차시예고】
나트륨이 우리 몸에서 하는 일에 대하여 알아보기

참고자료

① 소금의 종류

종류	만드는 법	용도 및 특징
천일염	바닷물을 염전으로 끌어들여 햇빛에 의해 수분을 건조시켜 만든 결정체	색이 어둡고, 입자가 크며, 무기질이 풍부. 김치, 장류, 젓갈을 담을 때 사용.
재제염 (꽃소금)	천일염을 물에 녹여 불순물을 제거한 후 다시 결정시킨 것	천일염보다 희고 입자가 작으며 대부분 조리에 사용.
정제염 (기계염)	바닷물을 공장으로 끌어들여 나트륨과 칼륨만을 걸러낸 소금	설탕과 같은 결정체로 순도가 매우 높으며, 짠맛이 강함.
죽염	대나무 속에 호염을 넣고 구운 것	회색 분말로 쓴맛이 감소. 요리, 치약제조 등에 사용.
맛소금	정제염에 MSG를 첨가 하여 만든것	투명성이 없고 희고 둥근 입자.
암염	지층 중에 있는 암염층으로부터 생성	독일, 미국, 소련 등에서 나옴.

② 소금의 일반적인 용도

구분	사용 용도	항목	사용 비율
식용	일반 가정용	·김치, 간장, 된장 담금 ·조미료	8%
	식품 공업용	·수산물 가공(생선등) ·식품절임 ·간장제조 ·식품가공	13%
공업용	일반 공업용	·종이제조 ·사료제조 ·제설제제조 ·염색(선명한 색을 만듬) ·가죽제품제조	8%
	화학 공업용	·비누, 유리, 펄프, 제지 등을 만드는 소다회 용 ·비누, 염료, 악품 등을 만드는 비가성소다용 ·색을 입히는 색소, 물감 등 제조	71%

지도상의 유의점

소금을 통해 대부분의 나트륨을 섭취함을 알게 하는데 중점을 두고 지도한다.

그림 7-12 본시 지도안의 예

CHAPTER 08

Nutrition Education and Consultatio

영양상담의 이론과 실제

Section 1 영양상담의 의의와 개념

1. 상담과 영양상담

상담은 어떤 문제에 직면하여 도움을 필요로 하는 사람과 심리학적 훈련이나 풍부한 지식과 경험으로 도움을 줄 수 있는 능력을 가진 전문가의 대면적 인간관계 내에서 이루어진다. 상담은 상담자가 내담자와의 만남의 과정에서 내담자가 문제를 해결할 수 있는 능력을 키우고, 스스로 성장할 수 있도록 돕는 전문적인 활동이다. 따라서 상담의 궁극적인 목표는 내담자의 성장과 발달을 촉진하는 것이라 할 수 있다.

영양상담은 현재 영양문제를 가지고 있거나 가질 가능성이 있는 사람 또는 건강한 사람과 친밀한 대면적 인간관계 내에서 언어적 및 비언어적인 의사소통을 통하여 이루어지는 개별화된 지도과정으로서, 식행동에 대한 자기관리능력을 키우도록 영양전문가가 도와주는 과정이라고 할 수 있다.

2. 상담의 진행원리

상담을 원만히 진행하기 위한 기본원리로는 Beistek가 말한 개별화의 원리, 의도적 감정표현의 원리, 통제된 정서관여의 원리, 수용의 원리, 비심판적 태도의 원리, 자기 결정의 원리, 비밀보장의 원리가 있다.

(1) 개별화의 원리

개별화는 상담자가 도움을 주기 위해 내담자의 특성에 따라 다른 방법을 활용하는 것이다. 개별화를 위해서는 상담시간이나 환경에 세밀한 배려가 있어야 하고, 비밀 준수와 신뢰감이 중요하다.

또한 약속시간을 엄수하되 만약 어겼을 경우 납득할 수 있는 이유를 제시 · 설명해 주어야 한다. 충분한 사전 준비가 필요하고 지도방법에 융통성이 필요하다.

(2) 의도적 감정표현의 원리

의도적 감정표현은 내담자의 감정 중에서 특히 부정적인 감정을 자유롭게 표현하도록 하는 것이다. 그러기 위해서는 내담자를 압력이나 긴장으로부터 완화시켜 주고, 내담자 자신의 문제점을 이해하게 도와주어야 한다. 신뢰감을 조성하기 위해 내담자의 감정표현을 경청하고, 적극적으로 자극하고 격려해야 한다. 또한 비현실적인 보장이나 너무 빠른 해석을 삼가야 한다.

(3) 통제된 정서관여의 원리

상담은 주로 정서적인 면에 큰 비중이 있다. 따라서 내담자가 자신의 감정을 언어로 표현하도록 권장한다. 그리고 상담자는 내담자의 감정에 대한 민감한 이해와 의도적이고 적당한 반응이 필요하다.

(4) 수용의 원리

수용이란 내담자를 있는 그대로 이해하고 존중하는 것을 말하는데, 그렇다고 해서 내담자의 일탈적인 행동이나 태도를 허용하는 것을 의미하지는 않는다. 상담자는 윤리와 철학, 법과 제도, 전문적 가치 등에 의거하여 바람직한 것과 수용할 수 있는 것에 대한 기준을 가지고 내담자를 이끌어야 한다.

(5) 비심판적 태도의 원리

문제의 원인이 내담자의 잘못이나 책임이라고 심판하지 않으며, 내담자의 특성과 가치관을 비난하지 않는 것을 비심판적 태도라고 한다. 이 원리가 지켜지기 위해서는 상담자가 선입견을 버리고 가급적 내담자의 입장을 따라가면서 상담을 진행해야 하며, 내담자를 어떤 유형의 틀로 분류하거나 비교하려는 자세를 취해서는 안 된다.

(6) 자기 결정의 원리

상담과정에서 상담자는 내담자 스스로 자신이 나아갈 방향을 결정하고, 선택하려는 의지를 존중해야 한다. 이를 위해서는 내담자가 자기수용을 할 수 있도록 도와주고, 내담자의 장점과 능력을 발견하고 활용함으로써 발전할 수 있는 분위기를 조성해야 한다. 또한 상담자가 내담자를 강제적으로 설득해서는 안 되는데, 이러한 행동은 내담자의 선택의 자유, 욕구 등을 무시하는 것이며, 선택능력 함양을 약화시킨다.

(7) 비밀보장의 원리

비밀보장은 내담자가 상담과정 중 노출된 사적인 정보를 전문적 개입 목적 외에는 타인에게 공개해서는 안 된다는 전제에 바탕을 두며, 상담의 가장 기본적인 원칙이기도 하다.

그 밖에도 내담자가 상담과정에 자발적이어야 하고, 상담이 기다려지고 재미있어야 한다. 그리고 상담자는 상담자로서의 역할을 효율적으로 수행할 수 있는 적절한 훈련, 경험, 인성적 태도 등을 갖춰야 한다. 또한 상담실과 같은 적절한 환경이 보장되어야 한다.

3. 상담의 종류

상담이 이루어지는 방법은 크게 상담자와 직접 만나서 얼굴을 마주보는 대면적 상담과 직접 만나지 않고 전화, 인터넷, 편지 등을 이용하는 방법으로 나눌 수 있다.

상담자와 직접 만나서 이루어지는 상담은 가장 전통적이고 일반적인 방법이다. 이 방법은 내담자와 대면적인 상황에서 이루어지기 때문에 내담자의 비언어적 요소들을 관찰하여 상담에 이용할 수 있고, 놀이, 음악, 미술, 책, 연극, 식품 등을 활용하여 상담을 진행할 수 있는 장점이 있다.

시대가 변하고 문화가 발전함에 따라 다양한 상담방법들이 생겨나고 있다. 컴퓨터를 이용하여 사이버 공간에서 이루어지는 사이버상담, 이메일상담, 쪽지상담, 화상·채팅상담과 전화로 이루어지는 전화상담, 휴대폰을 이용한 문자상담, 편지를 이용한 편지상담 등이다.

이런 상담방법은 내담자와 얼굴을 마주보지 않고, 신분이 노출되지 않으므로 남에게 보이기 어려운 문제와 감정을 쉽게 털어놓을 수 있다. 또한 상담시간이 비교적 자유로우며, 쉽게 접근할 수 있고, 비용이 저렴하다는 장점이 있다. 그러나 상담자와 내담자의 관계형성이 어려워 1회 상담으로 끝나기 쉬우며, 내담자의 비언어적인 메시지를 볼 수 없어서 깊은 의사소통이 힘들다.

Section 2 영양상담의 구성요소

영양상담을 진행하기 위해서는 상담자와 내담자, 기술적 요소, 환경적 요소가 적절한 조화를 이루어야 한다.

1. 상담자

상담에서 상담자는 내담자와 함께 하는 참여적 관찰자이며 촉진자이다. 상담자가 가진 신념과 상담에 임하는 태도는 내담자에게 큰 영향을 미친다. 따라서 상담자에게는 인간적 자질과 전문적 자질이 동시에 필요하다.

(1) 인간적 자질

상담자는 단순한 기술자나 기능인이 아니다. 상담 시 내담자는 추후에 독립적으로 실행하기 이전에는 일시적으로 어느 정도 상담자에게 의존하게 된다. 이때 내담자는 상담자가 제공하는 문제해결 방법이나 절차뿐만 아니라 사람의 가치관, 태도, 생각 등을 관찰하고 마음에 새긴다.

따라서 상담자는 내담자에게 본보기가 됨을 충분히 인식하고, 자신의 모습을 끊임없이 점검하여 성장시키려는 노력을 해야 한다. 또 상담자는 자신을 인식하고 이해하려는 노력을 해야 하며, 자신의 장점과 단점을 솔직히 인정해야 한다.

상담자는 타인에 대해 불필요한 경쟁심을 가지지 말고, 내담자의 삶과 행동을 인정하고 존중하는 열린 마음을 가져야 한다. 또한 살아가는 데 있어서 진실 · 성실 · 정직해야 하며, 정서적 안정을 위해 노력한다.

(2) 전문적 자질

상담은 일반적인 대화와 달리 달성해야 할 뚜렷한 목표가 있다. 그 목표를 충실히 달성하기 위해서는 그것에 대한 전문적인 지식과 경험을 미리 갖추는 것이 바람직하다. 식품, 영양, 심리, 상담, 교육, 생물, 생리에 대한 전문지식뿐만 아니라 내담자의 문제를 정확히 이해하기 위하여 인간발달심리학, 교육학, 사회학과 같은 지식을 갖추고 있어야 한다.

그러나 식품영양과 상담에 대한 해박한 지식만으로 상담을 성공적으로 이끌 수는 없다. 훌륭한 상담자가 되기 위해서는 창의성과 열정이 필요하며, 상담결과에 대한 긍정적인 태도가 필요하다. 그리고 폭넓고 다양한 훈련과정과 상담경험을 거쳐야 한다. 상담자는 자신이 행한 상담사례를 자격을 갖춘 선배 상담자에게 점검받는 과정인 수퍼비전을 거치면서 상담에 대한 실전감각을 익혀 나간다.

2. 내담자

상담에서 성공여부를 판가름하는 가장 중요한 요소는 바로 내담자이다. 따라서 내담자에 대해 올바른 이해가 필요하다.

내담자는 주로 부정적인 자아개념으로 열등감, 의존심, 낮은 자존감을 가지고 있으며 자신의 감정이나 느낌, 표현 자체가 부족한 경우가 많다. 따라서 여러 측면에서 내담자를 분류해 보고, 그에 맞는 적절한 대처 방법을 사용하는 것이 좋다.

만약 내담자가 다 아는 듯 행동한다면 정확한 지식을 가지고 있는지 질문을 던져보고, 주의가 산만한 사람은 질문을 던져본다든지 관심을 주지 않는다.

> *Guide*
>
> **내담자의 분류(Nix)**
>
> 낙천가, 비관자, 유머가 있는 자
> 시비를 잘 거는 자
> 다 아는듯 행동하는 자
> 말하기 좋아하는 자
> 부끄러움을 타는 자
> 무관심한 자
> 현명한 자
> 답답한 자
> 교만한 자
> 도전적인 자

내담자의 생애주기별 심리특성을 살펴보면 영아기 때는 영양상담적 의미가 별로 없으며, 미취학 아동기는 성에 대한 호기심이 커지고, 부모의 사랑을 독차지하려는 경향이 심해진다. 자신의 공격적 충동을 조절하지 못해 불안감이 커지면 퇴행이라는 방어기제를 이용해 어린 시절의 미숙한 식행동을 보이기도 한다.

학령기는 지능, 도덕관념, 성별개념, 또래집단의 중요성이 부각되고 영양교육이 가능하며 효과적이다. 청소년기는 인간이 독립적이고 성숙해지기 위해 거쳐야 하는 감정적 폭풍과, 스트레스의 시기이다. 외모에 민감해진다. 청년기는 결혼하고 직장을 얻는 시기로서 가정과 직장환경이 식행동 · 식습관에 매우 큰 영향을 준다.

중년기는 자신의 건강에 대해 걱정하므로 젊은 층보다 영양상담이 효과적이다. 노년기는 노화현상으로 미각, 취각 기능이 떨어지고, 신체기능이 저하된다. 심리적 퇴행으로 어린애 같은 행동을 하고, 주위에 의존하려는 특징이 있다.

3. 기술적 요소

상담은 '대화'로 이루어지는 작업이다. 상담에서는 되도록 수용, 지지, 칭찬, 공감, 이해, 애정어린 지적 등과 같은 긍정적인 말을 사용하는 것이 바람직하다. 상대방을 평가하는 발언을 삼가고 정직하고 객관적으로 정확하게 말한다.

또한 '너와 나는 같은 높이에 평등하게 서 있다'라는 것을 전달하는 민주적인 대화법을 사용한다. 이런 대화법을 '나 전달법'이라고 하는데 자신의 생각이나 감정을 표현할 때 주어를 '나'로 나타내 그러한 생각이나 느낌을 가지게 된 책임이 상대방이 아닌 자신에게 있음을 표현하는 방식이다.

> *Guide*
>
> **'나 전달법'의 3요소**
>
> ① 상대방의 행동에 대한 비난없는 서술
> ② 그 행동이 나에게 미치는 구체적인 영향
> ③ 그 영향으로 인한 나의 느낌이나 감정

아무리 영양지식이 풍부한 영양상담자라 하더라도 상담을 효과적으로 진행하기 위한 기술이 부족하다면 상담에 어려움을 느끼게 된다. 영양상담의 각 과정에서 활용할 수 있는 상담기술들은 다음과 같다.

(1) 경청(상담자의 원칙 – '입다물고 있기')

경청은 상담의 기본기법으로 귀로 내담자의 음성언어를 듣고, 눈으로 내담자의 신체언어를 관찰하여 내담자로 하여금 자신의 이야기를 상담자가 듣고 있음을 알게 하는 것이다. 경청의 어려움은 내담자가 말하고 싶어하는 것뿐만 아니라 말하지 않은 것과 말하고 싶어하지 않는 것까지 잘 들어야 한다는 것이다. 그렇다고 무조건 다 주목하는 것이 아니라 비중 있는 말과 행동에 주목해야 한다.

내담자가 상담에 참여할 때는 위로받고 싶은 마음이 가장 우선된다. 그러므로 상담자는 이야기 중간에 끼어들지 않고 성급한 평가나 판단, 충고를 하지 않으며 얼마 동안의 판단중지를 하고 있는 그대로 내담자를 느껴보도록 한다.

경청을 하려면 내담자의 눈을 적절히, 간헐적으로 보면서 몸을 약간 앞으로 숙이고 주의깊게 들으려는 행동을 취하며, 내담자가 편안함을 느낄 정도의 물리적 거리를 확보한다. 미소를 짓는 표정으로 고개를 끄덕거리며, 다정하고 따뜻한 어조로 "어, 그랬어", "그래, 맞아"와 같이 동조한다.

Guide

공감과 동정

① **공감** : 자기 자신을 유지하면서 상대방이 느끼는 감정을 그의 입장이 되어 이해하는 것

② **동정** : 자기 자신을 유지하지 못하고 상대방의 심정으로 동화되어 같은 감정을 경험하는 것

(2) 공감적 이해

공감적 이해는 자신이 직접 경험하지 않고도 다른 사람의 감정(말하는 내용, 감정, 태도, 신념)을 거의 같은 내용과 수준으로 이해하는 것을 말한다. 공감은 동정과 구별되어야 한다.

공감은 그 수준에 따라 3가지로 나눌 수 있다.

① **인습적 수준** : 관계형성과 문제해결에 전혀 도움이 되지 않고 오히려 파괴적인 수준이라고 할 수 있다. 인습적 수준은 상담자가 내담자의 언어적 · 비언어적 표현들에 주의를 기울이지 않아서 감정, 사고를 왜곡하는 것을 말한다.

② **기본적 수준** : 어느 정도 부드러운 인간관계를 형성할 수 있는 단계이다. 기본적 수준에서는 피상적이고 일상적인 문제해결이 가능하지만 내면적 감정이나 사고에는 반응하지 못한다.

③ **심층적 수준** : 발전적인 인간관계를 형성하여 일상적인 문제해결뿐만 아니라 마음의 세계를 심화 · 발전시킬 수 있는 높은 수준의 공감적 단계이다. 상담자의 공감적 이해가 전달되면 내담자는 자신이 이해받고 있다는 느낌을 받으므로 상담자를 보다 신뢰하여 자신을 깊이 드러낸다.

-내담자 : 선생님, 제가 뚱뚱하다고 놀리고 축구할 때도 안 끼워주려고 그래요. 그럴 때는 어떻게 해야 할지 모르겠어요.

-상담자 : 너는 친구들과 재미있게 축구도 같이 하고 친하게 지내고 싶은데, 친구들이 네 마음을 몰라주고 자꾸 놀리니까 무척 속상하고 우울하겠구나.

(3) 반영

감정을 반영하는 것으로, 영향을 주는 단어를 가지고 내담자의 말 속에 있는 감정적인 부분을 바꾸어 말할 때 쓰인다. 반영은 감정을 더 많이 표현하도록 용기를 주거나 내담자가 더 강하게 감정을 경험하도록 하여 그들이 미해결 문제를 자각할 수 있게 도우려는 목적으로 이용된다.

-내담자 : 저는 우울할 때 가끔 음식을 먹기 싫어도 인슐린을 맞아야 하니까 억지로 먹어요.
-상담자 : 우울할 때 가끔씩 당뇨병 식사요법을 따르는 것이 불만이군요.

표 8-1 일반적으로 이용되는 영향을 주는 단어들

행복	슬픔	공포	불안	노여움
행복한	낙담한	겁에 질린	당황한	망쳐놓는
좋아하는	실망한	불안한	혼란스러운	욕구불만의
만족스러운	아픈	겁먹은	불안정한	귀찮게 하는
기쁜	절망적인	화를 잘 내는	불확실한	괴롭히는
낙천적인	우울한	위협하는	의심 많은	신경질 난
좋은	환멸을 느낀	두려워하는	확신이 없는	분개한
관대한	당황한	긴장한	우유부단한	미친
흥분한	비관적인	신경질적인	당황한	분노한
명랑한	불쌍한	초조해하는	확실치 않은	들볶는
스릴을 주는	불행한	걱정되는	성가신	성난
아주 기뻐하는	고독한	전전긍긍하는	방향 지어진	격렬한

(4) 확인하기

확인하기는 상대방이 한 말을 바르게 듣고 이해했는지를 알아보는 것으로서 내담자의 말을 열심히 들으며 이해하려고 노력하고 있다는 것을 전달함으로써 내담자가 보다 적극적으로 말하게 한다. 확인하기에는 재언급, 환언, 요약하기가 있다.

1) 재언급

재언급은 내담자가 대화에서 표현한 말을 그대로 되풀이해주는 재진술 기법으로, 내담자로 하여금 자기가 한 말을 더 깊게 생각하고 느끼게 해준다.

예) 내담자 : 요즘 몸이 너무 안 좋아요.
상담자 : 음, 몸이 너무 안 좋다구요?
내담자 : 엄마가 먹기 싫은 음식을 자꾸 먹으라고 해요.
상담자 : 음, 엄마가 먹기 싫은데 자꾸 먹으라고 하는구나.

2) 환언(바꾸어 말하기)

내담자가 말한 내용과 같은 의미를 다른 말로 표현해주는 대화의 기법으로, 내담자의 말뿐만 아니라 자세, 몸짓, 목소리의 어조, 눈빛 표현도 반영할 필요가 있다. 내담자가 표현할 말의 수보다 적은 수의 말로 간결하게 표현한다.

-내담자: (울먹이는 소리로) "남편이 저보고 그만 먹으라고, 그러니까 살이 찌지 하면서 놀려서 정말 속이 상해요."
-상담자: (똑같이 하는 것이 아니라) "남편이 그렇게 놀려서, 정말 힘들었겠군요."

3) 요약하기

내담자의 장황하거나 많은 말속에서 핵심과 초점을 압축하고 대화의 전체 흐름 또는 요지를 파악하도록 하여 대화의 진행을 보다 원활하게 하는 효과가 있다.

-상담자 : 아침식사는 하셨어요?
-내담자 : 아침이요? 매일 다른데. 어떤 날은 늦잠을 자서 빵 먹을 때도 있고요, 어떤 날은 밥을 먹고요. 굶을 때도 있어요.
-상담자 : 아침식사가 불규칙하시군요.

(5) 효과적인 질문

질문의 목표는 '최대의 정보수집' 이다. 그러나 무턱대고 많이 물어볼 것이 아니라 어떤 질문을 어떻게 하느냐가 매우 중요하다. 질문의 형태는 가능한 개방적(무방향성, 주관식)으로 하고, 방향성 질문(선택형)은 내담자와 신뢰관계가 형성된 이후에 사용한다. 질문시 주의점은 다음과 같다.

① 질문은 단일 질문으로 간결하고 명확해야 한다.

-설희야, 김치를 남긴 이유가 뭐니? 지난 번에는 가지도 남겼던데(이중질문).

② 되도록 간접적인 질문이 좋다.

-설희야, 어제 상훈이 생일잔치는 어땠니?(직접적인 질문)
-설희야, 어제 상훈이 생일잔치는 어땠는지 알고 싶구나(간접적인 질문).

③ '왜' 보다는 '어떻게', '무엇을' 이라는 의문사를 사용한다.

-설희야, 너는 왜 생선이 싫니?('왜' 질문)
-설희야, 너는 생선의 어떤 점이 싫니?('어떻게' 질문)

④ 질문 사이에는 약간의 휴지기를 둔다. 그러나 휴지기가 너무 긴 경우 상담분위기가 다시 서먹해질 수 있으므로 유의한다.

질문이 필요한 시기는 내담자의 말을 잘못 들었거나 무슨 말을 하는지 이해할 수 없을 때, 내담자의 생각이나 감정을 명확히 할 필요가 있을 때, 상세한 정보가 필요할 때, 망설임 때문에 말을 더 하지 못할 때이다.

(6) 맞닥뜨림(직면)

맞닥뜨림은 내담자의 말이나 태도, 행동에서 불일치점이나 모순되는 점 등을 지적함으로써 각성을 유도하는 것이다. 내담자에게 심리적 상처를 주거나 반발을 초래할 수 있으므로 깊은 신뢰관계가 형성되고 상대의 동의가 전제되어야 가능하다.

직면이 적용되는 상황으로는 평소에 하는 행동과 말이 불일치할 때, 스스로 인식하는 내용이 타인들과 불일치할 때. 평소의 언행이 일반적으로 기대되는 방향(윤리, 도덕, 규칙 등)과 불일치할 때, 생각, 감정 또는 행동이나 표현 속에서 일치되지 않는 점들이 있을 때이다.

맞닥뜨림은 구체적인 증거를 바탕으로 해야 하고 변화를 강요해서는 안되며, 상대가 처음부터 또는 순간적으로 다소 반발을 보이더라도 소신껏 마무리해야 하고, 가능한 부정적인 평가를 내리지 않는 범위 내에서 해야 한다.

-정희야, 너는 간식으로 피자와 콜라를 먹어도 된다고 말하고 있지만 표정은 그 음식을 먹은 것에 대해 화나고 속상하다고 말하고 있네.

(7) 요약

요약은 생각과 감정을 하나로 묶어 정리하는 것이다. 내담자의 말을 요약하기 위해서는 말의 내용, 말할 때의 감정, 말의 목적, 시기, 효과에 주의를 기울여야 한다. 요약을 할 때에는 내담자의 말 속에서 파악한 주요 내용과 감정을 통합하여 전달한다. 그리고 상담자 자신의 새로운 견해를 보태지 않고, 상담자가 요약하는 것이 좋을지 내담자가 요약하는 것이 좋을지를 결정한다.

요약은 상담자가 이전의 면접에서 중요한 점을 회상함으로써 새 면접을 시작하려 할 때, 내담자가 제시하는 주제가 너무 혼잡스럽거나 이야기가 길 때, 한 주제에서 다른 주제로 넘어갈 때, 상담이 끝날 때와 같은 경우에 이용된다.

(8) 명료화

명료화는 내담자가 했던 말 중에서 불확실하거나 모호한 내용을 찾아 지적하고, 그것을 내담자가 확실히 알도록 도와주는 것이다. 명료화를 하기 위해서 내담자의 말이 모호하거나 잘 이해되지 않았음을 밝히고, 내담자 스스로 자신의 말을 재음미하거나 구체적인 예를 들어 명확히 해줄 것을 요청한다.

그리고 내담자의 진술에 대한 상담자 자신의 반응을 나타내어 내담자의 반응을 명료화한다. 이 때 상담자의 반응은 개인적인 반응이 되지 않도록 하며, 직면과 같이 직접적이고 강하지 않도록 한다.

-내담자 : 어머니는 내가 좋아하는 것을 잘 모르시나 봐요.
-상담자 : 그게 무슨 의미지요?
-내담자 : 집에 가면 엄마는 과자나 빵은 먹지 못하게 하고, 당신이 좋아하시는 음식만 주시거든요.
-상담자 : 그러니까 어머니가 먹는 것에 지나치게 관여한다는 것이군요.

(9) 조언

조언은 상담의 초기, 중기, 종결 전에 많이 이용하는데, 각 시기마다 조언의 역할은 다르다. 상담 초기에는 초기 불안을 없애고, 내담자가 평소에 알고 싶어하던 정보를 충족시켜 주기 위해 행한다. 중기의 조언은 정보제공을 위한 것이며, 종결 전에는 실생활에서 시도하도록 동기를 부여하기 위하여 한다.

조언 시 정보를 전달하기 위한 방법은 다음과 같다.

- 가능한 한 믿을만한 정보출처를 이용한다.
- 시간 내에 제공해야 하므로 내담자에게 유용한 정보로 정보의 양을 제한한다.
- 내담자가 가지고 있는 현재의 정보가 정확하고 충분한지 평가한다.
- 정보를 접한 내담자의 느낌에 대해 이야기하고, 정보에 대한 편견들에 대해 질문한다.
- 실제적인 정보를 내용별로 제공한 후 부가적인 정보습득에 대해 내담자가 준비되어 있는지 확인한다.
- 주어지는 교육내용은 명확하고, 세분화하며, 구체적이며 단순화한다.

- 자료를 정리한다. 맨 먼저 행한 교육이 가장 오래 기억되고, 가장 먼저 주어진 정보가 더 오래 기억된다.
- 중요한 정보는 되풀이해서 말한다.
- 자료에 대한 개인적인 타당성을 높이기 위해 구체적인 예와 일화를 이용한다.
- 여러 시청각 자료를 이용한다.

4. 환경적 요소

환경적 요소는 공간적인 면과 시간설정으로 이루어지는데, 영양상담에 큰 영향을 준다.

(1) 공간적인 면

상담을 하려면 외부의 방해를 받지 않는 전용공간이 확보되어야 한다. 방음이 안 된다든지, 상담 중에 다른 사람이 들어온다든지, 전화벨이 울리는 등의 상황은 상담에 방해가 된다. 따라서 상담실 문 앞에 상담중이라는 표지를 달아두거나 주변 사람들에게 협조를 구하는 것이 좋다.

개인 상담실의 크기는 3~5평이 적당하고, 3~5명이 앉을 수 있는 의자를 배치하며, 매체사용 가능성도 생각해야 한다. 경우에 따라서 녹음시설, 녹화시설 등의 설비도 갖추어야 한다.

대화의 원만한 진행을 위해 실내 분위기는 깨끗하고 안정감을 주어야 한다. 곳곳에 얼룩이 보이고 정리정돈이 되어 있지 않다면 온전히 상담에 집중하기가 어려우므로 내담자를 만나기 전에 상담실을 정리하여 청결을 유지할 필요가 있다.

또한 감각적인 차원에서 정서적 안정감을 고려해야 하는데, 시각적으로 수은등보다는 크롬등이나 백열등을 사용하고, 빛의 밝기는 다소 약하게 한다. 실내의 색은 부드럽고 밝은 느낌을 주는 것이 좋고, 원색보다는 파스텔 계열의 색상을 사용하는 것이 편안함을 준다. 꽃과 그림도 상담실 분위기 형성에 도움이 되고, 실내온도는 20도 정도로 유지하는 것이 좋다.

상담 시 자리배치는 내담자와의 눈의 접촉이 가능한 배치가 좋다. 상담실 가구의 모서리는 되도록 둥근 처리가 된 것으로 하고, 의자도 딱딱한 것보다는 부드러운 것을 구비한다.

시계는 내담자의 시선에서 멀리 두는 것이 좋으며, 비만 상담의 경우 전신거울과

시계와 거울의 위치

둥근 모양의 상담테이블

여러 측정 도구들

여러 교육용 패널들

그림 8-1 상담실 비치 기구

같은 도구도 도움이 된다. 그리고 영양상태 평가에 필요한 간단한 측정기구와 식생활 관련 교육매체와 자료, 마실 차나 물 등을 비치한다.

(2) 상담접수 및 시간설정

상담신청은 문서나 전화, 개인적으로 이루어진다. 신청서에는 일반적으로 상담신청날짜, 신청자 이름, 인적사항, 상담경위나 호소문제 등을 포함한다. 면접시간 약속은 내담자 입장에서는 내담자 개인을 위한 시간이라는 의식을 강조해야 상담을 위한 생각과 성과에 유리하게 작용하며, 상담에서 알아볼 관심사에 관한 질문을 미리 생각해 볼 수 있게 한다. 그리고 상담자 입장에서도 시간계획을 세우는 데 유리하게 작용한다.

하루 중 점심시간 직후에는 신체 기능이 떨어지므로 피하는 것이 좋고, 1회 상담시간은 30분 정도로 한다. 상담시간이 길어질수록 매체의 다양화가 필요하며, 횟수가 많아질수록 방법의 다양화가 필요하다.

Section 3 비언어적 대화기법

Guide
비언어적 대화기법
몸짓, 표정, 시선접촉, 신체접촉, 목소리 어조, 거리감 등으로 자신의 감정을 표현하는 것

일상생활에서 언어를 통한 의사소통은 30%, 비언어적인 의사소통은 70%를 차지한다고 할 만큼 상담에서 비언어적인 반응양식은 효과적인 상담운영에 필수적인 요소이다. 내담자의 비언어적 행동들은 몸짓과 표정 연구, body language 연구, 인간과 문화적 공간의 관계 연구의 세 가지로 나눌 수 있다.

표 8-2 내담자의 비언어적인 행동단서

비언어적 행동연구	신체부위	행동	의미
몸짓과 표정연구	머리	머리를 위아래로 끄덕임	확신, 동의, 청취, 주의
	눈	정면의 시선접촉	대화를 위한 준비가 되어 있고, 경청하고 있음
		눈길을 던지거나 재빨리 깜박거림	자극 또는 불안
		촉촉한 눈 또는 눈물	슬픔, 좌절, 민감한 영역의 걱정, 행복
		눈의 이동	회상, 강한 흥미, 만족
		동공 팽창	불안 또는 강한 흥미
	입	미소	긍정적인 생각, 느낌 또는 대화에 만족, 인사
		꽉 닫힌 입술(입술을 오므림)	스트레스, 화, 적의
		아랫 입술을 떨거나 또는 물어뜯음	근심, 슬픔, 두려움
		말하지 않고 입을 벌림	피곤하여 하품을 억제하고 있음
	어깨	어깨를 으쓱함	불확실, 주저함
		어깨를 앞으로 기울임	대화에 열심이고 주의를 가지며 개방적임
	팔과 손	팔짱을 낌	대화를 피하고 싶어함
		손의 떨림과 안절부절못함	불안, 화
		물건을 꽉 쥐거나 손을 강하게 잡음	불안, 화
		대화할 때 팔과 손으로 몸짓을 함	대화에서 강조하기 원함
		거의 몸짓이 없고 팔과 손이 경직되어 있음	긴장, 화
	다리와 발	팔과 다리를 편안하게 함	개방성, 안정
		다리를 꼬고 푸는 것을 반복함	화, 낙담
		발을 톡톡 두드림	불안
		발과 다리가 경직	긴장, 불안
	신체 전체	거리낌 없이 보거나 몸을 앞으로 기울임	대화의 개방성
		똑바로 마주하지 않거나 자리에서 앞으로 구부림	대화에 덜 개방적임
		의자를 앞뒤로 움직이거나 몸부림을 침	걱정, 근심
		의자의 끝에서 긴장해서 똑바로 앉음	긴장, 불안, 걱정

body language 연구	목소리 높이와 음조	속삭임 또는 청취불능	자신을 드러내는 데 어려움이 있음
		음조 변화	감정이 달라짐
	유창하게 말하기	더듬거나 주저함, 말하는 데 실수	대화주제에 관한 민감도, 불안, 불편함
		낑낑거리거나 혀 짧은 소리로 말함	의존
		말의 속도가 불규칙	대화주제에 관한 민감도, 감정의 변화
		침묵	마지못해 말하거나 편견이 있음
인간과 문화적 공간의 관계 연구	거리	멀리 이동함	공간을 침입했다는 신호, 불편함
		가까이 이동함	더 가까운 상호작용과 더 친밀함을 추구

Section 4 영양상담에 영향을 주는 요인

상담결과에 영향을 주는 요인에는 상담자, 내담자, 상담자와 내담자의 상호작용 요인, 환경적 요인 등이 있다.

(1) 상담자 요인

① **상담자의 경험과 숙련** : 내담자는 경험이 많고 숙련된 상담자에게 신뢰를 보인다. 상담자가 경험이 많으면 공감능력도 높아지고, 상담을 이끌어가는 데 중요한 요인인 숙련성은 내담자를 이해하거나 의사소통하는 능력을 나타낸다.

② **지적 능력** : 상담자의 지적 능력이 상담결과를 결정하는 것은 아니지만 상담의 흐름에 따라 필요한 반응과 전략을 생각해 내고 적절하게 전달하는 의사소통과 밀접한 관계가 있다.

③ **성격** : 상담자의 성격은 실제 활용하는 상담이론과 기법에 영향을 미친다. 유능한 상담자는 자신에게 긍정적이고, 상담에 적극성을 나타내며, 내담자에게 우호적이다. 내담자 사고의 불명료성, 모호한 의지상태, 감정적 혼란을 참지 못하는 상담자는 지배성이 높고 자제력이 없거나 공격성이 강한 경우가 많다고 한다.

④ **내담자에 대한 호감도** : 호감도가 높으면 우호적인 면접 분위기와 수용적이고, 온정적인 태도를 보이는 경향이 있다.

(2) 내담자 요인

① **자발적 참여도** : 효과적인 상담은 내담자가 타의보다는 자의에 의해 상담실에 방문함으로써 이루어진다. 비자발적인 내담자는 저항이 크고, 매우 방어적일 뿐만 아니라 적개심을 나타내기도 한다.

② **상담에 대한 기대와 동기** : 상담에 대한 기대는 첫 면접에서 상담을 계속할 것인지를 결정하고, 상담의 진행방향과 결과에도 영향을 미친다. 상담에 대한 동기가 강한 내담자가 치료과정에서 나타나는 어려움을 잘 참고 끝까지 상담에 참여도가 높다. 상담료를 받는 것이 동기를 증가시키고, 효과를 높일 수 있다.

③ **정서상태와 방어적 태도** : 내담자의 정서가 불안할수록 이런 정서에서 벗어나기 위하여 변화에 대한 동기가 강하고, 상담에 대한 준비가 되어 있는 경우가 많다. 내담자의 정서적 혼란이 심하면 자아의 적응 및 기능이 무너져 상담이 어렵고, 방어기제가 강하면 불안 및 갈등의 원인을 찾으려 하지 않기 때문에 상담의 저항적 요소로 작용한다. 따라서 적절한 정도의 자아방어가 상담에서는 바람직하다.

④ **자아강도** : 자아강도가 강한 사람은 자기의 불안을 통제할 수 있고, 충동적인 감정을 발산하지 않으며, 문제해결과정에서 어려움을 견뎌내기 때문에 상담의 효과가 좋다.

⑤ **문제의 심각성** : 내담자의 문제가 심각할수록 상담의 효과가 적다. 그리고 내담자의 지능이 높으면 상담자의 의도를 잘 파악하고, 문제를 분석 · 통합하는 능력이 앞서기 때문에 상담의 효과가 크다.

⑥ **과거의 상담 경험** : 과거에 상담을 받은 경험은 다음 상담의 효과를 촉진시키는 데 방해가 되고, 특히 과거의 상담 경험이 부정적이었다면 더욱 그러하다.

(3) 상담자와 내담자의 상호작용 요인

① **성격의 유사성** : 상담자와 내담자 간에 관심, 가치관, 태도 등에서 유사성이 있다면 촉진적 관계형성에 긍정적인 요인이 된다. 상담자는 자신과 유사성을 지닌 내담자에 대해 호감 및 공감 수준도 높아지는 경향이 있다.

② **공동협력 정도** : 상담자와 내담자 간에 상호협력이 없다면 상담은 큰 의미가 없으므로, 서로 상담에 대한 책임을 가져야 한다. 상담자가 행동방안과 가능한 목표를 제시하지만 실천 노력과 최종결정은 주로 내담자가 하며, 그 결과에 대한 책임은 공동으로 져야 한다.

③ **의사소통 양식** : 성격적 유사성과는 별도로 상담자와 내담자 간의 의사소통 양식이 상담에서 주요한 상호작용 요인이 된다. 과묵형 · 다변형, 질문형 · 시사형, 동조형 · 저항형 등의 의사소통 양식은 상호 이해의 촉진 정도 및 상담효과에 영향을 준다.

CHAPTER

09

Nutrition Education and Consultation

매스미디어와 영양교육

현대사회에서 의사전달을 효과적으로 하기 위해 이용되는 여러 매체 중 매스 미디어(대중매체, mass media)의 영향력이 매우 크다는 것은 재론의 여지가 없다. 생활 수준 향상으로 인해 건강에 대한 관심이 커지고 있는 현대인을 위한 건강관련 식품 영양정보 또한 다양한 매스 미디어를 통해 제공되고 있다.

매스 미디어의 종류는 TV, 라디오, 신문, 잡지, 인터넷 등 다양하지만, 비용, 사용의 효과와 노력 등 여러 가지 고려해야 할 문제가 많아 영양교육에서 매스 미디어의 선택과 활용은 신중을 기해야 할 것이다.

또한 매스 미디어를 매체로 활용하는 사람뿐 아니라 매스 미디어를 통하여 정보를 받아들이는 사람도 자신에게 필요한 정보가 무엇인가를 인식하고 정확한 정보를 받아들이는 것이 중요하다.

Section 1 매스 커뮤니케이션과 매스 미디어

1. 매스 커뮤니케이션의 정의

Guide
매스 커뮤니케이션
매스 미디어를 통해 다수의 사람에게 정보를 제공해 주는 행위

매스 미디어를 통해 불특정 다수의 사람에게 다양한 정보를 제공하는 행위를 매스 커뮤니케이션(mass communication) 또는 줄여서 매스컴(mass com)이라고 한다.

매스 미디어는 대면 교육의 보조자료로 활용되기도 하지만, 시간과 공간을 초월하여 불특정 다수에게 교육이 필요할 때 보다 적합하다. 수용자가 특정 개인이나 집단이 아닌 불특정 다수의 대중이라는 특징이 있으므로 매스 미디어를 통한 영양교육의 파급효과는 매우 광범위하다.

2. 매스 미디어의 기능

매스컴은 정보를 전달하는 전달자, 정보를 받는 수용자, 전달되는 정보, 정보를 전달하는 매체, 전달된 정보가 초래하는 효과의 5가지 요소로 나뉜다.

또한, 수용자의 사회 · 문화적 환경 또는 수용자의 인식 정도에 따라 교육효과가 다르게 나타날 수 있으므로 매스 미디어를 통한 교육의 효과는 측정하기 어렵다.

Guide

매스컴의 5가지 요소

- 전달자
- 수용자
- 정보
- 매체
- 효과

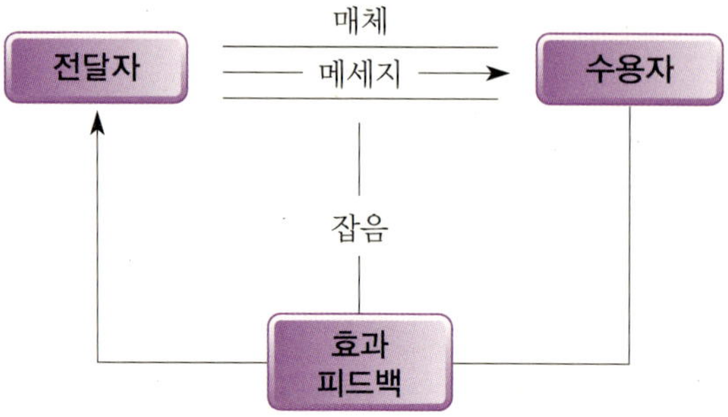

그림 9-1 매스 커뮤니케이션의 기본 모델

매스 미디어를 통한 교육의 효과는 비가시적이어서 일회성 교육보다는 장기적이고 지속적인 반복을 통해 인지변화를 요하는 교육에서 효과를 거둘 수 있으므로, 바람직한 효과를 가지기 위해서는 계획단계부터 신중하게 고려되어야 한다.

표 9-1 매스 미디어의 기능

종 류	정 의	정 기 능	역 기 능
환경 감시 기능	사회에서 일어나는 여러 가지 사건들을 수집하여 전달해주는 기능	• 사회구성원 전체에게 전달되므로 평등주의 감정을 갖게 한다. • 사회의 일상적인 제도의 운영에 도움을 준다.	• 위협적 보도로 공포를 유발할 수 있다. • 외래문화에 종속되어 고유문화의 본질을 잃을 수 있다.
상관 조정 기능	사실보도의 차원을 넘어서 관련사항에 대한 해설을 제공하는 기능	여러 사건들의 우선순위를 부여하는 역할을 한다. 의제설정 기능을 한다.	사설이나 논평이 정확한 사실에 기인하지 않고 왜곡되거나 불공정하게 보도될 수 있다.
사회유산 전수기능	사회의 가치, 규범을 한 세대에서 다음 세대로 전수하는 기능	기존의 규범을 강화하고 윤리를 재확인한다.	규격화되고 획일화된 문화로 인해 문화적 다양성을 상실케 하고 창의성을 저해할 수 있다.
오락 기능	기분전환이나 휴식을 돕는 기능	휴식과 오락을 제공하여 생활의 활력을 준다.	오락에 지나치게 몰입할 경우 사회적 · 정치적 무관심이 증가될 수 있다.

매스 미디어를 통한 정보가 사람들의 사고방식을 획일화하는 것이 아니라 사회적 · 문화적으로 바람직한 감시 기능을 갖고, 오락 프로그램을 통해 휴식 · 재충전의 정기능(긍정적 영향)을 갖기 위해서는 정보가 정확하고 균형이 있으며, 객관성과 전문성을 유지하고 공정하고 윤리적이어야 한다.

Guide

매스 미디어의 종류

① 전자매체
- 방송매체 : TV 라디오
- 인터넷

② 인쇄매체
- 신문, 잡지

3. 매스 미디어의 종류와 특성

매스 미디어는 크게 전자매체와 인쇄매체의 두 가지로 나눌 수 있다. 전자매체에는 TV와 라디오, 인터넷이 속하며, 인쇄매체는 신문과 잡지 등이 대표적이다. TV, 라디오, 인터넷, 신문, 잡지는 이용자나 정보를 전달하는 방식에 차이가 있으므로, 매스 미디어를 매체로 활용할 때에는 각각의 특성에 따라 이용하는 것이 바람직하다.

(1) 전자매체

– 방송매체 : 텔레비전, 라디오

방송은 전파에 의존하는 매스 커뮤니케이션이다. 교육매체로서 방송의 특성은 다음과 같다.

표 9-2 매스 미디어의 종류별 특성 (영양정보 제공 측면에서)

구분	텔레비전	라디오	인터넷	신 문	잡 지
수용자 범 위	수용자의 잠재적 범위가 넓음.	다양한 형태의 방송으로 TV 보다 많은 수용자를 겨냥할 수 있음.	수용자의 잠재적 범위가 전세계적임.	넓은 독자에게 빠르게 정보 제공.	특정 독자층을 겨냥할 수 있음.
전 달 경 로	소리와 영상으로 내용을 전달하므로 정서적이고 시청자에게 부담이 없음.	음성으로 전달하므로 청취자에게 부담이 없음.	컴퓨터를 통하여 전달되므로 컴퓨터와 인터넷 사용방법을 알아야 함.	문자로 내용을 전달하므로 해독할 정도의 교육수준이 요구됨.	문자로 내용을 전달하므로 수용자의 일정한 교육수준이 요구됨.
효 과	시각과 청각적 정보 전달로 호소력이 강하고 신뢰성이 높음. 행동의 시범이 용이함.	청각적 전달만 가능하므로 TV보다 침투력이 약함.	• 전세계적으로 파급될 수 있음. • 다기능매체로 인쇄매체와 전자매체의 정보전달 효과를 동시에 가질 수 있음.	인쇄는 정보를 보다 사실적으로, 자세하게, 합리적으로 전달하게 함.	인쇄는 정보를 보다 사실적으로, 자세하게, 합리적으로 전달하게 함.
정보의 활 용	유료 건강센터 등의 건강보조 프로그램과는 달리 저소득층 시청자에게도 정보가 전달될 수 있음.	유료 건강관리 프로그램을 이용하지 않는 청취자에게도 정보가 제공될 수 있음.	• 정보를 수집, 보관, 재활용할 수 있음. • 상호의견을 교환할 수 있음. • 수용자가 전달자 역할을 할 수 있음. • 원하는 시간에 정보를 이용할 수 있음.	주제에 대한 심층취재에 독자가 쉽게 접근할 수 있음.	수용자는 정보를 오려낼 수 있고, 다시 읽을 수 있고, 숙고하고 연구할 수도 있음.

① **대량성** : 많은 대상을 상대로 교육을 실시할 수 있다. 동일한 정보를 동시에 많은 사람에게 전달할 수 있으며, 수신자에게 학습욕구가 있을 경우에는 커다란 힘을 발휘한다.

② **동시성** : 같은 시간 내에 많은 대상이 시청할 수 있다. 동일한 시간 안에 같은 시청범위에 있는 수신자에게는 빠짐없이 보낼 수 있으며, 한정된 시간 안에 많은 양을 동시에 학습시킬 수 있다.

③ **속보성** : 변화하는 현실을 빠르고 정확하게 알려줄 수 있다.

④ **비문자성** : 인쇄물 등과 달리 직접 전달된다.

⑤ **정서성** : 인쇄매체와 달리 내용을 부드럽게 전달할 수 있다.

이 밖에도 시간성, 공공성, 오락성, 기계성, 침투성의 여러 가지 특성이 있는 방송매체를 교내방송 등에 이용하면 유익하다. 그러나 방송매체는 일반통신이고, 시간적인 구속을 벗어날 수 없으며, 기록성이 약하고, 내용이 획일적이기 쉽다는 제한점을 가지고 있다.

– 인터넷

인터넷 매체는 인터넷을 기반으로 한 컴퓨터 매개 커뮤니케이션이기 때문에 인터넷과 컴퓨터를 사용할 수 있어야 하는 제한점을 가지고 있지만, 쌍방향성, 비동시성 등의 큰 장점을 가지고 있다.

① **쌍방향성** : 기존의 매체는 정보 전달자로부터 수용자로의 단방향 커뮤니케이션이었던 것에 반하여 전달자와 수용자, 수용자와 수용자 사이에 쌍방향 의사소통이 가능하다.

② **비동시성** : 정보의 전달자와 수용자가 반드시 동시에 참여해야 하는 종래 미디어와 비교하여 시간적 · 공간적 제한에서 자유롭다.

개방성과 유연성이 좋은 인터넷은 하나의 정보가 다양한 정보와 여러 갈래로 연결될 수 있고, 인터넷을 통하여 다른 매스 미디어를 이용할 수 있고, 정보의 오류 수정이 가능한 여러 장점들을 가지고 있다.

그러나 인터넷 정보란 다수의 사람들에게 다양하게 제공되어야 가치를 발휘하므로, 규제조치가 이루어질 경우 인터넷 정보가 위축될 수 있어 제공되는 정보를 인터넷 정보 제공자의 자율적인 규제에 의존한 결과, 정보 제공자인 개인 또는 기관에 정보의 내용과 질을 의존하게 되어 신뢰도나 유용성이 낮은 정보, 공익성에 문제가 있는 정보 등 질이 낮은 정보가 제공되는 문제점을 안고 있기도 하다.

(2) 인쇄매체 : 신문, 잡지

가장 오래된 교육매체인 인쇄매체의 특성은 다음과 같다.

① **경제성** : 다른 교육매체보다 제작 비용이 저렴하다.
② **편리성** : 원하는 시간, 원하는 장소에서 손쉽게 접할 수 있다.
③ **다양성** : 다룰 수 있는 주제가 다양하며, 독자의 선택 범위가 넓다.
④ **회람성** : 독자는 정보를 다시 읽을 수도 있고, 타인과 돌려볼 수도 있다.
⑤ **기록성 및 보존성** : 정보를 잘라내어 보관할 수 있다.

이 밖에도 개별성 · 융통성의 특성이 있다. 제한점으로는 읽기 능력이 필요하고, 평면 위에 내용을 전달해야 하며, 교육 현장에서 사용될 때는 암기를 강조하는 방식의 암기 보조자료로 인식되는 것이다.

Section 2 매스 미디어를 활용한 영양교육

사회의 발전과 사람들의 생활수준 향상으로 인해 건강에 대한 관심이 커지고 있으며, 그에 따라 건강에 영향을 주는 식품과 영양에 대한 관심 또한 커지고 있다. 현대인들의 이러한 관심에 부응하여 식품과 영양, 건강에 대한 정보가 매스 미디어를 통해서 끊임없이 수용자에게 전달되고 있다. 따라서 국민의 영양개선과 건강증진을 위해 다양한 매스 미디어를 적절히 활용하여 영양교육의 효과를 높여야 한다.

1. 영양교육에 활용하는 매스 미디어의 특성

매스 미디어는 현대인에게 매우 친숙한 매체이므로 매스 미디어가 가진 특징을 고려하여 영양교육에 활용하면 보다 좋은 효과를 얻을 수 있는 반면, 불특정 다수에게 같은 정보가 전해지므로 세심한 주의 또한 필요하다.

(1) 장점

① 많은 사람에게 많은 정보를 빨리 전달할 수 있다.
② 주의집중이 쉬우며 동기부여가 강하게 유발된다.
③ 시간적인 동시성과 공간적인 문제를 초월하여 구체적인 사실까지 전달할 수 있다.
④ 반복적인 정보의 축적으로 교육자가 따로 없어도 행동변화가 쉽다.
⑤ 인쇄매체인 신문이나 잡지의 경우에 경제성이 높으면서도 광범위한 파급효과를 가져올 수 있다.

(2) 제한점

① 대중매체 종사자인 방송인이나 언론인들이 건강에 대한 구체적인 내용을 모를 경우 전문가의 도움을 받아 구체적인 계획을 작성하여 재검토하는 등의 세심한 검증이 필요하다. 다른 매체와 달리, 동시에 전국적으로 확산되므로 신중하게 계획되어야 한다.

② 방송이나 보도계획을 고려하여 주제에 맞는 매스 미디어를 선택하여야 한다.

③ 대중의 수준이나 대상이 고르지 못하며 교육효과를 확인하여 판정할 수 없는 결점을 가지고 있으므로 TV의 경우 교육하고자 하는 대상이 주로 시청하는 특정한 시점을 선정하여 한 가지 주제를 장기적으로 교육해야 효과가 있다.

2. 매스 미디어 선택기준

매스 미디어를 매체로 영양교육을 실행하고자 할 때에는 교육목표, 대상자의 특성, 그리고 환경적 조건에 따라 다음의 사항을 고려하여 올바르게 선택하는 것이 매우 중요하다.

① 적절성(appropriateness) : 교육목표를 달성하기 위하여 용어의 수준, 내용의 난이도, 제시방법 등이 수용자의 수준에 적절한지 검토한다. 특히 매체의 내용이 지나치게 어려우면 수용자들은 회피적이고 부정적인 인상을 갖게 되므로 수용자들이 쉽게 이해할 수 있도록 논리적이고 간단명료해야 한다. 그러나, 너무 단순화시켜 내용에 대해 오해의 소지를 일으켜서는 안 된다.

② 신뢰성(authenticity) : 내용이 정확하고 최신의 것이며 믿을 만한 것인지, 자격을 갖춘 저자나 제작자가 만들었는지 등을 확인한다.

③ 흥미(interest) : 매체의 외관이나 내용이 대상자의 흥미와 호기심을 충족시켜 교육에 대한 관심을 보이고 동기유발이 가능한지 고려한다.

3. 매스 미디어 활용방안

건강을 위한 식생활 방식에 대한 국민의 정보 욕구가 증가함에 따라 매스 미디어는 다양한 형태로 건강과 영양관련 정보를 제공하고 있다.

(1) 텔레비전 활용

한국방송광고공사에서 2010년 만 13~64세 남녀 6,000명을 대상으로 한 조사에서 지상파 TV의 하루 평균 이용시간이 2시간 44분으로 매스 미디어 중 가장 이용시간이 많은 것으로 조사되었다. 매체 중에서 가장 호감이 가고, 영향력이 크며, 신뢰성 있고, 공정하고, 유익한 정보를 제공하는 미디어로 평가를 받은 만큼 TV를 통한 영양정보 전달의 영향력은 매우 크다고 할 수 있다.

반면에 정확성, 객관성, 공정성 등을 준수하지 않으면 잘못된 정보를 제공하여 국민건강에 오히려 부정적인 영향을 끼칠 수 있으므로 유의해야 하며, 실생활에서 이용할 수 있는 방안도 함께 제공해야 한다.

(2) 인쇄매체 활용

인쇄매체는 전국적으로 홍보할 수 있는 매체이므로 국민들이 관심을 가지는 조사결과와 알맞은 재료를 흥미롭게 발표하면 국민의 영양지식을 향상시킬 수 있다.

영양지도를 목적으로 각 관청이나 직장, 학교 등에서 독자적으로 발행하는 신문, 잡지를 이용하는 경우에는 대상이 한정되어 있어 문제를 자세하게 다룰 수가 있다. 그러나 편집에 특별한 기술이 필요하므로 전문가나 경험이 많은 사람의 지도를 받도록 한다.

(3) 인터넷 활용

하루 평균 미디어 이용시간이 지상파 TV 다음으로 높은 인터넷은 방대한 양의 정보를 얻을 수 있는 장점이 있으나 정보의 정확성은 다른 매체에 비해 떨어진다. 식품의약품안정청이 2010년 1분기에 발표한 허위 · 과대광고 단속 현황을 살펴보면 과대광고 보도매체 133건 중 인터넷을 통한 과대광고가 115건(86.5%)으로 조사되었다.

영양교육자는 인터넷을 활용하여 영양정보를 제공하고자 할 경우, 영양정보에 대한 사용자의 요구를 파악하여 정확하고 신뢰성 있는 최신 정보를 제공하여야 하며, 우수한 영양관련 사이트를 링크하여 다양한 정보가 제공되도록 한다.

Section 3 매스 미디어에 제공되는 영양정보 감시방안

오늘날 매스 미디어를 통해 많은 영양정보가 이용자에게 끊임없이 주어지고 있으나, 전문성이 결여되거나 잘못된 정보, 과장된 표현 등으로 인하여 이용자들이 크고 작은 해를 입고 있다. 따라서 전문가들에 의한 영양정보 모니터링과 더불어 매스 미디어에서 필요한 정보를 수용자 스스로 정확하게 선별하기 위한 소비자 교육이 함께 필요하다.

1. 모니터링

매스 미디어를 통한 영양교육의 책임은 일차적으로 정보 제공자에게 있으나, 다양한 매체를 통해 쏟아지는 정보의 홍수 속에서 정보 제공자는 본인의 정보를 부각하기 위해서 정보를 과장하기도 하고, 정보 제공자 스스로가 비전문가여서 정확한 정보를 제공하지 못하기도 한다.

따라서 영양전문가들은 매스 미디어를 통해 제공되는 식품영양정보의 모니터링 결과를 제공자에게 피드백하여 정확한 식품영양정보가 국민에게 제공되도록 해야 할 것이다. 영양정보를 모니터링할 때는 다음 원칙들을 고려해야 한다.

① **공익성** : 영리를 목적으로 하지 않고 공공의 이익을 도모하고 있는가?
② **공정성** : 공평하고 올바르게 보도하였는가?
③ **객관성** : 제공하고자 하는 내용은 객관적인 입장에서 다루어지고 있는가?
④ **전문성** : 전문가나 전문서적 등을 통한 지식과 정보가 제공되는가?
⑤ **해설성** : 문제나 사건을 알기 쉽게 풀어 설명하였는가?
⑥ **시의성** : 시간적 밀착성을 가지고 필요한 정보를 제때 전달하였는가?
⑦ **윤리성** : 내용이 일반적 정서나 사회 규범에 어긋나지는 않는가?
⑧ **신뢰성** : 정보의 출처가 정확한가?

2. 소비자 교육

의미 있는 정보, 의미 없는 정보, 잘못된 정보 사이에서 수용자는 제공되는 정보를 여과 없이 받아들여 피해를 입기도 하므로 정확한 정보를 선택하기 위해 정보 제공자나 정보의 출처를 확인하는 등 스스로 모니터링하는 자세가 필요하다. 따라서 영양교육자는 수용자의 모니터링에 대한 인식 향상 교육을 시행해야 하며, 잘못된 정보를 선별할 수 있는 방안도 제시하여야 한다.

잘못된 정보 선별 방안의 예로 식약청에서 식품이 회수되거나 판매중지된 제품을 공개하고 있고, 비만이나 영양불균형으로부터 어린이를 보호하기 위하여 어린이 기호식품의 고열량 · 저영양 판별 프로그램을 실시하고 있다. 따라서 식약청과 같은 정부기관 사이트를 통하여 정보를 수집하거나, 영양전문가들이 모니터링하여 양적 · 질적으로 우수한 사이트를 제시한 결과를 활용하여 우수한 사이트에서 정보를 수집하는 방법을 교육하는 것도 하나의 방안이라고 볼 수 있다.

다양한 식품영양정보가 끊임없이 쏟아져 나오고 있으므로 식품영양정보에 대한 지식 교육도 꾸준히 이루어져야 할 것이다. 식품위생법에서는 허위 · 과대광고에 해당하는 범위를 다음과 같이 제시하여 소비자들이 잘못된 정보에 현혹되지 않도록 도움을 주고 있다.

[식품위생법 시행규칙 제8조 (허위표시·과대광고 및 과대포장의 범위)]]

- 행정관청으로 수입신고한 사항이나 허가받거나 신고 또는 보고한 사항과 다른 내용의 표시 · 광고
- 질병의 치료에 효능이 있다는 내용의 표시 · 광고
- 제품의 원재료 또는 성분과 다른 내용의 표시 · 광고
- 제조 연월일 또는 유통기한을 표시함에 있어서 사실과 다른 내용의 표시 · 광고
- 제조방법에 관하여 연구하거나 발견한 사실로서 식품학 · 영양학 등의 분야에서 공인된 사항 외의 표시 · 광고 (단, 제조방법에 관하여 연구하거나 발견한 사실에 대한 식품학 · 영양학 등의 문헌을 인용하여 문헌의 내용을 정확히 표시하고, 연구자의 성명, 문헌명, 발표 연월일을 명시한 표시 · 광고는 제외)
- 각종 감사장 · 상장(정부표창규정 따라 제품과 직접 관련하여 수여한 상장은 제외) 또는 체험기 등을 이용하거나 "인증" · "보증" 또는 "추천"을 받았다는 내용을 사용하거나 이와 유사한 내용을 표현하는 광고 (중앙행정기관 · 특별지방행정기관및 그 부속기관 또는 지방자치단체에서 "인증" · "보증"을 받았다는 내용의 광고는 제외)
- 외국어 사용 등으로 외국제품으로 혼동할 우려가 있는 표시 · 광고 또는 외국과 기술제휴한 것으로 혼동할 우려가 있는 내용의 표시 · 광고
- 다른 업소의 제품을 비방하거나 비방하는 것으로 의심되는 광고나 "주문 쇄도" 등 제품의 제조방법 · 품질 · 영양가 · 원재료 · 성분 또는 효과와 직접적인 관련이 적은 내용 또는 사용하지 않은 성분을 강조함으로써 다른 업소의 제품을 간접적으로 다르게 인식하게 하는 광고
- 미풍양속을 해치거나 해칠 우려가 있는 저속한 도안 · 사진 등을 사용하는 표시 · 광고 또는 미풍양속을 해치거나 해칠 우려가 있는 음향을 사용하는 광고
- 화학적 합성품의 경우 그 원료의 명칭 등을 사용하여 화학적 합성품이 아닌 것으로 혼동할 우려가 있는 광고
- 판매사례품 또는 경품 제공 · 판매 등 사행심을 조장하는 내용의 광고 (독점규제 및 공정거래에 관한 법률에서 허용되는 경우 제외)
- 소비자가 건강 기능 식품으로 오인 · 혼동할 수 있는 특정 성분의 기능 및 작용에 관한 표시 · 광고
- 체험기를 이용하는 광고

CHAPTER 10

Nutrition Education and Consultation

영양상태 판정법

영양상태나 식생활 실태를 조사할 때, 과거에는 영양부족을 개선할 목적으로 식품 및 영양섭취의 문제점에 중점을 두었다. 그러나 최근에는 과잉영양, 잠재적 영양 결핍상태를 조사하여 질병요인 등을 파악하려는 경향으로 바뀌고 있다.

적절한 영양상태는 질병을 예방하고 건강을 증진하는 데 매우 중요하다. 영양교육에서 영양상태 판정은 대상자를 진단하여 영양문제를 발견하고 심각한 정도를 평가하여 대상자에 맞는 영양교육을 계획하고 교육 시행 후에 효과를 평가하는 도구로 활용된다.

Section 1 영양상태 판정의 의의

1. 영양상태 판정의 정의

> *Guide*
> **영양상태 판정**
> 조사대상자의 건강 및 영양상태를 평가

영양상태 판정(nutrition assessment)이란 개인이나 집단을 대상으로 영양섭취실태 조사와 영양 관련 지표들을 조사하여 대상자의 건강 및 영양상태를 평가하는 과정을 말한다. 영양상태의 판정을 위해서는 직접 평가방법을 가장 많이 활용하고, 우편이나 전화 또는 지역 자료 수집을 통하는 경우도 있다. 최근에는 인터넷 프로그램을 통하여 판정하는 경우도 늘어나고 있다.

2. 영양상태 판정의 목적

영양교육에서 영양상태 판정은 개인이나 집단의 영양상태를 판정하여 영양불균형, 영양불량, 영양과잉 등의 위험요인을 분석하고 문제점을 진단하여 영양교육을 통해 식생활과 관련된 문제점을 개선시켜 질병을 예방 · 치료하는 목적이 있다.

또한 영양불량 위험요인을 가진 개인이나 집단에게 시행하고 있는 영양교육 프로그램의 효과를 평가하는 기초자료로 활용된다.

3. 영양 검색의 정의

영양 검색(nutritional screening)이란 모든 대상자의 영양상태를 판정하기에는 시간과 인력이 많이 소요되므로, 일차적으로 스크리닝 도구를 통하여 영양불량 위험요인을 가진 대상자를 선별하는 작업을 말한다. 스크리닝 도구는 일반인을 대상으로 실시할 경우에는 건강과 영양 상태에 영향을 끼치는 식습관과 관련된 문항으로 대상자의 성별, 연령 등 특성에 맞게 개발하여 활용하며, 병원에서 환자들을 대상으로 실시할 경우에는 식습관 외에 생화학적 검사결과도 함께 활용하면 좋다.

> *Guide*
> **영양검색**
> 스크리닝 도구를 통하여 영양불량 위험요인을 가진 대상자를 선별하는 작업.

Section 2 영양상태 판정방법

영양상태를 판정하는 방법은 주로 개개인을 대상으로 하는 직접평가 방법과 기존의 지역사회 자료를 검토하여 판정하는 간접평가 방법으로 나뉜다. 영양판정을 정확하게 하려면 직접평가 방법과 간접평가 방법의 결과들을 종합적으로 검토하는 것이 필요하다.

1. 직접평가방법

주로 개인을 대상으로 신체계측법(Anthropometry) · 생화학적 검사법(Biochemical test) · 임상조사법(Clinical survey) · 식이섭취조사법(Dietary intake survey)을 통하여 평가하는 객관적인 방법으로, 'ABCD 접근법'이라고도 부른다. 식이섭취조사법과 생화학적 검사법은 단기간의 영양불량 검색에 활용하고, 신체계측법과 임상조사법은 장기간의 영양불량 검색에 활용하면 좋다. 따라서 영양상태를 판정할 때는 여러 방법을 함께 이용하는 것이 바람직하다.

> *Guide*
> **ABCD 접근법**
> 직접평가방법으로
> • 신체계측법
> • 생화학적 검사법
> • 임상조사법
> • 식이섭취조사법

(1) 신체계측법

신체계측법은 체중 · 신장 · 두위 · 흉위와 같은 신체 크기와 이를 통해서 산출할 수 있는 비만도 · 체질량지수 · 카우프 지수 · 뢰러 지수 등을 가지고 성장의 정도를 측정하는 방법과 상완위둘레 · 상완근육둘레 · 체지방 · 피하지방 두께 · 허리/엉덩이 둘레 등으로 제지방과 체지방과 같은 신체조성을 측정하는 방법으로 나뉜다. 이 측정치 또는 계산치와 기준치를 비교하여 영양상태를 평가하는 데 이용된다.

신체계측법은 단기간보다는 장기간의 영양상태 판정에 이용되며, 성장기 아동들은 영양상태에 따라 성장이 달라지기 때문에 신체계측 결과는 영양상태를 평가하는 데 매우 중요하다.

1) 두위와 흉위(Head circumference, Chest circumference)

두위와 흉위는 영아와 유아 전기의 영양상태 판정에 이용된다. 두위는 출생 후 2년 동안의 영양불량으로 인한 뇌성장 지연을 측정하는 데 이용된다.

영아는 출생 시에 흉위가 두위보다 작지만 생후 1년쯤 되면 거의 같아진다. 흉위는 영양상태에 크게 영향을 받으므로 생후 1년이 지나도 흉위가 두위보다 작으면 영양장애가 있다고 생각할 수 있다.

2) 신장(Length와 Height)

신장은 모든 연령의 장기적인 영양상태 파악에 이용되는 좋은 지표가 되고, 특히 성장기의 경우에는 최근의 영양상태를 반영한다. 영아와 2세 미만의 유아는 누운 자세(length)로 측정하고, 2세 이상부터는 선 자세(height)로 측정한다.

3) 체중(Weight)

체중은 신장과 함께 전 연령대에 적용할 수 있는 중요한 지표이다. 그러나 체중은 단백질, 지방, 수분, 무기질과 같은 체성분을 모두 합친 무게이기 때문에 각각의 상대적인 변화에 대한 정보는 알기 어렵다. 따라서 다른 신체계측치나 임상검사의 결과와 함께 해석해야 한다.

건강한 사람의 하루 체중변화는 0.5kg 내외로 유지되는데, 만약에 체중감소가 짧은 기간 내에 급격히 일어난다면 심각한 영양부족으로 건강에 영향을 미치게 된다.

$$\text{체중변화율} = \{(\text{평소체중} - \text{현재체중})/\text{평소체중}\} \times 100$$

표 10-1 체중변화의 평가

기 간	경도의 체중감소	심한 체중감소
1주	1~2% 미만	2.0% 이상
1개월	5% 미만	5.0% 이상
3개월	7.5% 미만	7.5% 이상
6개월	10% 미만	10.0% 이상

4) 비만지수

비만지수는 실제체중과 표준체중의 차를 백분율로 나타낸 것이다. 비만지수가

20% 이상이면 비만이라고 판정한다. 비만지수(obesity index)와 비슷한 지수로 이상체중 백분율(percent of ideal body weight ; PIBW)이 있는데, 공식과 판정기준에서 다음과 같은 차이를 보인다.

표 10-2 비만지수와 이상체중 백분율의 비교

구 분		비만지수	이상체중 백분율
공 식		$\frac{\text{현재체중}-\text{표준체중}}{\text{표준체중}} \times 100$	$\frac{\text{현재체중}}{\text{표준체중}} \times 100$
판정기준	저체중	−10% 미만	90% 미만
	정상	−10% 이상 ~ 10% 미만	90% 이상 ~ 110% 미만
	과체중	10% 이상 ~ 20% 미만	110% 이상 ~ 120% 미만
	비만	20% 이상	120% 이상

비만지수를 이용하기 위해서는 표준체중이 필요하다. 성장기 아동의 경우에 표준체중은 공식에 의해 계산하지 않고 대한소아과학회의 소아 신장별 체중표 50th 백분위값을 사용하고 성인의 경우에는 Broca법과 BMI 환산법을 활용한다.

표 10-3 성인의 표준체중 계산법

Broca 법	• 신장 160cm 이상 : (신장−100) × 0.9 • 신장 150 이상 ~ 160cm 미만 : {(신장−150) × 0.5} + 50 • 신장 150cm 미만 : (신장−100)
BMI 환산법	• 남자 : 신장(m) × 신장(m) × 22 • 여자 : 신장(m) × 신장(m) × 21

5) 체질량지수(Body mass index : BMI)

체질량지수는 가장 널리 이용되는 판정지수로서 체지방뿐만 아니라 여러 질병과 상관관계가 높다. 판정기준은 대한비만학회의 기준을 활용한다.

표 10-4 BMI 공식과 판정기준

공 식	$\frac{\text{현재체중(kg)}}{\text{신장(m}^2\text{)}}$	
판정기준	저체중	18.5 미만
	정상	18.5 이상 ~ 23.0 미만
	과체중	23.0 이상 ~ 25.0 미만
	비만	25.0 이상

6) 뢰러 지수(Röhrer index)

어린이의 영양판정에 많이 이용되는 신체충실지수이다.

표 10-5 뢰러 지수의 판정기준

공 식	뢰러 지수 = $\frac{\text{현재체중(kg)}}{\text{신장(cm)}^3} \times 10^7$
110 이상~130 미만	180 이상
130 이상~150 미만	170 이상
150 이상	160 이상

7) 카우프 지수(Kaup index)

2세 미만의 영유아 비만판정에 많이 이용된다.

표 10-6 카우프 지수의 판정기준

공식	카우프 지수 = $\frac{\text{현재체중(kg)}}{\text{신장(cm)}^2} \times 10^4$	
판정	1세 미만	1~3 세
영양불량	15 미만	14 미만
정상	15 이상 ~18 미만	14 이상 ~ 17 미만
비만경향	18 이상 ~20 미만	17 이상 ~ 18.5 미만
비만	20 이상	18.5 이상

8) 상완둘레와 상완근육둘레

상완둘레(mid-upper arm circumference ; MAC)와 상완근육둘레(mid-upper arm muscle circumference ; MAMC)는 체단백질의 분포를 알아볼 때에 이용하는 지표이다. 상완둘레는 왼쪽 팔의 어깨뼈와 팔꿈치 관절의 중간, 즉 상완중간의 둘레를 측정하여 구한 후에 기준값과 비교한다.

상완근육둘레는 상완둘레와 삼두근 피부두께(triceps skinfold thickness, TSF)를 가지고 구하는데, 공식은 다음과 같다.

$$\text{상완근육둘레(MAMC)} = \text{상완둘레(MAC)} - \{\pi \times \text{삼두근 피부두께(TSF)}\}$$

9) 피부두겹두께

피부두겹두께(skinfold thickness)는 피하지방의 두께가 체지방을 그대로 반영한다는 가정하에 삼두근, 견갑골 하부, 가슴, 장골 상부, 옆중심선 부분, 복부, 허벅지, 장딴지의 8곳의 피부두겹두께를 켈리퍼를 이용하여 측정한 후에 기준치와 비교하는 것이다.

10) 허리-엉덩이 둘레 비(Waist-hip ratio ; WHR)

허리-엉덩이 둘레의 비는 체지방 중에서 특히 복부비만을 잘 반영한다. 여자는 0.85, 남자는 0.95 이상이면 복부비만으로 판정한다. 허리둘레는 허리의 가장 가는 부위를, 엉덩이 둘레는 엉덩이의 가장 돌출된 부위를 측정한다.

최근에는 허리둘레만으로 복부지방량 및 심혈관계 질환의 발생을 예측할 수 있다고 보고되면서 허리둘레를 이용하여 복부비만을 판정하기도 한다. 남자는 90cm 이상, 여자는 80cm 이상이면 복부비만이다.

11) 생체전기저항 측정법(Bioelectrical impedance Analysis; BIA)

체지방은 비전도체이므로 전기가 흐르지 않는다. 생체전기저항 측정법은 조사대상자의 손과 발에 전극을 붙이고 해가 없는 약한 전류를 흘려보낸 후에 되돌아오는 저항을 측정하여 신장 · 체중 · 성별과 함께 회귀식에 넣어서 체수분량과 제지방량 및 체지방량을 계산하는 방법이다.

(2) 생화학적 검사법

생화학적 방법은 다른 판정방법에 비해 가장 객관적이고 정확한 자료로서 최근의 영양상태를 알아보기 위해 많이 이용된다. 생화학적 방법에는 소변 · 혈액 · 조직 등을 채취하여 영양소나 대사물 농도를 측정하는 성분검사와 영양소에 의존적인 효소의 활성도나 면역기능 등을 분석하고 정상치와 비교 · 평가하는 기능검사가 있다.

1) 혈당

혈당검사는 요당검사보다 훨씬 정확하며, 아침 식사 전 공복에 채취하는 것을 원칙으로 한다. 공복 시에 혈당이 110~126mg/dL이고, 당부하검사 2시간 후 140~200mg/dL이면 내당뇨 장애이며, 공복혈당이 126mg/dL 이상이거나 당부하검사 2시간 후 혈당이 200mg/dL 이상이면 당뇨로 판정한다.

2) 근육 단백질 영양상태

근육 단백질을 평가하기 위해 소변 중의 크레아티닌(creatinine)이나 3-메틸 히스티딘(3-methyl histidine, 3-MH)을 이용한다. 크레아티닌은 근육에 존재하는 크레아틴 인산의 대사산물로서 근육 단백질과 일정한 상관관계를 가지고 매일 일정량이 소변으로 배설된다. 따라서 24시간 소변을 수집하여 크레아티닌 함량을 조사하면

인체의 근육량을 추정할 수 있다. 3-메틸 히스티딘은 골격근 섬유에 있는 아미노산으로 근육 단백질이 분해되면 유리되어 재이용되지 않고 소변으로 배설된다.

3) 혈청 단백질 측정

알부민은 간에서 합성되는 단백질로서, 혈청 단백질의 50%를 차지하여 단백질과 열량 영양소의 영양판정 시에 가장 많이 이용한다. 반감기는 14~20일 정도이고 체내 저장량이 많아서 짧은 기간의 단백질 영양상태 변화에는 민감하지 못하다. 정상치는 3.5~5.5g/dL이다.

트랜스페린은 간에서 합성되고 혈액 내의 철분을 이동시키는 역할을 한다. 체내 풀(pool)이 적고, 반감기가 8~10일로 짧아서 초기 영양상태의 판정에 좋다.

Prealbumin은 티록신(thyroxine, T4)과 레티놀 결합단백질(retinol-binding protein)을 이동시키는 역할을 한다. 반감기가 2~3일로 짧고 영양상태 악화 시에 가장 예민하게 반응하여 초기 영양상태 불량 판정에 유용하다.

레티놀 결합단백질은 반감기가 10~12시간으로 매우 짧고, 단백질과 열량 공급시에 매우 민감하게 반응한다.

4) 지질의 영양상태

지질의 영양상태를 판정하기 위해서 혈청 중성지질과 콜레스테롤, 그리고 지단백질인 LDL-cholesterol, HDL-cholesterol을 많이 이용한다. 각각의 이상지질혈증 진단기준은 표 10-7과 같다.

표 10-7 고지혈증 진단기준

종 류	항 목	단위(mg/dL)
총 콜레스테롤(Total Cholesterol)	정상 경계치 높음	<200 200~229 ≥230
LDL 콜레스테롤(LDL-Cholesterol) [Friedwald 공식 : LDL-chol.=total chol.-(HDL+TG/5)]	적정 정상 경계치 높음	<100 100~129 130~149 ≥150
HDL 콜레스테롤(HDL-Cholesterol)	낮음 높음	<40 ≥60
중성지방(Triglyceride, TG)	정상 경계치 높음	<150 150~199 ≥200

한국지질 · 동맥경화학회 치료지침제정위원회, 이상지질혈증 치료지침

5) 철분 영양상태

철분의 결핍단계는 철분 저장량 고갈단계, 빈혈증세가 없는 철분 결핍단계, 철분 결핍성 빈혈단계의 3단계로 나뉜다. 철분 저장량 고갈단계 여부는 혈청 페리틴 농도 감소로 판정한다. 빈혈증세가 없는 철분 결핍단계에서는 트랜스페린 포화도(transferrin saturation)와 적혈구 프로토포피린(protoporphyrin)으로 판정한다.

트랜스페린 포화도는 트랜스페린에 철이 결합할 수 있는 능력을 나타내는 총철결합능력과 혈청 철분을 가지고 구하면 된다. 이 수치가 60% 이상이면 과잉이고, 15% 이하이면 철분 부족으로 판정한다. 적혈구 프로토포르피린은 헴의 전구체로서 철분결핍으로 인해 헴의 생성이 제한될 때, 적혈구에 프로토포르피린이 축적된다.

$$\text{트랜스페린 포화도(\%)} = \frac{\text{혈청철분}(\mu\text{mol/L})}{\text{총철결합능력}(\mu\text{mol/L})} \times 100$$

철분 결핍성 빈혈단계에서는 헤모글로빈(hemoglobin)이나 헤마토크리트(hematocrit) 등으로 평가한다. 헤모글로빈은 적혈구의 1/3을 차지하고, 빈혈 시에 그 농도가 감소한다. 정상수치는 성인 여자는 12g/dL 이상, 남자는 13.5g/dL 이상이다. 헤마토크리트는 전체 혈액의 부피 중 적혈구가 차지하는 용적비를 말한다. 헤모글로빈 수치에 변화가 생긴 후에 관찰되므로 초기단계에는 판정이 어렵다. 정상치는 성인 여자의 경우는 35% 이상이고, 성인 남자의 경우는 40% 이상이다.

(3) 임상조사법

표 10-8 대표적인 임상징후

임상징후		결핍 영양소
머리카락	띠 모양의 머리카락 탈색 머리카락이 쉽게 빠지고 숱이 적음 나사 모양의 머리카락	단백질 단백질, 아연 비타민 C
손톱	스푼형 손톱	단백질, 철분
피부	비늘 모양 갈라지고 반질거리면서 광택이 남 닭살(모낭각화증) 출혈이나 멍이 잘 듦	비타민 A, 아연, 필수지방산 단백질 비타민 A, C 비타민 C
안면	색소침착	나이아신
눈	야맹증, 비토반점, 안구건조증	비타민 A
입	구순염, 구각염 설염	비타민 B_2, B_6, 나이아신 비타민 B_2, B_6, B_{12}, 나이아신, 엽산
신경	테타니	칼슘, 마그네슘
전신	부종	단백질

임상조사는 영양불량과 관련된 임상징후를 시각적으로 진단하는 것으로, 대표적인 임상징후는 표 10-8과 같다. 주로 영양결핍이 심해진 상태에서 나타나며 이때는 어느 영양소의 결핍에 의한 것인지를 판단하기 힘들기 때문에 다른 방법과 함께 판정에 이용한다.

(4) 식품섭취조사법

식품섭취조사법은 영양불량의 첫 단계를 평가할 수 있는 방법이다. 이 조사법은 섭취한 식품의 종류와 양을 조사하여서 Can pro와 같은 분석 프로그램을 통해 섭취한 영양소를 산출하거나 또는 빈도법을 이용하여 섭취양상을 평가하는 것이다.

개인이나 집단을 대상으로 하는 경우에는 24시간 회상법 · 식사기록법 · 식품섭취빈도법 등을 이용하고 전국민을 대상으로 할 경우에는 식품수급표를 이용하기도 한다.

1) 24시간 회상법

24시간 회상법은 조사를 시작한 시점에서 과거 24시간 동안 섭취한 식품이나 음료수 등의 섭취량과 조리방법을 조사하는 방법이다. 이 방법은 1998년 국민건강 영양조사부터 영양조사가 개인별 조사로 바뀌면서 식품섭취빈도조사와 함께 이용되고 있다.

조사방법에는 면접을 통하여 조사자가 기록하는 타기법과 자가기록법이 있으며, 식품 모델이나 식품 또는 식기 사진과 같은 회상을 돕는 도구를 이용하여 되도록 정확한 자료를 얻도록 한다. 조사는 보통 평일 2일과 주말 1일을 선택하고, 표 10-9와 같은 내용을 상기시킨다.

표 10-9 24시간 회상법의 경우에 상기시켜야 할 내용

구 분	상기시켜야 할 내용
크기	크기와 두께, 길이, 폭, 무게나 부피, 비슷한 크기의 실례
육류, 생선, 조류	지방부분 제거 여부, 뼈의 포함 여부, 지방질의 함유 정도, 조리방법, 통조림의 경우(지방 팩인지 수분 팩인지)
지방질	조리에 사용한 기름의 종류와 양, 마요네즈의 종류와 양
유제품	유제품의 종류와 지방 함유량, 커피 크림의 종류와 양
빵, 과자, 케이크, 떡류	상표, 종류, 토핑의 종류, 크기, 무게, 부피
과일과 주스	생과일, 과즙, 가공품 등의 종류 확인, 가당 혹은 무가당
채소	생채소, 말린 채소, 가공채소, 제공된 양과 섭취한 양, 양념과 조리법
국	건더기의 양, 주재료와 분량
음료	종류와 양, 가당 혹은 무가당, 저칼로리 상품 여부, 알코올의 함유량
외식	음식점의 종류와 음식이름

2) 식사기록법

식사기록법은 일정기간 동안의 식품섭취량을 기록하는 것으로, 24시간 회상법과 마찬가지로 주중 2일과 주말 1일을 포함한 3일치를 조사한다.

식사기록법에는 저울로 직접 식품의 양을 측정하여 기록하는 실측량 기록법과 섭취 식품의 양을 공기 · 그릇 · 젓가락 · 숟가락 등의 용기로 표현하는 추정량 기록법이 있다. 추정량 기록법은 실측량 기록법에 비해 정확도는 떨어지지만 덜 번거롭다는 장점이 있어서 많이 이용된다.

표 10-10 식사기록지의 예

식사	시간	장소	음식명	재료명	눈대중	그림	중량(g)	함께 식사한 사람	식사시의 기분
간식									
아침									
간식									
점심									
간식									
저녁									
간식									

3) 식품섭취빈도법

식품섭취빈도법은 개인이 식사에 자주 이용하는 식품의 섭취빈도를 조사하는 방법이다. 24시간 회상법과 식사기록법이 영양소 섭취량을 알아보는 양적 평가방법이라면 식품섭취빈도법은 식품 또는 영양소 섭취 패턴을 알아보는 질적 평가방법이라고 할 수 있다.

식품섭취빈도법은 식품목록 · 섭취빈도수 · 1회 섭취분량의 3가지 항목으로 구성되어 있다. 식품목록은 조사의 타당성과 신뢰도를 결정하는 매우 중요한 요소이며, 조사하려는 목적에 따라 식품의 수가 달라진다. 전체적인 섭취패턴을 보려면 핵심이 되는 상용식품 100여 가지의 식품으로, 특정 영양소 섭취패턴을 보고자 한다면 30가지 정도의 식품 종류로 구성하기도 한다.

섭취빈도는 보통 5~10단계로 나누고, 단계를 나눌 때에는 중복되거나 빠지는 부분이 없도록 한다.

1회 섭취분량은 필수적이지는 않은데 1회 섭취분량을 제시하지 않는 것을 비정량 식품섭취빈도법, 일정량의 1회 섭취분량을 제시하는 것을 반정량 식품섭취빈도법, 1회 섭취분량을 여러 개로 나누어 제시하는 것을 정량 식품섭취빈도법이라고 한다.

표 10-11 나트륨 섭취량 추정을 위한 반정량 식품섭취빈도법의 예

가산점	음식의 종류	보통기준량	섭 취 빈 도				
			매일	주 3회 이상	주 1~2회 이상	월 1회	섭취안함
			4	3	2	1	0
4	김치찌개	1대접					
4	생선찌개	1대접					
4	된장찌개	1대접					
4	시금치나물	반접시					
4	물김치류	1그릇					
4	미역국	1대접					
4	생선구이	1토막/70g					
4	쌈과 쌈장	상추 8장/1s					
3	배추김치	1보시기					
3	김치국	1그릇					
3	멸치볶음	1종지					
3	나물류	반접시					
2	(조개)된장국	1대접					
2	쇠고기국	1대접					

손숙미 · 허귀엽 · 이홍섭. "대한지역사회영양학회지", 2005. 나트륨 섭취량 추정을 위한 음식섭취빈도조사지와 Na Index를 이용한 간이음식섭취빈도조사지의 개발 및 타당성 검증에 관한 연구.

Na 점수 = (각 음식에 대한 가산점×섭취빈도)의 합계
(가산점 : 음식의 1회 섭취분량당 나트륨의 함량이 700mg 이상일 때 4점,
500~699mg일 때 3점, 300~499mg일 때 2점, 300mg 미만일 때 1점)

식품섭취빈도법을 변형한 것으로 식품 그림카드 조사법이 있다. 일상적으로 섭취하는 식품을 15종류(① 쌀밥 ② 잡곡밥 ③ 국수 · 식빵류 ④ 고구마 · 감자류 ⑤ 담색채소 ⑥ 녹황색채소 ⑦ 해조류 ⑧ 과일류 ⑨ 콩 · 콩 가공류 ⑩ 육류 ⑪ 알 종류 ⑫ 생선 ⑬ 잔생선 ⑭ 조개류 ⑮ 우유)로 나누고, 많이 섭취하는 담색 채소와 녹황색 채소는 2장씩 만들어 총 17장의 카드를 통해 1일 식품섭취의 다양성을 평가하는 것으로 어린이에게 활용된다.

이들 직접평가 방법은 서로 다른 단계의 영양불량 여부를 평가하므로 여러 방법이 병행될 때 보다 정확한 영양판정이 이루어진다.

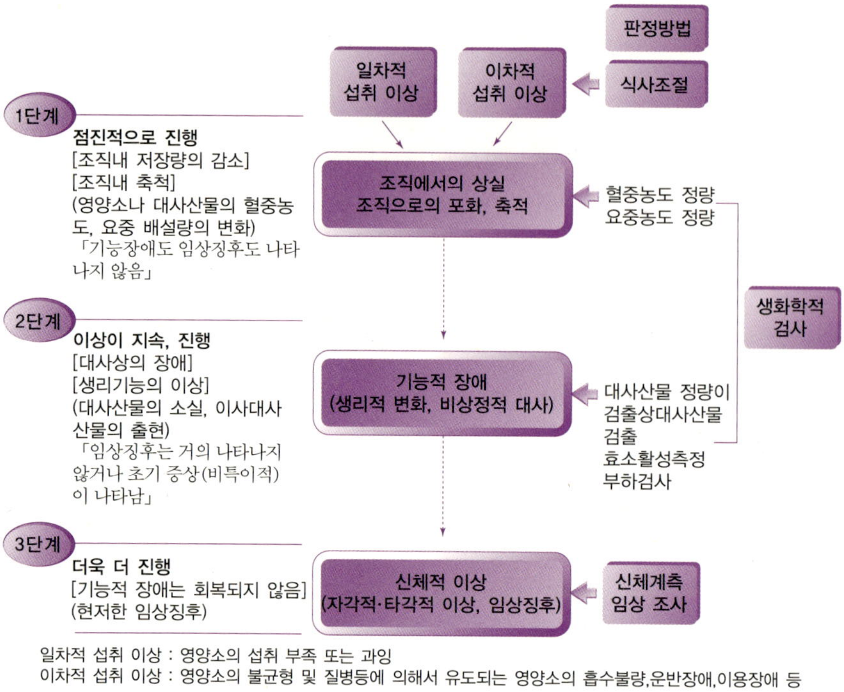

그림 10-1 영양불량의 진행에 따른 영양판정방법 이용의 차이

2. 간접평가 방법

집단의 영양상태는 주변 환경과 밀접한 관련이 있으므로 지역사회와 관련된 여러 자료들을 파악해 영양상태와 관련된 정보를 얻는 것을 간접평가라 한다. 지역사회 자료로는 출생률, 영유아 사망률, 사망원인, 병원과 보건소 시설, 식품공급 현황과 구매 실태, 주거환경, 교통, 지역적인 식품과 식품에 대한 인식 등이 있다.

3. 영양상태 판정방법과 도구 선택 시 고려사항

직접평가 방법과 간접평가 방법을 동시에 실시하는 것이 대상자의 영양상태를 가장 바람직하게 평가할 수 있는 방법이지만, 대상자의 집단 크기나 평가할 내용과 양에 비하여 조사자의 인력, 시간, 비용 등이 부족하면 두 방법을 동시에 실시하기 어렵다. 이럴 경우에는 영양상태를 평가하는 목적과 조사 자료 분석의 용이성에 맞는 평가방법을 선택하도록 한다.

조사 내용의 전문성으로 인해 훈련된 조사자가 필요하면 대상자의 자가기입 형태보다는 개별면접조사를 하는 것이 바람직하다. 대상자가 스스로 대답하는 자가기입의 형태나 영양검색을 위한 도구를 개발할 시에는 타당도와 신뢰도가 높은 도구를 개발해야 한다.

CHAPTER 11

Nutrition Education and Consultation

대상별 영양교육

Section 1 유아교육기관에서의 영양교육

1. 유아교육기관에서 영양교육의 필요성

유아기의 식생활은 신체의 성장발육과 두뇌의 세포성장을 위해 충분한 영양공급을 하는 것이 매우 중요하다. 또한 이 시기는 어린이의 영양과 관련하여 무엇보다도 중요한 식습관, 즉 음식의 기호도, 편식습관, 식사 속도, 식사태도, 위생습관 등의 기본습관이 형성되는 시기이므로 바른 식생활을 할 수 있도록 적절한 영양교육과 지도가 이루어져야 할 중요한 때이다.

유아기는 식사라는 체험을 통해 서서히 식사에 대한 이행과 습관 및 음식물에 대한 기호를 만들어 가는 시기이다. 유아기에 형성된 식품의 기호도와 식습관은 일생에 걸쳐 이어지므로 평생 건강을 위해서는 어려서부터 영양에 대한 교육이 필요하다. 어린이를 통한 영양교육은 최소의 비용과 최소의 시간으로서 최대의 효과를 얻을 수 있는 방법이다.

지금까지 영유아의 식습관 형성은 주로 가정에서 이루어졌지만 최근 취업모의 증가로 영유아 보육시설이 급격히 증가하여 보육시설에서의 영양교육이 시대적으로 요청되고 있다.

보육기관처럼 많은 유아들에게 집단급식을 실시하는 경우, 유아 한명 한명의 발육상태, 기호도, 음식을 먹는 방법 등이 모두 다르므로 유아가 먹는 대로 놔두면 식욕부진이나 편식이 생길 뿐만 아니라 많은 잔식으로 인한 경제적 손실까지 초래할 수 있다. 그러므로 보육기관에서 식단의 내용이나 식품의 재료 등에 대하여 설명하는 것, 또는 각자의 먹는 상황을 관찰하며 격려하는 것 등 영양교육을 행함으로써 급식효과를 높이기 위한 노력이 필요하다.

현재 유치원은 유아교육법에 의거하여 100명 이상의 시설의 경우 1명의 영양사를 의무 배치하도록 규정되어 있으나 100명 이상인 유치원의 경우에도 동일 교육청 관할구역의 시역인 경우 5개 이내의 시설이 공동으로 영양사를 둘 수 있게 되어 있다. 이와 같은 공동 관리인 경우는 형식적인 식단 작성만 이루어질 뿐 체계적이고 종합적인 영양관리 및 영양교육은 사실상 불가능하다. 또한 유치원의 경우 50명 이상 100명 미만의 시설은 더더욱 전문인에 의한 영양 교육은 받을 수 없는 실정이다.

또한 영유아 보육시설도 100명 이상 시설에 영양사를 배치하되 동일 시 · 군 · 구 내 5개 시설 공동관리가 가능하도록 되어있어 전체 영유아 보육시설의 97%가 영양사 미비치 실정이며, 주로 보건소 또는 보육정보센터에서 식단만 제공받아 운영하고 있다.

2. 유아교육기관에서의 영양교육 목표

유아교육기관에서 영양교육을 하는 그 목적은 유아들로 하여금 영양 및 식품에 관한 기초적인 지식을 배우고, 바람직한 식생활을 하도록 하여 건강한 신체를 유지하고 균형잡힌 성장 발달을 도모하는 데 있다. 아울러 보육시설에서는 급식효과를 높이고, 바른 식습관과 식품기호도를 형성하며 나아가 바람직한 식사 태도를 몸에 익히게 하는 데 있다.

[유아교육기관의 영양교육 목표]

① 식품에 대한 긍정적인 태도를 갖도록 하고 식사시간이 즐겁다는 인식을 갖도록 한다.
② 다양한 종류의 식품을 접하고 먹도록 유도한다
③ 건강을 지킬 수 있는 좋은 식습관을 강조한다.
④ 식사준비에 유아가 직접 참여하도록 함으로써 식품과 건강의 관계에 대한 이해를 증진시킨다.
⑤ 부모, 선생님, 급식종사자들의 영양지식도 함께 증진시키도록 한다.

3. 유아교육기관에서의 영양교육 내용 계획

유아를 대상으로 한 영양교육은 놀이 중심으로 행해야 하며 1회 교육에 하나의 교육목표를 가지고 행해야 한다.

유아교육기관에서의 영양교육 계획은 '맛있는 음식과 건강' 이라는 주제 아래 골고루 먹기, 바르게 먹기, 즐겁게 먹기로 크게 구분하며 소주제별 주요 내용은 표 11-1~3과 같다.

표 11-1 '즐겁게 먹기' 영양교육 내용 계획

주 요 내 용		
-음식을 즐겁게 먹어야 맛이 있음을 경험한다. -음식을 함께 나누는 즐거움을 경험한다. -음식을 만들며 즐거움을 느낀다. -음식을 먹으면서 감사한 마음을 가진다.		
활 동 명	활동유형 (영역)	주요 교육과정 관련영역
친구를 초대해요	역할	사회, 표현, 언어
오늘의 점심 메뉴를 소개해요	언어	건강, 언어
사과가 쿵	동화	건강, 언어
친구와 나누어 먹어요	요리	건강, 사회, 탐구
먹을 수 있는 새싹 키우기	과학	탐구, 표현
맛있는 소리를 찾아요	과학	표현, 탐구
감사하는 마음을 가져요	이야기 나누기	건강, 언어, 사회
함께 나누어 먹어요	동시	사회, 표현, 언어
통김치 이야기	동화	사회, 언어
채소전 만들기	요리	건강, 탐구, 사회
새싹 비빔밥 만들기	요리	건강, 탐구, 사회
모래 음식 만들기	실외	탐구, 표현
오늘 점심 메뉴를 소개해요	언어	건강, 언어
음식과 관련된 명화 감상하기	이야기 나누기	건강, 표현, 언어
돌멩이와 나뭇잎으로 소꿉놀이 하기	실외	표현, 탐구

자료: 교육과학기술부, 유치원 지도서 6, 건강과 안전

유아의 식생활에서의 가장 큰 문제점인 편식을 교정하기 위한 영양교육 내용 계획을 살펴보면 다음과 같다.

편식이란 음식을 싫어하고 좋아하는 감정이 강하여 식사내용이 영양적으로 불균형해지기 쉬운 현상이다. 편식을 하더라도 대체식품을 섭취하여 영양적으로 결함이 없을 때에는 큰 문제가 되지 않지만 편식 정도가 심하면 성장발육 및 영양상태와 면역력이 떨어지는 원인이 될 수 있다.

또한 요즘 아동들은 에너지 밀도가 높은 가공식품을 선호하여 비만을 유발하며, 편식하는 아동일수록 신경질이 많은 성격적 결함을 나타내었다.

표 11-2 '골고루 먹기' 영양교육 내용 계획

주 요 내 용		
-내가 좋아하는 음식을 알아본다. -우리 몸에 좋은 여러 가지 음식을 알아본다. -우리 몸을 튼튼하게 하기 위해 음식이 필요함을 안다. -우리 몸의 성장을 위해 음식이 필요함을 안다. -몸이 건강해지기 위해 음식을 골고루 먹는 태도를 기른다. -음식에는 우리 몸에 필요한 영양분이 들어있음을 안다.		
활 동 명	**활동유형 (영역)**	**주요 교육과정 관련영역**
내가 좋아하는 음식 책 만들기	언어	사회, 언어
튼튼 밥상 꾸미기	조형	건강, 표현, 언어
맛있는 박수를 쳐 봐요	게임	건강, 언어, 사회
채소쌈 싸먹기	요리	건강, 탐구
우리 가족이 좋아하는 음식	언어	사회, 언어
건강한 음식 빙고	수 · 조작	건강, 탐구
콩으로 만든 음식 찾기	수 · 조작	건강, 탐구
밥상 차리기 놀이	역할	사회, 표현
변신 감자 만들기	과학	건강, 탐구
음식 광고송	음악	건강, 표현, 언어
음식탑 쌓기	게임	건강, 사회, 표현
보글보글 국물에 채소가 풍덩	요리	건강, 탐구

자료: 교육과학기술부, 유치원 지도서 6, 건강과 안전

[편식교정을 위한 지도 방법]

① 편식을 하게 된 이유와 내용을 잘 파악해야 한다. 즉, '무엇이, 무슨 이유로, 언제부터 싫어졌나.' 등을 파악해야 한다.

② 조리방법이나, 맛에 따라 반응이 어떻게 달라지는지를 알아야 한다. 어른 입맛에 맞추려 하지 말고, 아이의 의견을 존중해 준다.

③ 요리과정을 직접 보여주거나 또는 함께 요리할 수 있는 음식을 선택한다.

④ 환경을 개선한다. 친한 친구들과 자리를 함께 하여 서로 어울려 먹게 한다

⑤ 아이들에게 몸에 좋은 음식과 나쁜 음식을 주제로 역할극을 하게 한다. 혹은 아이들에게 올바른 식습관에 대해서 알려주기 위해 간단한 역할극을 한다. 나쁜 음식이 왜 안 좋은지, 왜 편식을 하면 몸에 해로운지 아이들의 눈높이에 맞추어서 알기 쉽게 한다.

⑥ 부모교육을 통해 부모의 편식을 교정하고, 자녀의 편식지도에 도움이 되는 정보를 제공한다.

표 11-3 '바르게 먹기' 영양교육 내용 계획

주요 내용		
-음식을 먹는 바른 자세가 있음을 안다. -바른 자세로 먹는 습관을 기른다. -음식을 알맞게 먹는다. -건강을 위해 규칙적으로 먹는 습관을 기른다.		
활동명	**활동 유형(영역)**	**주요 교육과정 관련영역**
식탁보 꾸미기	조형	사회, 표현
듣고 녹음해요	음률	건강, 언어
음식을 먹을 때에는 어떻게 해야 할까요?	이야기 나누기	건강, 사회
먹어요	음악	건강, 표현
햇빛에 그릇 씻어 말리기	실외	건강, 탐구
부엌 악기 난타	음악	건강, 표현, 탐구
나는 새싹	신체	표현, 탐구
비법 요리책 만들기	언어	건강, 언어
요리 도구 패턴 찾기	수 · 조작	건강, 탐구
측정해 봐요	과학	탐구, 언어
냠냠 시계 만들기	조형	탐구, 표현, 사회
남은 음식으로 할 수 있는 요리법 알아보기	이야기 나누기	건강, 사회, 언어

자료: 교육과학기술부, 유치원 지도서 6, 건강과 안전

편식 교정을 위한 조리법 개선

① **고기를 싫어할 때** : 고기를 다져서 동그랑땡이나 튀김 또는 채소와 다져 요리하고, 고기냄새를 없애기 위해 다양한 드레싱을 응용한다.

② **생선을 싫어할 때** : 생선을 다져서 생선까스를 만들거나, 카레가루를 묻혀 튀기면 생선냄새가 없어진다. 레몬즙을 이용해서 비린내를 제거한다.

③ **우유를 싫어할 때** : 요구르트와 치즈 등으로 대체하거나 우유와 달걀을 입혀 프렌치토스트를 해준다. 또한 과일, 우유, 떠먹는 요구르트를 적당히 섞어 얼려 주어도 좋다.

④ **야채를 싫어할 때** : 야채를 골라내지 못하게 잘게 다져서 튀김이나 전을 만들어 주고, 좋아하는 식품과 섞어 먹인다.

⑤ **밥을 싫어할 때** : 먹기 좋게 식혀서 주고 볶음밥, 김밥, 주먹밥 등 변화를 준다.

4. 유아교육기관에서의 영양교육 방법

유아교육기관에서의 영양교육은 일찍부터 시작해야 하고 습관화가 될 때까지 되풀이하여 지도한다. 교육 내용은 일관성을 가져야 하며 유아의 올바른 식습관 형성을 위해 가정과 협력체계를 갖춘다. 부모나 가족의 참여 여부가 영양교육의 효과에 큰 영향을 미친다. 다양한 영양교육 활동을 하며 올바른 식행동과 식품선택에 대해 칭찬과 스티커 등을 통해 보상을 한다.

[유아를 대상으로 한 영양교육의 방법]

① 전체교육으로서의 영양교육 방법

영양과 식품에 대한 주제를 하나 정해서 서로 이야기를 나누며 아동들로 하여금 생각하도록 유도하는 교육방법을 이용한다. 예를 들면 '우리 몸에 좋은 음식과 나쁜 음식은 무엇이 있을까?', '오늘 아침 집에서 먹은 음식은 여섯 가지 식품군(곡류군, 어육류군, 채소군, 지방군, 과일군, 우유군 등) 중에서 어디에 해당될까?' 등에 대하여 이야기를 나누며 생각한 것을 이야기하도록 한다. 또한 식물이나 동물 성장과정을 관찰함으로써 성장과 식생활의 관계를 알게 한다

② 활동시간을 통한 영양교육

정규교육시간에 포함된 프로그램을 이용하여 영양교육을 시도할 수 있는데, 예를 들어 노래부르기, 게임하기, 요리하기 등의 활동시간에 영양교육의 내용을 포함하는 방법이다. 요리활동을 통해 음식의 재료와 식품의 변화과정을 관찰함으로써 식품에 대한 긍정적인 태도를 갖게 한다.

유아들에게 친숙한 율동을 포함한 노래, 동화, 인형극, 그림극 등을 적극적으로 활용한다.

③ 식사시간을 통한 영양교육

간식이나 식사시간은 영양교육을 위한 가장 효과적인 시간이 될 수 있다. 식사 전 손씻기, 줄서기, 음식재료에 대한 설명, 음식의 촉감과 질감에 대한 서로의 표현방법, 음식 골고루 먹기, 음식 남기지 않기, 식사예절 등 여러 가지 내용이 포함된다. 상차리기, 배식하기, 그릇 정리하기 등의 식사 준비활동을 통해 식사예절을 배우게 한다.

④ 부모 교육

부모 참관수업이나 부모교육을 통해 부모나 가족이 모두 유아의 식습관 형성에 즐겁게 참여하도록 한다

5. 교육사례

(1) 참여활동을 이용한 영양교육

▷ 활 동 명: 맛있는 감자로 만드는 세계 요리

▷ 활동연령: 만4세, 만5세

▷ 활동목표

- 다양한 세계 감자 요리를 만들어 본다.
- 재료를 탐색하며 물리적 · 화학적 변화를 경험한다.

▷ 인적자원: 요리전문가/식품영양학과 교수

▷ 관련생활주제: 세계 여러 나라

▷ 활동유형: 요리활동

▷ 활동자료: 감자의 유래 이야기, 요리재료, 다양한 나라의 음식 사진 등

▷ 활동방법

① 감자의 유래에 대해 유아들과 이야기 나눈다.

- 감자는 어느 나라에서 제일 처음 먹었을까?
- 감자로 만든 요리는 무엇이 있을까?

② 나라마다 다양한 방법으로 감자를 이용해 음식을 만드는 것에 대해 알아본다.

- 감자수프, 감자전, 감자샐러드는 각각 어느 나라의 음식일까?
- 왜 이렇게 나라마다 다른 음식을 만들게 되었을까?

③ 세계의 다양한 감자요리를 그룹별로 나누어 직접 만든다.

④ 요리한 음식을 먹어본 후 함께 모여 이야기를 나눈다.

- 음식을 먹어보니까 맛이 어떠니?
- 너희들은 어떤 음식이 가장 맛있었니?

⑤ 다양한 음식 사진을 보여주며 세계의 여러 가지 음식에 대해 이야기 나눈다.

- 너희들이 알고 있는 다른 나라의 음식들이 있니?
- 왜 이렇게 다양한 음식들이 우리나라에 들어오게 되었을까?
- 맛있는 음식은 세계 여러 나라 사람 누구나 다 먹고 싶어한단다. 그래서 우리도 다른 나라의 음식을 만들어 먹기도 하고, 다른 나라 사람도 우리나라 음식을 만들어 먹는단다.
  (예 : 다른 나라 사람들이 우리나라의 김치, 불고기, 비빔밥 등을 좋아하는 것을 소개할 수 있다.)

■■■ Tips

1. 감자의 유래에 대해 알아본다.
   선사시대부터 야생감자가 자생하였으며 남미의 누군가가 심었던 것이 인류 최초의 감자 재배가 되었다. 남미에서만 재배되던 감자는 스페인 사람들이 영국, 이탈리아, 독일, 프랑스 등에 전파하였고 18세기에는 유럽전역에서 재배하게 되었다. 우리나라에는 조선 순조 24년인 1824년에 만주의 간도 지방으로부터 전래되었으며, 서울에서는 1883년 선교사에 의해 처음 재배되었다.
2. 같은 재료를 이용하여 다양한 음식을 만들게 된 이야기를 들려준다.
   나라마다 날씨와 자연환경의 차이가 있어서, 식재료의 특성에 따라 요리 방법이 다르다. 추운 지역에서는 따뜻한 음식을 만들어 먹는다. 스프를 좋아하는 지역에서는 다양한 재료로 모든 스프를 만들 수 있다.
3. 어떤 재료를 이용하여 요리를 할지 사전에 전문가와 협의를 하고, 그에 맞는 요리 순서와 재료를 준비할 수 있도록 한다.
   - 감자를 이용한 요리 : 감자스프(이탈리아), 감자샐러드(미국), 감자전(한국)
   - 옥수수를 이용한 요리 : 팝콘(미국), 찐옥수수(한국)
4. 지금도 세계 여러 나라의 음식들이 서로 영향을 주고받으며, 새로운 음식을 만들어 내고 있음을 알고, 우리 주위에서 발견할 수 있는 새로운 음식들을 소개한다. 이때 다른 나라의 음식들 사진을 준비해 유아들과 함께 보며 이야기할 수 있도록 한다.
5. 요리를 하기 어려운 경우, 오후 간식시간에 하루에 한 가지씩 요리를 맛볼 수 있도록 한다.

※ **주의점** : 유아들이 요리할 때 안전사고가 나지 않도록 주의한다.

(2) TV 프로그램을 이용한 비만 예방 영양 교육

어린이 비만의 40%가 청소년 비만으로, 70%가 성인비만으로 이환될 가능성이 있다는 점을 고려하여 최근 증가되는 어린이 비만을 예방하고자 보건복지부는 TV 채널 'Story On'과 협약하여「수퍼키즈-소아 비만탈출 프로젝트」프로그램을 진행한다.

교육내용은 영양신호등 표시제를 중심으로 진행된다. 신호등 표시제는 어린이 기호식품 중 가공식품에 대하여 비만원인이 되는 당류, 나트륨, 지방, 포화지방의 영양성분이 많고 적음을 적색 · 황색 · 녹색으로 표시하는 제도이다.

표 11-4 '수퍼키즈 – 소아 비만 탈출 프로젝트' 12주 방송 내용

	소아 비만 10계명	비고
1	11세 이전에 체지방 20%를 잡아야 한다.	생활습관 찾기
2	키로 가는 음식, 살로 가는 음식 따로 있다.	성장판, 호르몬 검사
3	뚱뚱한 아이는 공부 못한다.	심리상담/학습능력 테스트 등
4	뚱뚱한 아이는 폭력 유전자가 있다.	
5	2011 소아성인병이 몰려온다.	혈액검사 등
6	맞춤형 밥그릇 내아이 구한다.	밥그릇과 포만감
7	알코올 중독보다 무서운 단맛 중독	당분 섭취 2시간 후
8	밥 말아먹는 아이, 인생 말아먹는다.	나트륨
9	무엇을 어떻게 먹을 것인가?	식사종류 · 준비
10	소아비만 잡아야 아토피 잡는다.	식사와 피부
11	내 아이가 살찌는 시간	정상군 VS 비만군
12	비만올림픽	달라진 몸무게

프로그램의 주요내용은 다음과 같다.

① 규칙적인 운동 및 생활습관

② 건강한 먹거리 및 식습관

③ 주변 및 성장과정 등 환경적 요인

④ 부모의 지식 및 인지에 대한 내용 등으로 총 12회 분량

(3) 식사모형 : 식품구성 자전거를 이용한 영양 교육

식품구성 자전거(Food Balance wheels)는 적절한 영양과 건강을 유지하기 위하여 권장식사패턴을 기준으로 한 균형잡힌 식사와 수분 섭취의 중요성을 의미하며, 적절한 운동을 통해 비만을 예방하자는 메시지를 도식화한 것이다.

그림 11-1 식품구성 자전거

운동을 권장하기 위해 자전거 이미지를 사용하였고, 자전거 바퀴 모양을 이용하여 6개의 식품군에 권장식사패턴의 섭취횟수와 분량에 비례하도록 면적을 배분하고, 또 하나의 바퀴에 물잔 이미지를 삽입함으로써 수분의 중요성을 강조하였다.

(4) 요리 실습을 이용한 영양 교육

표 11-5 요리 실습을 이용한 영양 교육 (달걀보트)

활동의 주제	요리하면서 배워요 (달걀보트)
대상 연령	4~6세 (대집단)
학습 목표	① 달걀에는 둥그런 부분과 뾰족한 부분이 있다는 것을 확인한다. ② 달걀의 둥그런 부분에 빈 공간이 있다는 것을 안다. ③ 날달걀과 삶은 달걀의 차이점을 이해한다. ④ 요리를 통해 독립심과 성취감을 느끼게 한다. ⑤ 달걀의 영양적인 가치를 이해한다.
준 비 물	달걀, 냄비, 휴대용 가스레인지, 마요네즈, 소금, 이쑤시개, 색종이
활 동 방 법	
① 날달걀에 둥그런 부분과 뾰족한 부분이 있다는 것을 보여준다. ② 날달걀을 바닥에 굴려본다. ③ 냄비에 물을 붓고 소금을 약간 넣은 후 여기에 달걀을 깨지지 않게 살살 넣은 후 10분 정도 삶는다. ④ 달걀이 다 삶아지면 불을 끄고 찬물에 담가 식힌다. ⑤ 삶은 달걀의 둥근 끝부분을 단단한 그릇에 탁 쳐서 부순 다음 부서진 곳부터 껍질을 벗기도록 한다(둥근 끝부분에 숨구멍이 있어서 빈 공간이 있다는 것을 확인한다). ⑥ 껍질을 벗긴 달걀을 물에 깨끗이 헹군 다음 반으로 쪼갠다. ⑦ 노른자를 숟가락으로 살짝 빼낸 다음 마요네즈를 넣어 골고루 섞는다. ⑧ 흰자에 마요네즈에 섞은 노른자를 다시 도톰하게 담는다. ⑨ 색종이로 2cm 정도 크기의 삼각형을 만든 다음 이쑤시개에 풀을 바르고 색종이 끝을 감아 붙여서 깃발을 만든다. ⑩ 깃발을 흰자위에 꽂는다. ⑪ 달걀은 단백질, 지방질, 칼슘, 철분, 비타민 등 많은 영양소가 골고루 들어 있는 식품이라는 것을 설명한다(특히 달걀노른자에 영양가가 많이 들어 있다는 것을 이해시킨다) – 삶은 달걀에서 노른자를 싫어하는 어린이에게 노른자도 골고루 먹도록 격려한다). ⑫ 어느 보트가 더 예쁜가를 서로 비교한다. ⑬ 주위를 깨끗이 치우도록 격려한다.	

표 11-6 요리 실습을 이용한 영양 교육 (채소스틱 만들기)

활동의 주제	요리하면서 배워요 (채소스틱 만들기)
대상 연령	4~6세 (소집단)
학습 목표	① 안전하게 칼을 사용하는 법을 익힌다. ② 채소 이름을 익힌다. ③ 채소에는 비타민이 많이 들어 있다는 것을 알도록 한다. ④ 단 간식보다는 과일이나 채소 간식이 몸에 좋다는 것을 알도록 한다. ⑤ 싫어하는 채소도 몸을 튼튼하게 하기 위하여 먹도록 격려한다. ⑥ 음식을 그릇에 예쁘고 가지런하게 놓는 것을 연습하도록 한다.
준 비 물	당근, 오이, 양상추, 체리토마토, 마요네즈, 접시, 안전한 칼, 도마, 행주
활 동 방 법	
① 미리 씻어서 껍질을 까놓은 당근, 오이, 양상추, 체리토마토를 준비한다. ② 칼을 안전하게 사용하는 법을 충분히 설명한다. ③ 안전을 위해 교사들이 지켜보는 가운데 칼로 당근과 오이를 막대기 모양으로 길게 자르도록 설명한다(두께 0.7cm 정도, 길이 4~5cm 정도). 양상추는 먹기 좋도록 잎으로 나누어 놓는다. 체리토마토는 꼭지째 사용한다. ④ 접시에 둥글게 돌려가며 담도록 한다(당근의 주황색, 오이의 초록색, 양상추의 연두색, 체리토마토의 빨간색을 적당히 섞어서 예쁘게 담도록 격려한다). ⑤ 접시 가운데에 작은 종지를 놓고 그 안에 마요네즈를 담는다. ⑥ 당근에 들어 있는 비타민 A는 특히 눈에 좋은 비타민이고, 오이와 체리 토마토, 양상추에 들어 있는 비타민 C는 병에 걸리지 않고 피로하지 않게 해 주는 비타민이라는 것을 설명한다. ⑦ 만들어 놓은 채소스틱을 마요네즈에 찍어 먹는다. ⑧ 각 채소의 맛을 비교하며 싱싱한 채소의 아삭아삭한 맛에 대하여 서로 이야기해 보도록 한다.	

Section 2 학교에서의 영양교육

1. 학교에서의 영양교육의 필요성

초등학교 어린이들은 감수성이 예민하여 교육의 효과가 강하므로 학교에서 배운 영양에 관한 지식을 가장 잘 배우고 흡수할 수 있는 시기이다. 청소년기는 신체적 발달뿐만 아니라 성적 발달로 인한 생리적인 변화가 뚜렷하게 나타나고 이성에 관심을 갖게 되며 신체에 대한 관심이 증가하는 등의 변화가 있는 시기이다. 따라서 이시기에는 영양적으로 균형잡힌 식생활을 통하여 발육을 돕고 마음의 안정을 꾀하는데 도움을 주는 것이 대단히 중요하다.

안전하고 위생적인 학교급식 운영과 더불어 학생건강권 확보와 학교영양 · 식생활 교육 수준 관련법 제정 · 시행 등에 따른 학교 영양 · 식생활 교육이 적극 실시될 수 있도록 전국 급식학교에 영양교사가 배치되어야 한다.

[학령기에 적극적인 영양교육이 필요한 이유]

① 감수성이 가장 예민한 시기므로 영양에 관한 지식을 잘 흡수하고, 조기에 식습관을 형성하기가 용이하다.

② 학생에게 가르친 지식은 가정으로 전파되어 부모와 가족구성원의 변화도 촉진할 수 있기 때문에 최소의 비용과 시간으로 많은 효과를 얻을 수 있다.

③ 가정과 연계하여 지도하면 교육성과를 높일 수 있으며 교육효과의 확인이 쉽고 결과에 따른 반복교육이 용이하다.

④ 학교급식을 실시할 때는 영양기준에 맞는 식단의 음식을 제공하면서 영양교육을 통하여 편식을 하지 않도록 하여야 효과를 거둘 수 있다.

2. 학교 영양교육의 목표

학교에서 급식의 목적은 바람직한 식습관으로 학생들의 영양개선, 체위향상 및 건강증진을 꾀하는 데에 있다. 이 목적을 달성하기 위해서는 영양기준량이 학생들에게 완전히 섭취되도록 식사내용이 영양적 · 위생적 · 매력적이어야 한다. 학교급식의 목적을 달성하기 위한 학교 영양교육의 교육 목표는 다음과 같다.

① 체계적인 영양관리와 식생활 지도를 통하여 학생 개인의 바람직한 식생활 습관 형성 및 올바른 식사선택으로 자기 식생활 관리 능력을 배양한다.

② 식생활교육 및 영양상담을 통해 비만을 예방하고 건강을 증진시킨다.

③ 학교급식을 교육의 일환으로 운영하여 편식교정 등 바람직한 식생활 습관 형성을 이뤄 평생 건강의 기틀을 마련한다.

3. 학교 영양교육의 교육내용 계획

학교에서 영양교육의 근거가 되는 것은 학교급식법과 어린이 식생활 안전관리 특별법이다.

(1) 어린이 식생활안전관리 특별법

제4장 올바른 식생활 정보 제공 등

제13조(어린이 식품안전 · 영양교육 및 홍보 등) ① 식품의약품안전처장, 특별시장, 광역시장, 도지사, 특별자치도지사,(이하"시 · 도지사"라 한다). 시장 · 군수 · 구청장 또는 시 · 도 교육청장은 모든 어린이들이 건강하고 바른 식생활을 실천할 수 있도록 개인 또는 집단의 특성, 건강상태 및 건강의식 수준에 따라 어린이 기호식품에 대한 안전과 영양공급 등에 대한 교육 및 홍보를 실시하여야 한다.
② 초등학교의 장은 어린이 식생활 관리에 필요한 안전 및 영양교육을 정기적으로 실시하여야 한다.

(2) 학교급식법

제13조 (식생활 지도 등) 학교의 장은 올바른 식생활습관의 형성, 식량생산 및 소비에 관한 이해 증진 및 전통 식문화의 계승 · 발전을 위하여 학생에게 식생활 관련 지도를 하며, 보호자에게는 관련 정보를 제공한다.

제14조 (영양상담) 학교의 장은 식생활에서 기인하는 영양불균형을 시정하고 질병을 사전에 예방하기 위하여 저체중 및 성장부진, 빈혈, 과체중 및 비만학생 등을 대상으로 영양상담과 필요한 지도를 실시한다.

(3) 학교 급식이 생활 교육으로 정착할 수 있는 영양교육 내용 계획

1) 영양교육

① 트랜스지방 제한 및 유해식품에 대한 교육홍보 강화
② 부정 · 불량 유해식품 매식근절을 위한 학생 교육
③ '아침밥 먹고 등교하기' 지도 등으로 아침결식 해소
④ 학교 홈페이지 및 가정통신 등을 이용한 교육

2) 식생활 교육 및 영양상담 프로그램 운영

① 특별활동 · 재량활동 시간을 활용하여 식생활에 대한 관심 제고 및 기초 조리 능력 배양

② 학교 급식의 날, 전통음식 체험의 날 행사 등 특별프로그램 운영을 통한 학교 급식과 식생활

제7차 초등교육과정에서 식생활 분야는 초등학교 5, 6학년에서만 교육하도록 되어 있다. 영양교육 내용은 표 11-7, 11-8과 같다.

표 11-7 5학년 실과 교과의 식품영양교육 내용

대단원	소단원	교육 내용	분야
꽃과 채소 가꾸기	채소 가꾸기	• 잎줄기 채소, 뿌리 채소, 열매 채소의 종류, 재배방법, 이용 방법을 알아봄으로써 채소라는 식품군에 대한 정보습득	식품 정보
우리의 식사	균형 잡힌 식사하기	• 식품의 영양소와 체내 역할 • 비만 예방을 위한 식사조절과 식습관 • 다섯 가지 기초식품군과 해당식품 • 하루의 식단 구성 • 학교급식	영양학
우리의 식사	간단한 조리하기	• 조리목적 • 조리용구 및 쓰임새 • 실습 : 식품의 계량 • 실습 : 가열기구의 종류 및 사용법 • 실습 : 감자 삶기/찌기 • 달걀의 영양과 달걀 삶기 실습 • 퍼즐을 통한 영양소의 기능 알기	조리학

표 11-8 6학년 실과 교과의 식품영양 교육 내용

대단원	소단원	교육 내용	분야
간단한 음식 만들기	밥을 이용한 음식 만들기	• 밥을 이용한 음식의 종류 • 음식재료 고르기, 손질하기, 보관하기 • 칼질하기 • 실습 : 볶음밥, 주먹밥, 김밥 만들기 • 식사예절 평가	조리학
간단한 음식 만들기	빵을 이용한 음식 만들기	• 빵의 종류 • 실습 : 프렌치토스트 만들기 • 실습 : 식빵피자 만들기 • 실습 : 샌드위치 만들기 • 한 끼 식사의 상차림 • 오븐과 전자레인지 사용, 식빵피자의 차이점 비교 • 음식 만들기 실습결과 평가	조리학

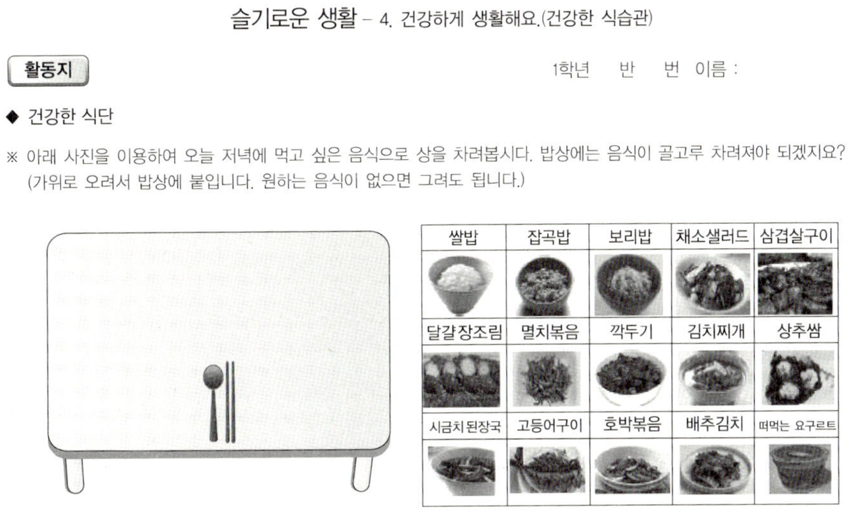

그림 11-2 영양교육 활동지

표 11-9 실과 교과의 식품영양 교육 수업계획안

표1	수업계획안 예시				
단 원	5. 우리의 식사	대 상	5학년	장 소	5학년 교실
본시주제	식품에 들어있는 영양소 구분하기	차 시	2~3 / 10	교과서	p.70~72
학습목표	• 평소에 자주 먹는 식품과 영양소를 관련지어 말할 수 있다.			시 간	80분
교수 · 학습자료	일반자료	음식그림, 학습활동지			
	멀티미디어자료	동영상자료, PPT 자료			

단계	학습과정	교 사	학 생	시간	자 료
주제 결정 하기	동기 유발	식품 및 영양관련 광고동영상 보여주기		2′	
		• 주제안내는 '몸에 좋은 간식 만들기' • 출품작 계획수립방법 안내 • 평가기준 설명(포트폴리오) • 학습목표 제시			▷ 학습목표
	학습 내용 및 과제 인식	[프로젝트 학습 과정] I. 주제결정 단계 – 주제와 관련한 지식을 발표한다.		5′	
		• 자신의 건강상 고민 알아보기	• 자신의 건강상 고민 발표하기		
		[프로젝트 학습 과정] II. 주제결정하기 – 공통 주제망을 작성한다.		7′	
		• 개인별 주제망 작성하기	• 개인별 주제망 작성하기		▷ 주제망 작성지
		• 학습활동 팀 결정하기 – 번호순 모둠 구성	• 모둠소개		▷ 활동지1

단계	학습과정	교 사	학 생	시간	자 료
활동 계획 하기	모둠 학습	[프로젝트 학습 과정] III. 활동계획 단계 – 선택활동에 따라 소주제를 결정하고, 모둠별로 기본 활동내용을 분담한다.		23′	
		• 학습할 소주제 결정하기	• 간식거리 결정하기		
		• 주제결정 이유 알기	• 결정한 음식은 어떤 음식인가? 어떤 영양소가 있을까? 등		
	학습 활동 계획	• 학습활동 계획하기	• 결정된 간식을 만들기 위한 방법 모색 • 모둠원별 역할분담 • 활동계획서 작성 홈프로젝트 계획서 작성		▷ 홈프로젝트 계획서
활동 하기	활동	[프로젝트 학습 과정] IV. 활동 단계 – 홈프로젝트 계획에 의해 모둠별로 활동한다.		23′	
		• 학습활동 실행하기(과제물)	• 홈프로젝트 실행 홈프로젝트 보고서 작성		▷ 홈프로젝트 계획서
		• 학습활동 실행하기 작성한 홈프로젝트 보고서 발표하기 • 다른 모둠 발표내용 평가	• 홈프로젝트 보고서 발표하기 주제 선택이유, 모둠원 역할, 홈프로젝트 실행방법, 좋은 점과 나쁜 점 등 • 동료 평가하기	30′	▷ 동료 평가지
정리	정리	• 모둠별 보고서에 대한 평가 • 우수모둠 선정 • 다음 차시 예고		8′	

2010. 5 국민영양

4. 학교에서의 영양교육의 교육사례

(1) 초 · 중등학교에서 건강교실을 운영

서울특별시 학교보건진흥원은 학교 중심의 비만예방 및 집중관리 프로그램을 개발하여 신체활동 증진, 생활습관 교정, 올바른 식생활 습관 형성을 위해 보건교사, 체육교사, 영양교사가 협력하여 방과 후 계발활동 시간을 활용하여 건강교실을 운영하였다.

1) 운영의 필요성

① 인스턴트식품의 과다섭취 · 운동부족 등 잘못된 생활습관으로 인한 비만 학생 증가에 따른 건강관리의 필요성이 대두되었다.

② 성인 비만으로서의 이행을 예방하기 위한 건강생활습관 습득의 필요성이 증가하였다.

2) 운영의 목적

① 아동 스스로 자기건강관리(self health care)능력을 향상시켜 건강한 생활습관을 습득함으로써 성인비만으로의 이행을 예방하도록 체육 · 보건 · 영양 영역이 상호 유기적 관계를 유지하면서 학생들의 건강 · 체력 향상에 시너지 효과를 내고자 한다.
② 자아존중감 증진 활동 및 식생활 지도를 통해 자존감 증진 및 올바른 식사 선택으로 건강관리 능력을 배양한다.
③ 혼자 실천하기 어려운 비만관리를 친구들과 함께 지속적으로 해나간다.

3) 건강교실 운영 효과

① 건강교실을 통하여 비만예방을 위한 바른 식습관, 생활습관, 운동습관을 기르는 계기가 되었고, 비만관리에 대한 관심을 유도할 수 있었다.
② 체육활동 및 음악줄넘기를 통해 동료들과 함께 어울려 조화를 이루며 운동의 즐거움과 필요성을 알게 되었고, 운동생활습관 향상을 위하여 지속적으로 노력한다.
③ 가정통신문 발송 등 학부모에게 자녀 비만관리에 대한 관심 고취와 가정에서의 비만예방 지도에 관한 정보 제공으로 가정과의 연계지도 강화 계기가 되었다.
④ 학교현장에서 적용 가능한 건강증진활동 프로그램의 정착 및 발전을 이끌었다.

(2) 건강매점 운영을 통한 식생활 교육

식생활교육지원법에 의해 2010 국가 식생활교육 기본계획에 건강매점 사업이 식생활 실천기반 확충 분야 사업으로 선정되었다. 건강매점 '쉬는 시간' 은 학교 내 매점을 단순한 판매 공간이 아닌 올바른 식생활을 배우고 건강한 식품을 선택할 수 있는 환경으로 개선하기 위해 과일 및 과일제품 등 건강식품이 판매될 수 있도록 서울시가 전국 최초로 추진하는 사업이다.

'소아청소년 비만예방 정책, 전략, 프로그램' 에 서울시 건강매점이 우수사례로 소개되었다. 어린이 비만 및 영양불균형 예방을 위해 학부모 및 학생으로부터 적극적인 호응을 받으며 전국 확산을 위한 시도가 진행되고 있다.

그림 11-3 건강매점의 예

그림 11-4 건강매점 홈페이지 (www.healthytuckshop.or.kr)

Section 3 사업체

1. 사업체에서의 영양교육 필요성

사업장에서 질병의 예방과 치료를 통해 근로자 건강을 유지할 수 있도록 전문적인 영양서비스가 필요하다.

2000년 산업체 집단급식소의 영양사 의무배치가 폐지됨에 따라 산업체 근로자

건강을 위한 안전하고 위생적인 급식에 지장을 초래할 뿐만 아니라 산업체에서의 영양교육이 사실상 거의 실시되지 못하고 있는 실정이다.

불규칙한 식사, 잦은 외식, 과중한 업무와 사회 · 심리적 요인으로 인한 스트레스, 음주, 흡연 및 운동부족 등의 나쁜 생활습관을 갖고 있는 근로자들의 영양개선을 위해 사업장의 특성에 알맞은 영양지도 프로그램을 개발하고 체계화하여 영양교육을 수행하는 것이 필요하다.

우리나라 국민의 만성 질병 유병률은 그림 11-5와 같이 고혈압, 고중성지방혈증, 당뇨병이 많은데 이러한 질병의 주대상자는 사업체에서 근무하는 근로자이다. 따라서 사업체에서 영양교육과 상담을 하는 것은 단순히 영양정보의 전달로만 그치는 것이 아니라 장기간 근로자의 행동변화를 통해 식습관을 변화시키고, 결과적으로 만성질환을 예방하거나 약물치료 효과를 증대시키는 것으로 영양교육의 필요성이 더욱 강조된다.

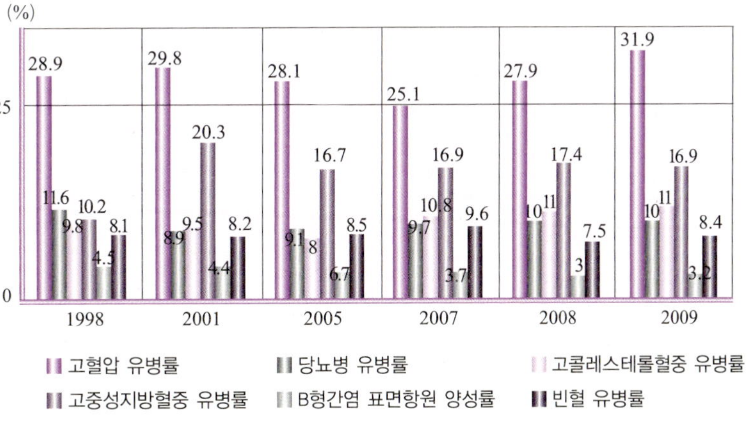

그림 11-5 만성 질환 유병률 (출처 : 2009, 질병관리본부)

2. 사업체에서의 영양교육 목표

사업체 영양교육의 목표는 근로자의 건강 증진을 시작으로 나아가 회사에 대한 자긍심 고취, 생산성 증대 및 국가 의료비 절감이다.

질병예방을 위한 건강증진 프로그램의 목표는 다음과 같다.

① 직원들이 바른 식생활 습관을 가질 수 있도록 한다.
② 만성퇴행성 질환자의 비율을 감소시킨다.
③ 유병률이 높은 만성 질병의 예방과 치료에 맞는 식사요법을 교육한다.
④ 정상체중을 유지하도록 한다.
⑤ 올바른 외식 · 회식의 요령을 교육한다.

3. 사업체에서의 영양 교육내용 계획

사업체에서의 영양 교육을 위한 내용 계획에는 다음과 같은 사항을 고려한다.

① 영양정보 제공, 식습관 및 생활습관 교정을 위한 동기 부여
② 잘못된 식습관과 부족한 영양문제 개선을 위한 교육 캠페인 실시
③ 개인의 영양진단을 통하여 적절한 체중감소와 지속적인 체중조절을 위한 지도
④ 올바른 식생활을 통해 혈압, 혈당, 고콜레스테롤 수치의 감소를 위한 방안 제시
⑤ 건강한 삶을 위한 생활습관 교정(흡연, 절주, 운동, 스트레스 관리 등)을 위한 방안 제시

4. 사업체에서의 영양교육방법

사업체에서의 영양교육 내용에 따른 교육방법은 다음과 같다.

(1) 바른 식생활

① 연구방법 : 전체영양교육, 뉴스레터, 게시판
② 교육대상 : 전직원
③ 교육내용 : 균형잡힌 식생활과 기초식품군, 각 영양소 간의 기능 및 한국인을 위한 식사지침, 권장량 등에 대한 교육

(2) 체중조절 교실

① 연구방법 : 그룹 또는 개인지도
② 교육대상 : 비만도 120 이상 또는 BMI 남 26, 여 28 이상인 자
③ 교육내용 : 6주 정도의 프로그램으로 비만의 원인, 식사계획, 식습관 및 식사행동, 운동의 효과 등에 관하여 교육

(3) 콜레스테롤 교실

① 연구방법 : 그룹 또는 개인지도
② 교육대상 : 혈중 콜레스테롤이 200mg/dL 이상인 자
③ 교육내용 : 3주 정도의 프로그램으로 식이 중 전체 지방량, 포화지방산, 콜레스테롤의 섭취를 줄이고 섬유소와 운동량을 늘리는 방법에 대한 교육

(4) 알코올과 건강

① 연구방법 : 전체 영양교육, 뉴스레터, 게시판
② 교육대상 : 전직원

③ 교육내용 : 간에서의 알코올 대사, 알코올의 영양성분 및 칼로리, 알코올이 건강에 미치는 영향, 적절한 음주량 및 방법 등에 대하여 교육

(5) 외식의 요령

① 연구방법 : 전체영양교육, 뉴스레터, 게시판

② 교육대상 : 전직원

③ 교육내용 : 외식 시 선택요령 및 문제점에 대한 보완책, 특히 질병 유소견자의 외식 선택요령 등을 교육

(6) 고혈압과 영양

① 연구방법 : 개인지도

② 교육대상 : 고혈압 유소견자

③ 교육내용 : 식염과 고혈압, 비만과 고혈압의 관계를 설명하고 식사 시 특별히 조심해야 할 음식 및 주의사항, 권장식품 등에 관하여 교육

5. 교육사례

(1) 뇌 · 심혈관계 질환 교육프로그램

표 11-10 뇌 · 심혈관계 질환 교육프로그램

교육단계	주 제	프 로 그 램 내 용
제1주	공통	• 이름표 배부 • 프로그램 안내 • 신체계측 • 문진표 배부
제2주	고혈압	• 고혈압의 개념 • 고혈압과 심혈관계질환과의 관련성 • 고혈압의 증상, 치료, 예방
	고지혈증	• 고지혈증의 개념 • 고지혈증과 심혈관계질환과의 관련성 • 고지혈증의 진단기준 • 심혈관계질환의 위험요인 평가 • LDL-콜레스테롤 치료의 목표 설정 • 생활요법의 당위성 설명 및 동기부여
	당뇨병	• 당뇨병의 정의, 증상, 진단기준 합병증, 저혈당

교육단계	주 제	프로그램내용
제3주	고혈압	• 고혈압과 나트륨의 관계 • 나트륨의 개념 • 고혈압의 식사요법
	고지혈증	• 고지혈증의 원인과 발현시기 • 고지혈증의 식사요법 설명 • 저지방, 저콜레스테롤 식품 고르기, 식단 구성하기 • 운동별 소모열량 • 음주로 인한 열량섭취
	당뇨병	• 당뇨병의 일반관리, 식사요법 • 교육대상자의 하루 필요열량 산정 • 당뇨병의 운동요법, 운동별 소모열량
제4주	당뇨병	• 식품교환표의 정의 • 1교환단위 • 식품군별 일일 섭취량 결정 • 식단의 구성
종합평가	평가	• 영양교육 효과평가

(2) 디지털 메뉴판을 이용한 영양교육

최근 여러 사업체 구내식당에 설치한 디지털 메뉴판을 이용한 영양교육이 활발하다.

당일 식단의 영양성분과 메뉴별 적정 섭취량을 한눈에 보여줌으로써 잔반을 줄이는 것은 물론 직원들의 건강관리에도 도움을 주는 일석이조의 효과를 내고 있다. 이로 인해 직원들은 최근 증가하고 있는 비만과 당뇨, 고혈압 등 만성질환에 대한 경각심을 느끼게 돼 자연스럽게 음식물쓰레기까지 감소하는 결과를 보이고 있다.

그림 11-6 디지털 메뉴판

특히 건강상식, 운동 관련 동영상, 주간메뉴 등 다양한 콘텐츠도 디지털 메뉴판을 통해 확인할 수 있어 즐거운 식사시간이 되고 있다

디지털 메뉴판 내용은 주간식단, 각 식단별 이미지, 영양성분 및 1인 섭취분량, 집기류량, 운동소모량, 원산지 표시 등으로 구성되어 있다.

Section 4 병원에서의 영양교육

1. 병원에서 영양교육의 필요성

현재 발생하는 만성질환의 1/3이 영양과 관계된다고 할 정도로 영양과 질병은 큰 관련성을 가진다. 임상영양에서 제공하는 정보는 만성질환이나 영양불량, 수술 후 영양관리, 암치료, 소아영양, 특수질환에 이르기까지 다양한 질환에 따른 영양관리 내용이다.

특히 식생활이 서구화되면서 비만, 당뇨병, 동맥경화증, 암 등 만성퇴행성 질환의 발생율이 점점 증가하고 있다. 이러한 질병은 유전성, 생활양식, 환경인자, 식이요인 등에 의해 인체의 생리적인 퇴화로 만성화가 주된 원인이다. 이 중 식이요인은 영양과 식생활이 밀접하며 만성질환의 예방뿐만 아니라 치료도 매우 중요하다.

따라서 병원에서의 질환별 영양관리의 원리, 식사요법의 원칙과 실제 등을 교육하면 환자는 질병과 자신의 증상에 대해서 잘 이해하고 동시에 식이요법의 필요성을 인식하여 의욕적으로 행동에 옮김으로써 치료효과를 높일 수 있기 때문에 환자를 위한 영양교육 및 지도는 필요하다.

현재 의료기관에서 영양사에 의한 교육 · 상담료 인정과 대상질환인 당뇨병 · 고혈압 · 심장질환 · 암 등 다수 질환이 급여 대상 질환에서 제외되고 있다.

2. 병원에서 영양교육 목표

① 환자의 질병이 빨리 회복되도록 한다.

② 환자의 질병에 필요한 식사요법를 교육하여 실천할 수 있도록 한다.

③ 환자 가족에 대한 교육을 함께하여 환자의 식사요법 실천을 효과적으로 할 수 있도록 협조체계를 구축한다.

3. 병원에서 영양교육 내용 계획

병원에서 환자와 가족에 대한 영양교육 내용은 다음 사항을 고려하여 계획한다.

① 환자가 앓고 있는 질병 상태와 정도에 따른 신체의 생리적 변화와 식사요법의 필요성
② 환자에게 요구되는 영양필요량과 섭취식품분량, 식사형태, 섭취시기
③ 환자와 그 가족에게 식행동 변화를 위한 자가관리 방법
④ 기존의 식습관 분석과 개선하기 위한 방법
⑤ 적극적인 치료로 질병을 극복하고 회복된 실례를 설명

4. 병원에서 영양교육 방법

환자와 가족 영양교육을 위해서는 교육담당자인 영양사와 환자, 그리고 환자가족 간의 노력과 인간관계가 중요하다. 더욱이 영양지도의 효과를 높이기 위해서는 교육방법을 다양하게 적용하여 환자 개개인에 따라 조건에 맞는 지도를 하면 빠른 시일 안에 정상적인 생활을 할 수 있을 것이다. 식이요법이 필요한 환자는 기존의 식습관에서 변화가 있기 때문에 큰 고통과 불편이 따르기 마련이다.

(1) 개인지도 또는 그룹지도

환자지도와 교육의 방법이나 내용 등은 질병에 따라 다르며 환자에 따라서도 다르다. 체계화된 영양지식이나 식생활에 대한 지도는 집단지도 시에 하며 개별지도를 할 때에는 그 기본적 지도를 토대로 환자 개인별로 대응할 필요항목을 첨가하여 교육하는 것이 좋다. 개별지도를 할 때는 환자의 특성을 관찰해서 실행해야 한다. 특수식을 해야하는 만성 질환 환자에게는 개별지도가 필요하다.

(2) 영양상담실 활용

최근 병원에는 영양상담실이 있어서 입원 환자 및 환자가족에 대하여 영양사가 실질적인 치료식에 대한 지도를 하고 있다. 환자를 정기적으로 방문하는 것은 환자를 당황하고 불안하게 하므로 가급적 영양상담실을 활용하는 것이 좋으나 특별치료식을 받는 환자의 경우는 병상을 방문하여 식사 전에 내용과 뜻을 잘 교육한다.

(3) 영양 매체 활용

① 영양메모 배포 : 매주 배포하는 식단표의 한 쪽에 메모란을 만들어서 식사에 관한 간단한 해설을 해주면 좋다.
② 도판 제시 : 영양교육의 도판을 외래환자 대합실에 게시한다.
③ 리플렛 제작 : 질환별로 리플렛을 제작하여 교육자료로 활용하는 것이 좋다

5. 교육사례

(1) 고혈압 영양교육

한국인의 질병 중에 사망률이 높은 순환기 질병 중 하나가 고혈압이다. 고혈압은 '침묵의 살인자' 라고 불릴 만큼 위험하고 심하면 뇌졸중 · 중풍 · 동맥경화증으로 사망에 이르게 된다.

고혈압은 관리를 잘하면 아무 문제 없이 지낼 수 있으나 평생 지속적인 치료가 필요하다. 그러나 평소에 관리를 잘못하면 생명에 위협을 받거나 장애를 유발하기 쉬우므로 예방 교육이 필요하다.

다음은 고혈압 환자를 대상으로 한 싱겁게 먹기 5주 교육 프로그램의 예이다.

표 11-11 싱겁게 먹기 교육 프로그램

기간	주제	내용	
1주	나는 얼마나 짜게 먹을까?	• 짠맛 미각판정 • 음식섭취빈도조사 • 1주간 국염도 측정	• 영양지식도, 식태도, 영양상담 • 급식음식 소금량 측정 • 나트륨 배설량 측정
2주	왜 싱겁게 먹어야 하는가?	• 소금 권장량 · 섭취량 • 나트륨 과잉섭취와 질병 • 1주간 국염도 측정	• 소금과 나트륨 관계 • 급식음식 소금량 측정
3주	어떻게 싱겁게 먹는가?	• 음식 및 가공식품 중 소금량 • 싱겁게 먹기 위한 방법 소개 • 1주간 국염도 측정	• 한끼 식단의 소금함량 제시 • 급식음식 소금량 측정
4주	어떻게 싱겁게 조리하는가?	• 싱겁게 조리하는 방법 • 급식음식 소금량 측정	• 저염식단 소개 • 1주간 국염도 측정
5주	나는 얼마나 싱겁게 먹을까?	• 짠맛 미각판정 • 음식섭취빈도조사 • 1주간 국염도 측정	• 영양지식도, 식태도, 영양상담 • 급식음식 소금량 측정 • 나트륨 배설량 측정

대구광역시 건강증진사업지원단, '싱겁게 먹기 센터'

Section 5 보건소

보건소는 지역사회의 중심적 보건의료기관으로서 지역주민의 건강 상태를 파악하고 자원을 활용하여 건강증진 서비스를 제공함으로써 지역주민의 건강행태개선 유도 및 개인의 건강생활 실천의지 향상, 모두가 건강하고 활기찬 삶을 누릴 수 있도록 위생관리와 질병예방 및 건강증진을 위한 보건교육, 건강검진 등 질 높은 보건의료 서비스와 건강도시 환경조성에 힘쓰고 있다.

[지역보건법 제9조에 의한 보건소의 주요 업무]

① 국민건강증진 · 보건교육 · 구강건강 및 영양관리사업
② 감염병의 예방 · 관리 및 진료
③ 모자보건 및 가족계획사업
④ 노인보건사업
⑤ 공중위생 및 식품위생

이 법을 근거로 2011년도 보건소 건강증진사업은 주로 건강증진사업, 심뇌혈관질환 예방관리사업, 건강생활실천 통합서비스사업, 금연클리닉사업 및 영양플러스사업을 중점으로 시행하고 있다.

1. 보건소 영양교육의 필요성

지역 사회 주민의 건강 유지와 건강을 증진시키는 것은 복지 사회의 가장 중요한 목표이고 이는 영양상태를 개선함으로써 달성할 수 있다.

보건소 중심으로 영양플러스 사업, 지역주민 대상 다양한 건강증진사업을 비롯해 2011년도부터 건강생활실천 통합서비스사업이 수행되는 보건소 영양사업이 활발히 전개되고 있다.

2. 보건소 영양교육의 목표

보건소에서의 영양교육은 영양교육의 계획과 분석, 영양교육자료의 개발, 영양교육 실시를 통하여 지역주민의 영양개선을 도모한다. 또한 실시 후 지역주민의 영양상태 평가를 영양정책에 반영한다. 지역주민을 대상으로 한 영양교육의 목표는 다음과 같다.

① 건강한 식습관 형성을 통하여 영양 상태를 증진시킨다.
② 지역주민 중 만성퇴행성 질환자를 위한 질환별 교육프로그램을 개발하고 이를 실시하여 환자 비율을 감소시킨다.
③ 모자건강교실을 운영하여 임신과 출산 및 육아에 관한 영양지식을 습득하고 실천시킴으로서 모자건강을 향상시킨다.
④ 성장기 어린이의 영양관리가 잘 이루어질 수 있도록 한다.
⑤ 영양상 위험집단인 저소득층에 대한 식생활 지도를 통해 영양상태를 증진시킨다.

⑥ 노인들을 대상으로 노인성 질환에 대한 이해와 영양관리를 위한 영양교실을 운영한다.

3. 보건소 영양교육의 교육내용 계획

① 비만을 비롯한 만성퇴행성 질환의 원인·증세 파악 및 예방법과 식사요법
② 노인의 생리적 변화, 노화현상, 노화 예방법 및 식사요법
③ 임신과 출산에 의한 신체 변화, 영양요구량 변화, 모유 수유방법
④ 이유식, 알레르기 예방 식사요법
⑤ 어린이 편식교정법, 어린이 영양관리의 중요성
⑥ 규칙적인 식사시간, 골고루 먹는 식습관

4. 보건소 영양교육의 방법

보건소의 교육 대상자는 지역 주민으로서 식품 · 영양 · 건강의 모든 면에 관심이 높은 집단이다. 그러나 대상자가 지닌 식품과 영양에 대한 행동, 태도, 지식, 연령, 수입정도가 다르기 때문에 이에 맞는 교육 방법을 선택하여야 한다.

교육 방법으로는 개인별 영양상담과 집단 영양교육을 활용하고 지역사회의 매스컴을 이용하거나 지역주민을 위한 행사 시 영양교육을 실시한다. 또한 대상에 알맞은 교육매체를 개발하고 제작한다.

5. 교육사례

(1) 영양플러스사업

영양플러스사업은 임산부 및 영유아 보충영양 관리사업으로 생리적 요인과 환경여건 등으로 인해 상대적으로 영양상태가 취약한 대상에게 불량한 영양섭취상태의 개선을 통한 건강증진을 위해 영양교육을 실시하고, 영양불량문제의 해소를 돕기 위한 특정식품들을 일정기간 동안 지원하는 제도이다.

특히, 저출산 · 고령화시대를 맞이하여 중요성이 더욱 높아지는 태아 및 영유아의 미래건강을 위해 영양측면에서 위험집단인 임산부(임신부,출산부,수유부) 및 영유아에 대한 영양지원을 실시하는 것으로 시대적 필요성도 크다.

2010년 제정된 국민영양관리법 제11조에서 영양취약계층에 대한 영양관리사업을 국가 및 지방자치단체에서 실시하도록 규정함으로써 영양플러스사업 수행에 대한 명확한 법적 기반이 마련되었다.

① 사업목표

• 빈혈, 저체중, 영양불량 등 취약계층 임산부 및 영유아의 영양문제 해소
• 스스로 식생활을 관리할 수 있는 능력배양을 통해 국민의 장기적 건강 확보

② 영양교육 및 상담

• 각 수혜대상(영유아의 경우 보호자)에게 가능한 한 월 1회(최소 2개월에 1회 이상) 영양교육 및 상담 서비스 제공
• 각 보건소에서는 단체교육, 영양상담 및 가정방문교육 등 교육 형태를 고려하여, 지역에 적합한 영양교육 · 상담 계획을 수립하고, 대상 유형별로 적절한 교육내용 및 방법 처방
• 식생활 · 영양 관리, 모유 수유, 보충식품 이용방법 등에 대해 교육

③ 보충식품공급

• 대상 구분 및 특성에 따라 6가지 패키지 중에서 선택하여 처방
• 대상자의 식생활에서 부족한 영양소 보충을 위해, 쌀, 감자, 달걀, 우유, 검정콩, 김, 미역, 당근, 참치통조림, 귤/오렌지주스 등의 식품을 대상별로 처방된 패키지에 따라 공급

④ 영양평가

• 빈혈 검사, 신장 · 체중 측정, 식품섭취상황 조사 등 대상자의 정기적인 영양상태 평가
• 평가 결과에 따라 맞춤형 영양교육 실시

(2) 보건소 영양교육 프로그램

① 영양나라 체험실(영양 정보실) 운영

보건소 건강정보실에서 음식 모형과 컴퓨터 프로그램을 이용하여 칼로리, 단백질, 칼슘, 인, 비타민, 철분 등 영양소별 섭취량과 식습관의 문제점을 알려주고 올바른 식사방법을 제시해준다.

• 세 끼 식사를 통해 섭취하는 열량, 영양소 함유량과 영양권장량 파악
• 식습관의 문제점에 따른 개선방법 제시 및 상담
• 건강관련 비디오 및 도서 대여

② 대상별 영양 교육 프로그램

보건소에서 운영되는 대상별 영양교육 프로그램의 예는 다음과 같다.

표 11-12 보건소에서 운영되고 있는 영양교육 프로그램의 예

프로그램	대상	내용
영유아 이유식 상담 및 교육	보건소에 등록된 영유아 부모	• 이유식 종류 및 조리방법 교육 • 이유식 시기, 방법, 주의사항 등에 대한 상담 • 이유식 실습
당뇨교실	당뇨환자 및 관심있는 시민	• 당뇨의 일반적인 이해 • 당뇨의 식이, 운동요법, 합병증관리 • 식이요법 실습 : 건강상담 및 홍보물 배부
성인비만 프로그램	BMI 25 이상 지역주민	• 사전, 사후검사(신체계측, 체성분 검사, 혈액검사) • 비만이론교육, 식이상담 및 지도 • 트레이너와 함께하는 근력운동 및 유산소운동
보육시설 미취학아동 영양교육 사업	관내 보육시설 미취학아동	• 편식교정을 위한 '영양주먹밥 만들기' 조리실습 • 영양교육 교재개발 및 교재대여 • 보육시설 영양교육 실시를 위한 교육비 지원사업 및 교사교육
이유식 교실	3~6개월의 아기엄마	• 이유식의 영양관리 • 이유식의 시작과 진행, 이유식의 식품 선택 • 집에서 만드는 맛있는 이유식 만들기(조리시연 및 시식)

3) 보건소 홈페이지를 이용한 영양교육

최근 대부분의 보건소 홈페이지는 많은 영양정보 등을 제공하고 있다.

그림 11-7 서울특별시 강남구 보건소 어린이영양마을 홈페이지

CHAPTER 12

Nutrition Education and Consultation

영양행정기구와 업무

Section 1 우리나라 영양정책 현황

1. 국민건강영양조사

(1) 국민건강영양조사

국민건강영양조사는 1969년 이래 매년 실시된 국민영양조사와 1962년에 시작된 국민건강 및 보건의식행태조사를 통합한 것으로서, 현행 조사는 국민건강증진법 제16조를 근거로 시행되고 있다. 정부는 국민건강영양조사에 관한 모든 내용을 국민건강영양조사(http://knhanes.cdc.go.kr) 사이트를 통해 제공하고 있다.

(2) 국민건강영양조사의 목적

> 국민건강증진법 제16조(국민영양조사 등)
>
> ① 보건복지부장관은 국민의 건강상태 · 식품섭취 · 식생활조사 등 국민의 영양에 관한 조사를 정기적으로 실시한다.
>
> ② 특별시 · 광역시 및 도에는 국민영양조사와 영양에 관한 지도업무를 행하기 위한 공무원을 두어야 한다.
>
> ③ 국민영양조사를 행하는 공무원은 그 권한을 나타내는 증표를 관계인들에게 내보여야 한다.
>
> ④ 국민영양조사의 내용 및 방법 기타 국민영양조사와 영양에 관한 지도에 관하여 필요한 사항은 대통령령으로 정한다.

① 국민건강증진종합계획의 목표, 중간평가 및 목표 수정

② 흡연, 음주, 영양 등 건강위험요인과 주요 질환의 관련성 분석

③ 주요 만성질환 유병률 및 주요 만성질환의 관리지표(인지율, 치료율, 조절률 등)를 파악

④ 질병이나 장애의 종류 및 정도에 따른 보건의료서비스 이용 현황

⑤ 국가 간 비교 가능한 건강지표 산출

(3) 국민건강영양조사 연혁

그림 12-1 국민건강영양조사 연혁

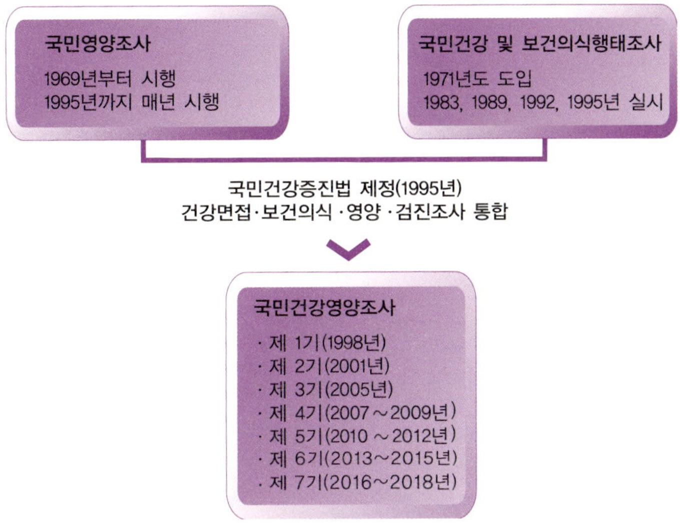

표 12-1 연도별 국민건강영양조사의 내용 및 수행기관

구분	제1기(1998)	제2기(2001)	제3기(2005)	제4기(2007~2009)
규모(검진기준)	22~24가구/200조사구	22가구/200조사구	22~26가구/200조사구	23가구/500조사구
시기	11~12월	11~12월	4~6월	연중
수행기관	한국보건사회연구원 한국보건산업진흥원	한국보건사회연구원 한국보건산업진흥원	한국보건사회연구원 한국보건산업진흥원 질병관리본부	질병관리본부
구분	제5기(2010~2012)	제6기(2013~2015)	제7기(2016~2018)	제8기(2019~2021)
규모(검진기준)	20가구/576조사구	20가구/576조사구	23가구/576조사구	-
시기	연중	연중	연중	-
수행기관	질병관리본부	질병관리본부	질병관리본부	-

(4) 국민건강영양조사의 수행체계

그림 12-2 국민건강영양조사 수행체계

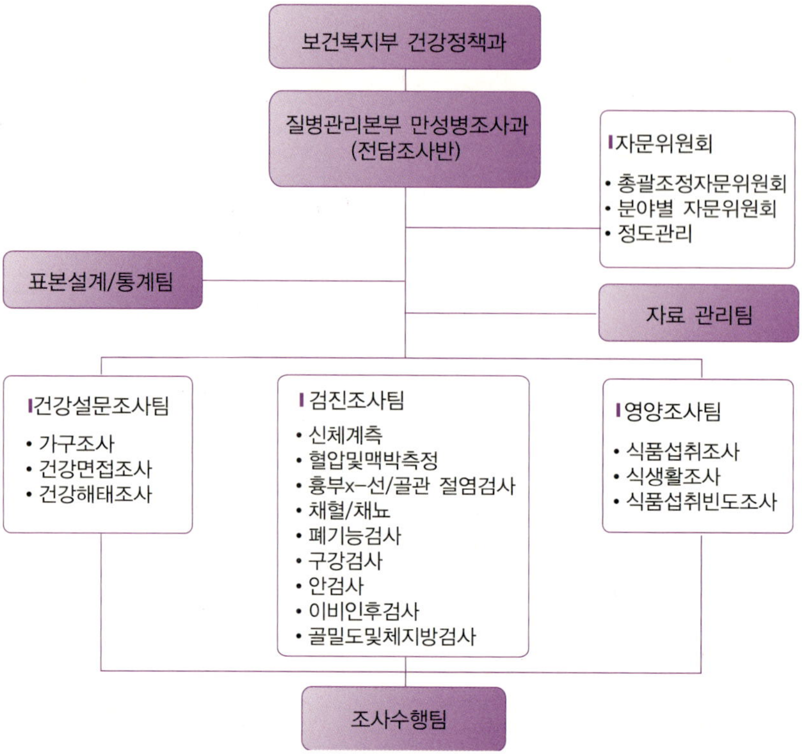

(5) 국민건강영양조사의 내용

표 12-2 국민건강영양조사의 내용

검진조사	• 신체계측, 혈압측정 • 임상검사 • 구강 검사, 폐기능 검사 • 안 검사, 이비인후 검사, 흉부 X선 검사(2008년 7월 이후 추가) • 골다공증 및 체지방 검사(2008년 7월 이후 추가) • 골관절염 검사(2009년 8월 이후 추가)	
영양조사	• 식품 및 영양소 섭취현황 • 식이보충제 • 식품안정성 • 이유보충식	• 식생활행태 • 영양지식 • 수유현황 • 식품섭취빈도
건강설문	• 만성질환 이환 • 활동제한 및 삶의 질 • 건강행태(흡연, 음주, 신체활동 등)	• 손상(사고 및 중독) • 의료이용

(6) 국민건강영양조사의 결과 활용

① 국민건강증진종합계획 2010 평가
② 국민건강증진 프로그램 개발
③ 지역보건의료계획 목표 수립 및 평가
④ OECD, WHO 등의 국제기구가 요구하는 보건부문 통계 산출
⑤ 건강수준 및 보건행태에 관한 지표의 국가 간 비교
⑥ 주요 만성질환의 유병률 파악
⑦ 주요 만성질환의 효과적인 관리 방안 모색
⑧ 정부의 지원이 필요한 건강취약계층 파악
⑨ 질병이나 사고로 인해 일상생활에 장애를 가진 집단 파악
⑩ 사고 및 중독의 예방대책 수립
⑪ 건강관련 삶의 질 향상을 위한 계획 수립
⑫ 영양취약계층 확인 및 관리 방안 마련
⑬ 영양교육프로그램 및 매체 개발
⑭ 가공식품의 영양표시제도 확립
⑮ 식품위해관리를 위한 근거자료 제시
⑯ 모유수유 실태 파악 및 임신/수유부 대상 모유 수유 권장 교육
⑰ 영양섭취기준의 제정, 학교 및 산업체의 급식 방향 설정
⑱ 영양감시체계 구축의 근거 제시

2. 식생활 지침

보건복지부에서 발표한 임신수유부, 영유아, 어린이, 청소년 및 성인 등의 연령별, 생애주기별 식생활지침은 다음 그림 12-3과 같다.

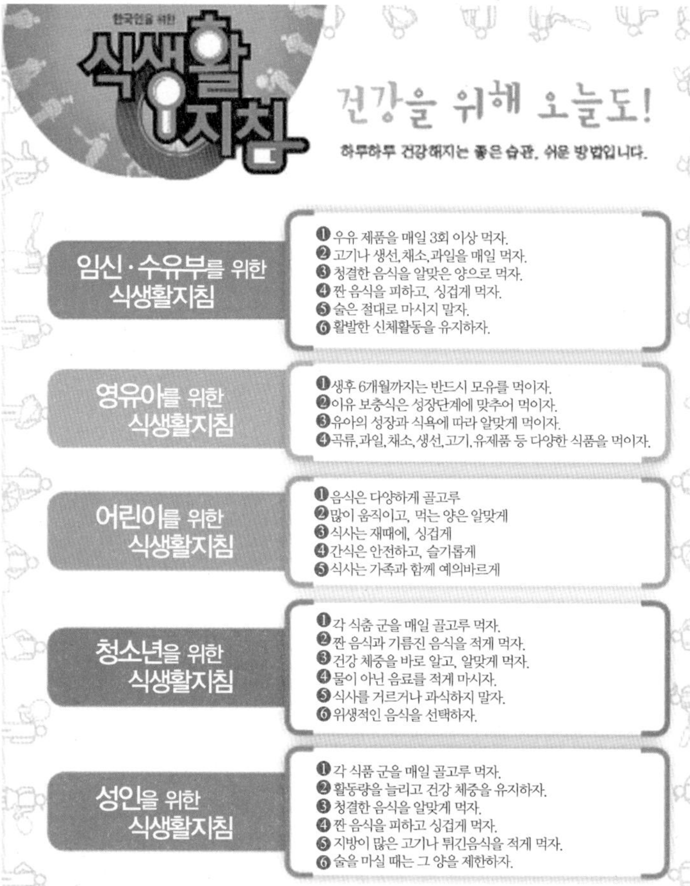

그림 12-3 연령별, 생애주기별 식생활지침

3. 영양섭취기준

(1) 한국인 영양섭취기준의 정의 및 설정 배경

한국인 영양섭취기준은 한국인의 건강을 최적 상태로 유지할 수 있는 영양소들의 섭취수준을 의미한다. 한국인 영양섭취기준은 1962년에 국제연합식량농업기구(FAO) 한국협회가 처음으로 제정하여 1967년, 1975년, 1980년, 1985년, 1989년, 1995년, 2000년, 2015년에는 새로운 개념의 제 8차 영양섭취기준으로 바뀌었다.

제 7차 개정까지의 영양권장량에서는 각 영양소의 단일값을 제시했으나, 2015년에 개정된 8차 영양섭취기준에서는 여러 단계의 영양섭취상태는 물론 만성질환이나 영양소의 과다섭취를 예방하는 것까지 고려하여 평균필요량 · 권장섭취량 · 충분섭취량 · 상한섭취량의 4가지 기준으로 구성되어 있다.

어르신을 위한 식생활지침

각 식품군을 매일 골고루 먹자

❶ 고기, 생선, 계란, 콩 등의 반찬을 매일 먹습니다.
❷ 다양한 채소 반찬을 매끼 먹습니다.
❸ 다양한 우유제품이나 두유를 매일 먹습니다.
❹ 신선한 제철 과일을 매일 먹습니다.

짠 음식을 피하고 싱겁게 먹자

❶ 음식을 싱겁게 먹습니다.
❷ 국과 찌개의 국물을 적게 먹습니다.
❸ 식사를 할 때 소금이나 간장을 더 넣지 않습니다.

식사를 규칙적이고 안전하게 하자

❶ 세끼 식사를 꼭 합니다.
❷ 외식할 때는 영양과 위생을 고려하여 선택합니다.
❸ 오래된 음식은 먹지 않고, 신선하고 청결한 음식을 먹습니다.
❹ 식사로 건강을 지키고 식이보충제가 필요한 경우는 신중히 선택합니다.

물은 많이 마시고 술은 적게 마시자

❶ 목이 마르지 않더라도 물을 자주 충분히 마십니다.
❷ 술은 하루 1잔을 넘기지 않습니다.
❸ 술을 마실때에는 반드시 다른 음식과 같이 먹습니다.

활동량을 늘리고 건강한 체중을 갖자

❶ 앉아있는 시간을 줄이고 가능한 한 많이 움직입니다.
❷ 나를 위한 건강 체중을 알고, 이를 갖도록 노력합니다.
❸ 매일 최소 30분 이상 숨이 찰 정도로 유산소 운동을 합니다.
❹ 일주일에 최소 2회, 20분 이상 힘이 들 정도로 근육 운동을 합니다.

그림 12-4 어르신을 위한 식생활지침

1) 평균필요량(estimated average requirements ; EAR)

• 건강한 사람들의 일일 필요량의 중앙값

대상집단을 구성하는 건강한 사람들의 절반에 해당하는 사람들의 일일 필요량을 충족시키는 값으로 대상집단의 필요량분포치 중앙값으로부터 산출한 수치이다.

2) 권장섭취량(Recommended Intake ; RI)

• 평균필요량에 표준편차의 2배를 더하여 정한 값

권장섭취량은 최적의 건강상태 유지를 위해 필요한 영양소 섭취기준으로 한 개인의 영양필요량이 아니라 건강한 인구 집단의 97~98%의 영양필요량을 충족시킨다. 권장섭취량은 특정 인구집단의 평균 영양소 필요량에 안전율을 더한 값으로, 안전율로는 보통 표준편차의 2배를 이용하며, 에너지는 평균값을 필요추정량으로 이용하여 권장섭취량이 정해져 있지 않다.

3) 충분섭취량(Adequate Intake ; AI)

• 평균필요량에 대한 정보가 부족한 경우 건강인의 영양섭취량을 토대로 설정한 값

영양소 필요량에 대한 정확한 자료가 부족하거나 필요량의 중앙값과 표준편차를 구하기 어려우므로 권장섭취량을 산출할 수 없는 경우에 제시하는데, 실험적으로 혹은 관찰에 의해 해당 인구집단에서 양호한 영양상태를 유지할 수 있는 것으로 판단되는 1일 영양소 섭취수준을 말한다.

4) 상한섭취량(Tolerable Upper Intake Level ; UL)

• 인체 건강에 유해영향이 나타나지 않는 최대 영양소 섭취수준

과량섭취 시에는 건강에 악영향의 위험이 있다는 자료가 있는 경우에 설정이 가능하다. 특히 무기질과 비타민은 체내 요구량이 적은데 비해 과량으로 섭취할 가능성이 높은 영양소이다.

표 12-3 한국인 영양섭취기준 (2015년)

	연령	체중 (kg)	신장 (cm)	에너지 (Kcal)	단백질 (g)		비타민 A (μg RE)			비타민 D (μg)		비타민 E (mg, α-TE)	
				필요추정량	EAR	RNI	EAR	RNI	UL	AI	UL	AI	UL
영아 (개월)	0~5	6.2	60.3	550					600	5	25	3	
	6~11	8.9	72.2	700	10	15			600	5	25	4	
소아 (세)	1~2	12.5	86.4	1,000	12	15	200	300	600	5	30	5	200
	3~5	17.4	105.4	1,400	15	20	230	350	700	5	35	6	250
남자 (세)	6~8	26.5	126.4	1,700	20	25	320	450	1,000	5	40	7	300
	9~11	38.2	142.9	2,100	35	40	420	600	1,500	5	60	9	400
	12~14	52.9	163.5	2,500	45	55	540	750	2,100	10	100	10	400
	15~18	63.1	173.3	2,700	50	65	620	850	2,300	10	100	11	500
	19~29	68.7	174.8	2,600	50	65	570	700	3,000	10	100	12	540
	30~49	66.6	172	2,400	50	60	550	750	3,000	10	100	12	540
	50~64	63.8	168.4	2,200	50	60	530	750	3,000	10	100	12	540
	65~74	61.2	164.9	2,000	45	55	500	700	3,000	15	100	12	540
	75 이상	60.0	163.3	2,000	45	55	500	700	3,000	15	100	12	540
여자 (세)	6~8	25	125.0	1,500	20	25	290	400	1,000	5	40	7	300
	9~11	35.7	142.9	1,800	30	40	380	550	1,500	5	60	9	400
	12~14	48.5	158.1	2,000	40	50	470	650	2,100	5	100	10	400
	15~18	53.1	160.9	2,000	40	50	440	600	2,300	5	100	11	500
	19~29	56.1	161.5	2,100	45	55	460	650	3,000	5	100	12	540
	30~49	54.4	59.0	1,900	40	50	450	650	3,000	5	100	12	540
	50~64	51.9	155.4	1,800	40	50	430	600	3,000	10	100	12	540
	65~74	49.7	152.1	1,600	40	45	410	550	3,000	10	100	12	540
	75 이상	46.5	147.1	1,600	40	45	410	550	3,000	10	100	12	540
임산부				+0/ +340/ +450	+0/ +12/ +25	+0/ +15/ +30	+50	+70	3000	+5	+100	+0	540
수유부				+320	+20	+25	+350	+490	3000	+5	+100	+3	540

RNI : 권장섭취량(Recommended Nutrient Intake)
EAR : 평균필요량(Estimated Average Requirement)
UL : 상한섭취량(Tolerable Upper Intake Level)
AI : 충분섭취량(Adquate Intake)

표 12-3 한국인 영양섭취기준 (2015)

	연령	비타민 C (mg)			비타민 B1 (mg)		비타민 B2 (mg)		나이아신 (mg, NE)			비타민 B6 (mg)		
		EAR	RNI	UL	EAR	RNI	EAR	RNI	AI	RNI	UL	AI	RNI	UL
영아	(개월)													
	0~5													
	6~11													
소아 (세)	1~2	30	35	350	0.4	0.5	0.5	0.6	4	6	10	0.5	0.6	25
	3~5	30	40	500	0.4	0.5	0.6	0.7	5	7	10	0.6	0.7	35
남자 (세)	6~8	40	55	700	0.6	0.7	0.7	0.9	7	9	15	0.7	0.9	45
	9~11	55	70	1,000	0.7	0.9	0.9	1.1	9	12	20	0.9	1.1	55
	12~14	70	90	1,400	0.8	1.1	1.2	1.5	11	15	25	1.3	1.5	60
	15~18	80	105	1,500	1.1	1.3	1.4	1.7	13	17	30	1.3	1.5	65
	19~29	75	100	2,000	1.0	1.2	1.3	1.5	12	16	35	1.3	1.5	100
	30~49	75	100	2,000	1.0	1.2	1.3	1.5	12	16	35	1.3	1.5	100
	50~64	75	100	2,000	1.0	1.2	1.3	1.5	12	16	35	1.3	1.5	100
	65~74	75	100	2,000	1.0	1.2	1.3	1.5	12	16	35	1.3	1.5	100
	75 이상	75	100	2,000	1.0	1.2	1.3	1.5	12	16	35	1.3	1.5	100
여자 (세)	6~8	45	60	700	0.6	0.7	0.6	0.7	7	9	15	0.7	0.9	45
	9~11	60	80	1,000	0.7	0.9	0.8	0.9	9	12	20	0.9	1.1	55
	12~14	75	100	1,400	0.9	1.1	1.0	1.2	11	15	25	1.2	1.4	60
	15~18	70	95	1,500	0.9	1.0	1.0	1.2	11	14	30	1.2	1.4	65
	19~29	75	100	2,000	0.9	1.1	1.0	1.2	11	14	35	1.2	1.4	100
	30~49	75	100	2,000	0.9	1.1	1.0	1.2	11	14	35	1.2	1.4	100
	50~64	75	100	2,000	0.9	1.1	1.0	1.2	11	14	35	1.2	1.4	100
	65~74	75	100	2,000	0.9	1.1	1.0	1.2	11	14	35	1.2	1.4	100
	75 이상	75	100	2,000	0.9	1.1	1.0	1.2	11	14	35	1.2	1.4	100
임산부		+10	+10	2,000	+0.4	+0.4	+0.3	+0.4	3	4	35	+0.7	+0.8	100
수유부		+35	+40	2,000	+0.3	+0.4	+0.4	+0.4	2	3	35	+0.7	+0.8	100

한국영양학회 - 2015년 한국인 영양섭취기준 개정판

4. 영양사 제도

(1) 영양사의 양성

식품위생법 제 37조 및 영양사에 관한 규칙에 따라 고등교육법령에 의한 학교의 학칙에 의하여 식품학 및 영양학을 전공한 자로서 교과목 및 학점이수 등에 관하여 보건복지가족부령이 정하는 요건을 갖춘 자에게 영양사 국가고시 응시자격이 부여된다.

(2) 영양사의 진출분야

영양사란 질병예방과 건강증진을 위해 급식관리 및 영양서비스를 수행하는 전문인을 말한다.

2000년 1월「한국표준직업분류」가 개정고시됨에 따라 영양사가 전문가 중 보건의료전문가로 분류되었으며 임상영양사, 급식관리 영양사(급식관리 영양사, 학교급식 영양사), 보건 및 상담영양사(보건영양사, 상담영양사), 기타영양사(식품위생 영양사)로 세분류되었다.

1. 전문가 - 14. 보건의료전문가 - 145. 영양전문가 - 1450. 영양전문가 - 14501. 임상영양사 - 14502. 급식관리영양사 - 14503. 보건 및 상담영양사 - 14509. 기타 영양사

(3) 영양사의 직무 및 임무

법에 의한 영양사의 직무 및 임무는 다음 표 12-4, 12-5와 같다.

표 12-4 영양사의 직무

식품위생법 시행규칙 제79조	국민영양관리법 제17조
• 식단 작성, 검식(檢食) 및 배식 관리 • 구매식품의 검수(檢受) 및 관리 • 급식시설의 위생적 관리 • 집단급식소의 운영일지 작성 • 종업원에 대한 영양 지도 및 식품위생교육	1. 건강증진 및 환자를 위한 영양 · 식생활 교육 및 상담 2. 식품영양정보의 제공 3. 식단작성, 검식(檢食) 및 배식관리 4. 구매식품의 검수 및 관리 5. 급식시설의 위생적 관리 6. 집단급식소의 운영일지 작성 7. 종업원에 대한 영양지도 및 위생교육

표 12-5 영양사의 임무

임무	내용
1. 식단관리	
2. 식재료 구매관리	
3. 식재료 보관 및 재고관리	
4. 조리작업관리	
5. 배식관리	
6. 퇴식 및 식기세정 소독관리	
7. 위생관리	
8. 급식시설 설비 및 기기관리	
9. 인력관리	
10. 급식경영	
11. 생애주기별 영양상태 평가하기	15. 영양교육 내용
12. 질환별 영양상태 평가하기	15.1. 영양교육 대상 진단하기
13. 특수환경하의 영양상태 평가하기	15.2. 영양교육 계획 세우기
14. 영양치료	15.3. 생애주기별 영양교육하기
15. 영양교육	15.4. 질환별 영양교육하기
16. 보건영양사업	15.5. 영양상담실 운영하기
17. 자기계발	15.6. 영양교육 평가하기

대한영양사협회, '영양사 직무분석'

(4) 영양사와 관련된 내용

그 밖에 영양사와 관련된 행정사항을 정리하면 표 12-6과 같다.

표 12-6 영양사와 영양사와 관련된 행정 사항

연도	근거	내용
1969	국민영양개선령	영양지도원 배치
1979	국가공무원법	정규 보건직 공무원으로 임용
1981	학교급식법	
1982	의료법	병원에서의 영양사 배치
1991	영유아보육법	100인 이상 시설에 영양사 배치
1994	보건복지부 보건사업지침	영양사업 시범보건소를 선정(28개)
1995	국민건강증진법	영양개선사업으로 보건소 영양사 채용
1995	지역보건법	보건소 보건의료 전문인력 배치기준에 영양사 포함
2000	보건의료기본법	영양사 보건의료인으로 분류
2003	보건복지부 고시	영양치료행위 요양급여 인정 (당뇨, 고혈압, 심장질환, 암, 장루수술, 투석 및 치질환 교육, 상담료 인정)
2003	초·중등교육법, 학교급식법	영양교사 제도 도입
2005	유아교육법 시행규칙	유치원의 영양사 배치

영양사 선서

一. 나는 영양사로서 책임과 의무를 가지고 모든 사람이 건강한 삶을 누리도록 헌신하겠습니다.

一. 나는 최신의 영양정보와 올바른 지식을 국민에게 전달하고 지속적인 자기개발과 연구에 힘쓰겠습니다.

一. 나는 영양서비스를 받고자 하는 모든 이들에게 인도적으로 봉사하며 직무상 얻어진 고객의 비밀을 지키겠습니다.

一. 나는 개인의 이익보다 국민의 건강과 생명을 더 존중하며 소외된 자들의 영양상태 개선에 노력하여 복지사회 구현에 앞장서겠습니다.

一. 나는 국민건강 지킴이로서 영양사직의 발전을 위해 최선을 다하겠습니다.

나는 나의 명예를 걸고 이를 엄숙하게 선서합니다.

5. 국민건강증진법

국민건강증진기금사업은 국민에게 건강에 관한 올바른 지식을 보급하고 스스로 건강한 생활을 실천할 수 있는 여건을 조성해줌으로써 국민의 건강을 증진시키는 것을 목적으로 보건복지부의 주도로 시행되는 보건교육, 질병 예방, 영양 개선, 건강생활 실천운동 등의 사업이다

표 12-7 국민건강증진법의 구성

제1장	총칙 : 국민건강증진종합계획의 수립 등
제2장	국민건강의 관리 : 국민영양조사 등
제3장	국민건강증진기금
제4장	보칙

6. 국민영양관리법

이 법은 국민의 식생활에 대한 과학적인 조사·연구를 바탕으로 체계적인 국가영양정책을 수립·시행함으로써 국민의 영양 및 건강 증진을 도모하고 삶의 질 향상에 이바지하는 것을 목적으로 한다.

표 12-8 국민영양관리법의 구성

제1장	총칙
제2장	국민영양관리기본계획 등
제3장	영양관리사업
제4장	영양사의 면허 및 교육 등
제5장	보칙

7. 어린이 식생활 안전관리 특별법

이 법은 어린이들이 올바른 식생활 습관을 갖도록 하기 위하여 안전하고 영양을 고루 갖춘 식품을 제공하는 데 필요한 사항을 규정함으로써 어린이 건강증진에 기여함을 목적으로 한다.

표 12-9 어린이 식생활 안전관리 특별법의 구성

제1장	총칙
제2장	어린이 식품안전보호구역 지정관리
제3장	어린이 기호식품 관리 : 정서저해 식품 등의 판매 금지 등
제4장	• 올바른 식생활 정보 제공 등 : 영양성분의 함량 색상 · 모양 표시 • 어린이 식품안전 · 영양교육 및 홍보 등
제5장	• 어린이 급식관리 지원 센터
제6장	• 식생활 안전관리체계 구축 : 식생활 안전지수 조사

8. 식생활 교육지원법

이 법은 식생활에 대한 국민적 인식을 높이기 위하여 필요한 사항을 정함으로써 국민의 식생활 개선, 전통 식생활 문화의 계승 · 발전, 농어업 및 식품산업 발전을 도모하고 국민의 삶의 질 향상에 기여함을 목적으로 한다.

표 12-10 식생활 교육지원법의 구성

제1장	총칙
제2장	식생활 교육의 기본방향 : 건전한 식습관 형성, 식생활에 대한 감사와 이해, 어린이 식생활 교육, 식생활 체험활동 촉진, 전통 식생활 문화 계승과 지역 농수산물의 활용, 환경친화적인 식생활 실천
제3장	식생활 교육 기본계획 등
제4장	식생활 교육 기반 조성 : 식생활 지침 개발 · 보급, 전통 식생활 문화 및 농어촌 식생활 체험 활성화, 학교에서의 식생활 교육
제5장	보칙

식생활교육지원법에 의거 국가 식생활교육 기본계획이 수립되었으며, 그 주요 추진과제는 다음 표 12-11과 같다.

표 12-11 국가 식생활교육 기본계획의 주요 내용

부문	추진과제	세부실천과제
1. 식생활교육 인프라 구축	1-1. 법령체계 정비	• 식생활교육지원법 시행
	1-2. 전문인력 양성	• 식생활 교육기관 지정 • 교육기관을 통한 전문인력 양성
	1-3. 녹색 식생활 가이드 마련	• 식생활실태조사 실시 • 녹색 식생활지침 개발 · 보급
	1-4. 정보플랫폼 구축	• 녹색 식생활정보 114 구축 • 물레방아 식생활모형 개발 · 보급
	1-5. 추진체계 정립	• 국가, 지역 식생활교육위원회 구성 • 지역 식생활교육 기본계획 수립 • 식생활교육 조례 제정 • 범국민운동조직 활동지원

부문	추진과제	세부실천과제
2. 환경친화적인 식생활 기반 구축	2-1. 환경친화형 식생활교육 · 식품안전교육 강화	• 환경친화적 식품소비 활성화 교육 • 농식품 안전교육 강화 • 자원절약교육 확대
	2-2. 환경친화적인 식생활 실천기반 확충	• 친환경농산물 급식지원센터, 소비지판매장 지원 • '녹색매점' 설치 • '지역순환형 학교급식시스템' 구축 • 푸드마일리지 정보제공 • '식품 탄소표시 인증제' 도입 • 건강 · 검소 · 고품격 한식 세계화 추진
3. 한국형 식생활 실천	3-1. 가정에서의 식생활교육 실천 유도	• 가정식생활 수첩 배포 • 가족 밥상의 날 지정 • 식생활교육의 달 지정 • 생애주기별, 가족구성원별 교육기회 제공
	3-2. 유치원 · 학교에서의 식생활교육 강화	• 식생활교육교재 제작 · 보급 • 식생활 연구학교, 방과후교실 지정 · 운영 • 교내 대상 녹색 식생활교육사업 실시 • 녹색 식생활지침을 반영한 교육과정 개정
	3-3. 전통식문화 계승 · 발전	• 향토음식 자원화(농가맛집 등) • 맞춤형 전통식생활교육 실시 • 향토음식연구회 활성화 • 한식 우수성 DB 구축, 홍보
4. 체험을 바탕으로 배려와 감사하는 식생활	4-1. 농어촌 체험을 통한 배려와 감사의 마음 배양	• 우수 농어촌 식생활 체험공간 지정 • 농어촌 체험교육 활성화 • 농어촌 체험 여행상품 개발
	4-2. 식생활 체험기회의 확대	• 학생 · 학부모 및 전국민 체험 활성화 • 식생활 증진 학술행사, 페스티벌 개최 · 지원 • 도시농업(시민텃밭, 옥상정원 등) 확산 • 1가족, 1교, 1사 – 1체험농장 갖기 운동 전개

Section 2 우리나라의 영양관련 행정기구

1. 보건복지부

보건복지부는 영양행정의 중앙기관으로 식품위생법을 비롯하여 영양사에 대한 규칙과 국민건강증진법 시행령 및 시행규칙 등을 관장하며 국민영양개선량을 제시한다. 건강파트에서는 식품안전지킴이, 생애주기별 맞춤형 건강정보 제공, 보건소 중심 통합건강관리체계 구축을 담당하고 있다.

(1) 건강길라잡이

그림 12-4 보건복지부의 대상별 사업 분야

건강길라잡이는 보건복지부 건강증진기금으로 운영되는 사이트로 건강한 생활을 위해 금연, 절주, 운동, 영양, 아동건강, 노인건강, 여성건강 등의 다양한 정보를 제공하고 있다. 특히 영양가이드로 건강다이어리를 운영하는데 여기에 자신의 신장과 체중 등 신상정보를 입력하면 비만도와 본인의 건강상태를 확인할 수 있으며 자신의 영양섭취상태와 운동상태 입력을 통하여 식생활 및 운동을 평가하여 한 눈에 알아 볼 수 있는 그래프를 제공하고 있다.

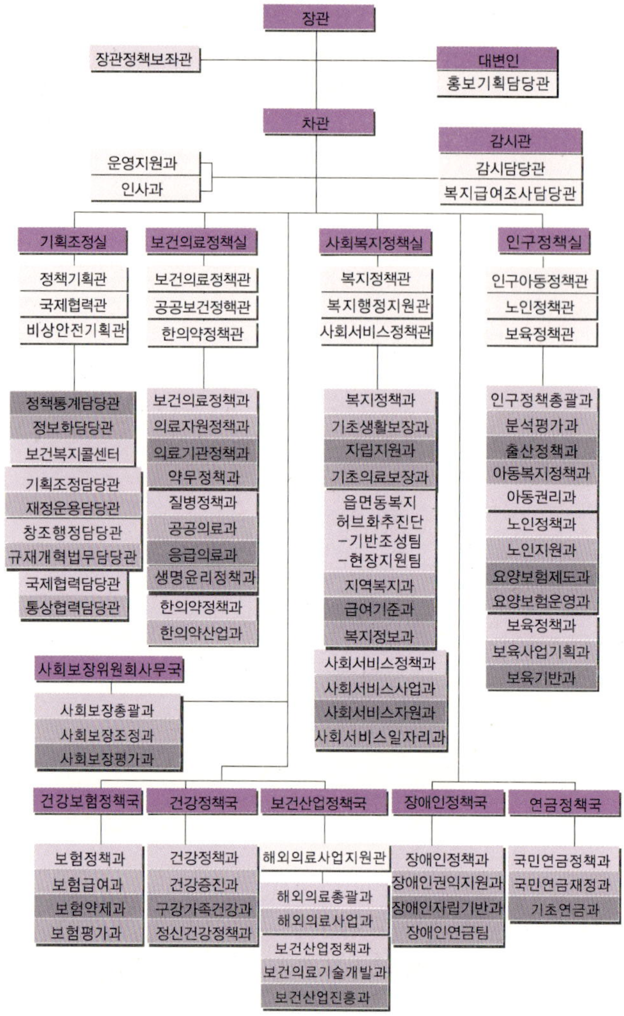

그림 12-5 보건복지부 조직도

(2) 질병관리본부(http://www.cdc.go.kr/)

전염병 및 특수질환에 관한 조사 및 연구평가 업무를 관장한다. 전염병에 관한 조사연구 업무는 전염병의 전파방지, 효과적인 예방 · 진단 · 치료법의 개발, 신종 전염병 발생에 대비하는 것 등을 주요 내용으로 하고 있다. 비전염성 질환에 대한 조사연구 업무는 간편한 진단방법의 개발, 효율적 치료법의 연구개발, 효과적인 예방방법의 모색 등이다. 이를 통하여 국민의 건강증진과 보건향상을 위해 노력하고 있다.

국민건강영양조사의 검진조사를 담당하고 있다.

그림 12-6 건강길라잡이의 주요서비스 (http://www.hp.go.kr/)

(3) 한국보건산업진흥원 (http://www.khidi.or.kr/)

한국보건산업진흥원은 한국보건산업진흥원법에 근거하여 1998년에 설립된 준정부기관으로 국내외 환경변화에 대응할 수 있는 보건산업의 육성 · 발전과 보건서비스의 향상을 위한 지원사업을 전문적 · 체계적으로 수행함으로써 보건산업의 국제경쟁력을 높이고 국민보건 향상에 이바지함을 목적으로 한다.

국민건강영양조사의 영양조사 부분을 담당하고 있다.

(4) 한국보건사회연구원 (http://www.kihasa.re.kr/)

한국보건사회연구원은 국민보건의료 · 국민연금 · 건강보험 · 사회복지 및 사회정책과 관련된 제 부문의 정책과제를 현실적이고 체계적으로 연구 · 분석하고 주요 정책과제에 대한 국민의 의견수렴과 이해증진을 위한 활동을 수행함으로써 국가의 장 · 단기 보건의료 사회복지 정책수립에 이바지함을 목적으로 한다.

(5) 식품의약품안전처(http://www.mfds.go.kr/)

식품 · 의약품 · 화장품 · 의료기기 등의 안전성 및 유효성을 확보하고 과학적인 정보를 제공함으로써 국민건강을 보호하고 증진시키기 위한 목적으로 설립되었으며, 영양표시제를 관장하고 있다.

① 식품나라 (http://www.foodnara.go.kr/)

식품안전포털 식품나라는 식품안전과 관련한 정보를 한곳에서 서비스하기 위한 국가 식품안전 포털이다. 국민과 기업이 단일채널을 통하여 식품안전 관련 정보를 보다 쉽게 획득할 수 있는 식품안전종합정보 서비스를 제공함으로써 국민의 능동적 참여 기반을 마련하여 국민 중심의 식품안전체계를 강화하고 나아가 모든 국민이 건강하고 안전한 삶을 누리는 사회실현에 기여한다.

• 식품나라의 주요 서비스
  - 식품의약품안전청, 농림수산식품부 등 식품안전관련 유관기관의 정보를 통합하여 식품의 안전에 대한 종합적인 정보를 제공
  - 안전한 식생활을 위한 다양한 교육 컨텐츠 서비스
  - 식품 안전사고에 대한 긴급 경보 서비스를 제공

그림 12-7 식품나라의 주요 서비스

② 식품의약품 안전평가원 (http://www.nifds.go.kr/)

식품의약품 안전평가원은 선진국 수준의 식품안전관리 및 국민건강증진을 위하여 식품 위해요소 및 위해가능 영양성분 등에 대한 과학적 기준규격(안)을 마련하고 사전 예방적 안전관리 체계 구축 및 관련 정책수립 기반 마련을 목적으로 하고 있다.

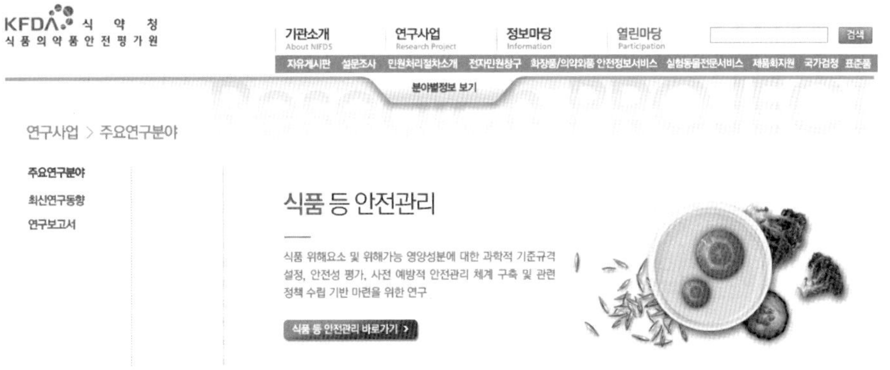

그림 12-8 식품의약품 안전평가원의 주요 서비스

식품의약품 안전평가원의 식품 등 안전관리의 주요 내용은 다음과 같다.

• 식품안전관리 선진화

식품 중 위해물질의 기준 신설을 위한 시험법 개발, 위해평가, 모니터링, 유해물질 저감화 등을 수행하여 식품의약품안전청의 규격 마련을 위한 과학적 근거 제공

• 소비자 건강서비스 연구

부정식품관리, 고령화 사회를 대비한 질병관련 영양관리, 한국인 영양성분 섭취량과 만성질환 연구, 나트륨 저감화 등을 위한 범정부적인 대책마련을 위한 연구

• 미래대비 식품관리 기반 구축

기후변화와 녹색성장 관련 미래대비 식생활 안전, 어린이 먹을거리 안전 연구, 식품안전 글로벌 리더십 향상 정책 마련, 신뢰성이 확보된 식품영양성분 DB 구축 등 기반 연구

(6) 보건소

보건소는 지역 주민의 질병을 예방하고 건강을 증진시켜서 국민보건 향상에 이바지하는 지역 보건의료기관으로 보건소는 지역보건법 제9조에 따라 각 시와 군 및 구에 설치되어 있다.

보건기관 업무는 지역보건법에 근거한 국민건강증진부터 지역사회 보건의료 현황의 연구사업 등 총 16가지로 분류된다.

보건소의 업무

1. 국민건강증진, 보건교육, 구강건강 및 영양개선사업
2. 전염병의 예방 · 관리 및 진료
3. 모자보건 및 가족계획 사업
4. 노인보건사업
5. 공중위생 및 식품위생
6. 의료인 및 의료기관에 대한 지도 등에 관한 사항
7. 의료기사, 의무기록사 및 안경사에 대한 지도 등에 관한 사항
8. 응급의료에 관한 사항
9. 농어촌 등 보건의료를 위한 특별조치법에 의한 공중보건의사, 보건진료원 및 보건진료소에 대한 지도
10. 약사에 관한 사항과 마약. 향정신성 의약품에 관한 관리
11. 정신보건에 관한 관리
12. 가정, 사회복지시설 등을 방문하여 행하는 보건의료사업
13. 지역주민에 대한 진료, 건강진단 및 만성퇴행성 질환 등의 질병관리에 관한 사항
14. 보건에 관한 실험 또는 검사에 관한 사항
15. 장애인의 재활사업 기타 보건복지부령이 정하는 사회복지사업
16. 기타 지역주민의 보건의료의 향상 · 증진 및 이를 위한 연구 등과 관련한 사업

2. 농림수산식품부

농업 · 어업과 식품산업 관련 업무를 총괄하는 중앙행정기관으로써 2008년 정부조직 개편으로 기존의 농림부에 해양수산부의 어업 · 수산업과 보건복지부의 식품산업 업무를 통합하여 확대 개편되었다.

복수차관제를 도입하여 2명의 차관을 두고, 제1차관은 기획과 정책을 총괄하고, 제2차관은 농수산 · 식품 등 생산 분야를 전담한다. 자유무역협정(FTA) 등의 개방에 맞서 국내 식품산업을 육성하기 위하여 신설된 식품산업본부와 농업정책총괄본부, 수산정책본부를 3대 축으로 운영된다. 주로 '농산 · 수산 · 축산, 식량 · 농지 · 수리, 식품산업진흥, 농어촌 개발 및 농수산물 유통' 에 관한 사무를 관장한다.

(1) 농촌진흥청

국가의 기본산업인 농업의 발전과 농업인의 복지향상을 도모하기 위하여 농업과학기술의 진흥을 위한 시험연구사업 · 농촌지도사업 및 농업 관련인에 대한 교육훈련사업의 실시에 관하여 필요한 사항을 규정함을 목적으로 한다.

3. 교육과학기술부

학교급식법에 근거를 두고 학생건강안전과에서 초등 및 중등학생에 대한 학교보건과 학교급식의 계획 및 추진을 관장하고 있다.

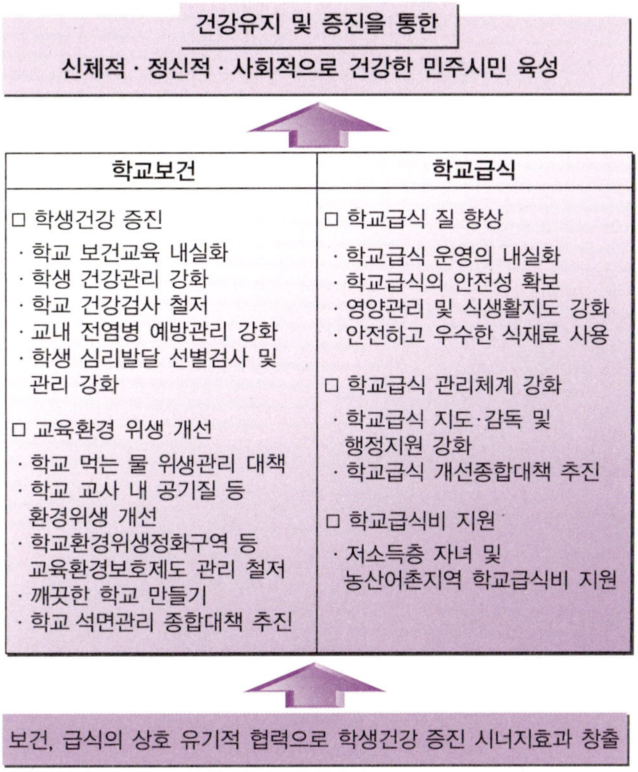

그림 12-9 교육과학기술부의 학교급식 계획 (2011년)

4. 법무부

교정국의 복지지원과에서 전국의 교도소 · 구치소 및 소년원 등 교정시설에 대한 급식문제를 관장하고 있다.

5. 국방부

중앙급식제도 연구위원회가 설치되어 국군 급식의 영양향상을 위해서 연구하고 있다.

표 12-12 장병들 1인 1일 영양권장량

영양소 섭취목표(1인 1일)

권장열량 (kcal)	탄수화물 (g)	단백질 (g)	지방 (g)	칼슘 (mg)	비타민			
					A(RE)	B_1(mg)	B_2(mg)	C(mg)
3,300	537	123	73	700	700	1.65	1.98	70

Section 3 국제영양기구의 활동

1. 세계보건기구(World Health Organization, http://www.who.int/)

WHO는 보건위생 분야의 국제적인 협력을 위하여 1948년 4월 7일 설립된 UN(United Nations : 국제연합) 전문기구로서 한국은 1949년에 가입하였다. 세계 모든 사람들이 가능한 한 최고의 건강수준에 도달하는 것을 목적으로 하며, 국제 보건사업의 지도적 · 조정적 기구로서의 역할을 한다. WHO 헌장은 '건강이란 단순히 질병이 없는 상태가 아니라 육체적, 정신적, 그리고 사회적으로 완전히 안정된 상태'라고 정의하고 있다.

건강한 생활을 위한 영양정책으로 WHO에서 서태평양 지역 식품 중심의 식생활 지침을 발표하였는데 그 내용은 다음과 같다.

서태평양 지역 식품 중심의 식생활지침

1. 다양한 저지방 음식을 활용한다.
   적어도 1주일에 20가지 다른 식품을 섭취하며, 식품의 다양성을 높이는 쉬운 방법은 다른 나라의 건강한 음식을 섭취하는 것이다. 예) 아시아의 두부, 지중해의 토마토/콩 요리
2. 고기와 견과류 대신 야채와 콩 중심의 건강한 전통 요리를 강조한다.
   영양 많고 고에너지인 요리를 적게 먹고, 저에너지 음식은 많이 먹는다. 예) 생선, 마늘, 양파, 십자화과 및 잎채소, 토마토, 콩류, 신 과일, 포도, 베리, 올리브, 허브, 차
3. 소금에 오래 절이고 보관하거나, 반죽되어 튀기는 전통요리를 제한한다.
4. 견과류, 열매, 콩류, 올리브, 생선, 살코기와 같이 가공되지 않은 지방 소비
5. 요리에서 혹은 빵에 기름을 바르는 것을 제한한다.
   감춰진 동물성 지방 (지방성 고기, 전지 유제품, 일부 패스트푸드 및 가공 식품)을 함유했거나, 경화 식물성 지방 (일부 패스트푸드 및 가공 식품, 판매하는 케이크/비스켓)을 함유한 식품의 사용을 최소화한다.
6. 음식, 야채, 샐러드를 요리할 때 액체 지방(예: 기름, 코코넛 제품들) 첨가를 제한한다.
   요리에 첨가되거나 식탁에 있는 액체 식물성 지방은 향을 풍부하게 하는 데 사용되어 다양한 저에너지 식품들(특히 식물성 음식, 생선)의 소비를 권장하는 데 사용한다면 유용하다.
7. 사람들과 함께 어울려 음식과 식사를 즐긴다
   그러나 지방과 설탕이 많은 고열량 음식들의 섭취는 피하라.
8. 액체 식물성 지방을 동물성 지방이나 경화식품성 지방을 포함하는 동물성 음식의 대안으로 삼는다.
   액체 식물성 지방을 최소화 혹은 에너지가 적은 식물성 식품과 혼합하는 음식 장려
9. 음식 문화와 건강 관련 지식 및 관련 기술들(식품 생산, 선택, 준비 및 저장)을 가능한 한 많이 자식들이나 손자들 그리고 폭넓은 지역사회로 전파한다.
   지식이 확실히 전파되도록 하고 모든 초 · 중등 학생들에게 요리 기술을 가르친다.

Development of food-based dietary guidelines of the western pacific region(WHO ,1999)

2. 국제연합 식량농업기구
(Food and Agriculture Organization, http://www.fao.org)

FAO는 국제연합 산하에 있으며 영양기준 및 생활향상, 식량과 농산물의 생산 및 분배능률 증진, 개발도상국 농민의 생활상태 개선과 이를 통한 세계 경제발전에 기여하는 것을 목적으로 한다. 한국은 1949년에 가입하였고, 1962년에 FAO 한국협회에서 한국인 영양권장량 제정의 업무를 담당하였고, 우리나라 응용영양사업에도 영향을 주었다.

3. 국제연합 아동기금
(United Nations Children's Fund, http://www. unicef.org)

국제연합 산하 기구로 전쟁 피해아동의 구호 및 저개발국 아동의 복지 향상을 목적으로 1946년에 설립되었다. 아동의 긴급구호 및 보건, 영양개선, 교육 및 직업훈련, 가정과 복지문제, 모유수유권장 등의 일을 하고 있다.

CHAPTER 13

Nutrition Education and Consultation

식품과 영양교육

Section 1 영양표시제

1. 영양표시제

최근 경제성장과 사회환경의 변화, 식품가공기술의 눈부신 발달로 가공식품의 생산과 소비가 급증하고 있다. 매일 새롭게 생산되는 수많은 제품 속에서 소비자들은 자신에게 적합한 제품을 선택하기 위해서, 생산자는 자사 제품을 소비자에게 알리기 위해서 제품의 중요한 특성을 포장에 나타내는 것이 중요하므로, 표시의 중요성이 점차 커지고 있다.

영양표시는 제품이 가진 영양적 특성을 소비자에게 알려 소비자가 자신과 가족의 건강에 적합한 제품을 선택할 수 있도록 도우며, 다른 한편으로는 소비자에게 유용한 영양정보를 제공하는 훌륭한 영양교육 자료가 될 수 있다.

식품의 포장에는 우리가 흔히 알고 있는 유통기한이나 원재료 함량 등에 관한 정보 이외에도 중요한 정보가 많다. 식품의 포장에 있는 정보들을 잘 살피면 우리 건강에 좋은 제품을 선택하는 데 크게 도움이 된다.

영양표시는 식품에 어떤 영양소가 얼마나 들어있는지를 식품포장에 표시하는 것을 말한다.

식품의약품안전처 산하 영양표시정보(http://www.kfda.go.kr/nutrition)에서 식품영양표시에 대한 정보를 자세히 알 수 있다.

영양표시 내용을 잘 살펴보면 제품이 가진 영양소의 정보를 알 수 있다.

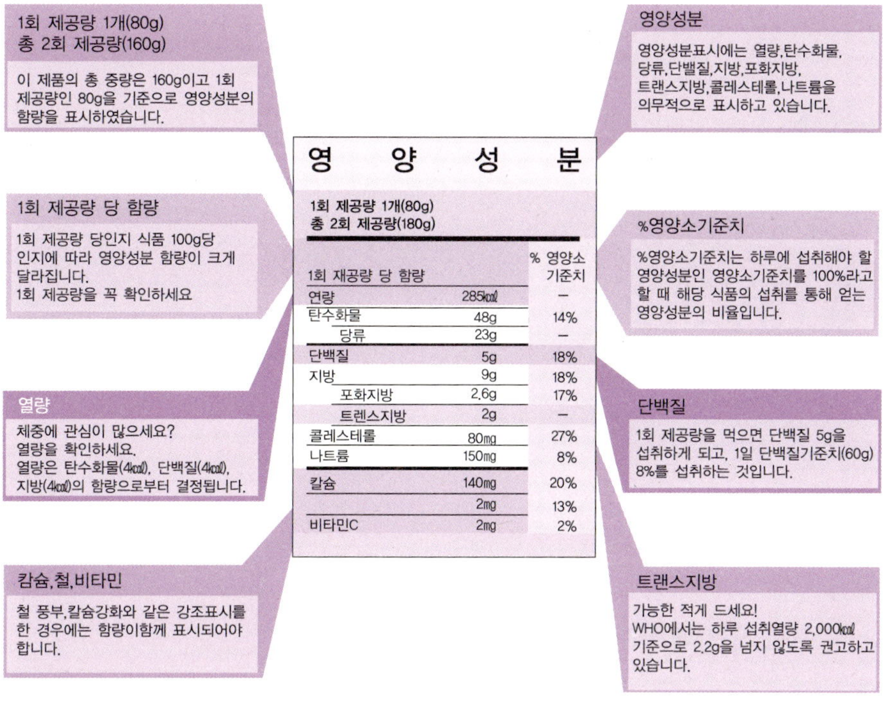

그림 13-1 영양표시의 예

영양표시에는 식품의 1회 제공량 당 들어있는 영양소의 함량과 % 영양소기준치가 제시되어 있다. 9가지 의무표시 영양소인 열량, 탄수화물, 당류, 단백질, 지방, 포화지방, 트랜스지방, 콜레스테롤, 나트륨의 함량이 있으며, 그 밖의 다른 영양소에 대한 함량이 표시된 경우도 있다.

% 영양소기준치란 하루에 섭취해야 할 영양성분인 영양소기준치를 100%라고 할 때 해당 식품의 섭취를 통해 얻는 영양성분의 비율이다.

제품의 포장에는 '무지방', '저칼로리', '비타민 C 첨가', '칼슘강화' 등과 같이 일일이 영양표시된 수치를 읽지 않고도 제품의 영양적 특성을 금방 알 수 있도록 표시한 것도 있다. 이러한 표현도 영양표시의 한 방법으로 영양강조표시라고 한다.

이러한 표현을 사용하기 위해서는 기본적으로 영양성분표시를 하고, 추가적으로 표시할 수 있다. 즉 제품에 함유된 영양소의 양이 일정기준보다 많거나 적으면 일정한 기준에 따라 '저', '무', '고(또는 풍부)', '함유(또는 급원)' 등의 표시를 사용할 수 있다.

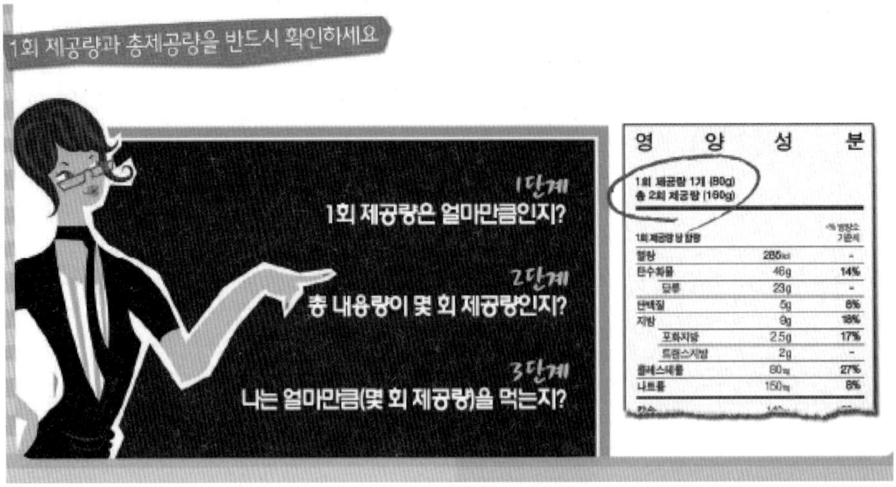

그림 13-2 영양표시의 확인 방법

2. 신호등 영양표시제

일반적인 영양성분표시는 영양성분의 함량과 1일 영양소기준치에 대한 비율을 숫자로 단순 나열하여 어린이가 이해하기는 어렵다. 이에 보건복지부는 어린이가 영양정보를 쉽게 이해하고 선택할 수 있도록 어린이 기호식품 중 가공식품에 대해 어린이 기호식품 신호등 표시제를 도입하였다.

어린이 기호식품 중 신호등 표시제 대상 식품은 다음 표 13-1과 같다.

표 13-1 신호등 표시대상

가. 간식용
1) 과자류 중 과자, 캔디류, 빙과류
2) 빵류
3) 초콜릿류
4) 유가공품 중 가공유류, 발효유류, 아이스크림류(원유함유가 82.5% 이상인 유가공품은 제외)
5) 어육가공품 중 어육소시지
6) 음료류 중 과 · 채주스, 과 · 채음료, 탄산음료, 유산균음료, 혼합음료

나. 식사대용
1) 면류(용기면만 해당한다) 중 유탕면류 및 국수
2) 즉석섭취식품 중 김밥, 햄버거, 샌드위치

표 13-2 신호등 표시 색의 기준

구분		지방	포화지방	당류	나트륨
간식용	녹색	3g 미만	1.5g 미만	3g 미만	120mg 미만
	황색	3g 이상, 9g 이하	1.5g 이상, 4g 이하	3g 이상, 17g 이하	120mg 이상, 300mg 이하
	적색	9g 초과	4g 초과	17g 초과	300mg 초과
식사 대용	녹색	3g 미만	1.5g 미만	3g 미만	120mg 미만
	황색	3g 이상, 12g 이하	1.5g 이상, 4g 이하	3g 이상, 17g 이하	120mg 이상, 600mg 이하
	적색	12g 초과	4g 초과	17g 초과	600mg 초과

Section 2 건강보조식품

건강기능식품이란 인체에 유용한 기능성을 가진 원료나 성분을 사용하여 제조한 식품을 말한다. 정부는 건강기능식품에 관한 법률로 건강기능식품의 안전성 확보 및 품질향상과 건전한 유통 · 판매를 도모함으로써 국민의 건강증진과 소비자보호에 노력하고 있다.

표 13-3 우리나라 건강기능식품 판매실적

식품의약품안전처

품목(2005)	판매액(억)	점유율	품목(2006)	판매액(억)	점유율
홍삼제품	1,799	27.96	홍삼제품	2,360	35.56
알로에제품	969	15.07	알로에제품	1,030	15.51
영양보충용 제품	942	14.63	영양보충용 제품	852	12.83
글루코사민 함유제품	642	9.97	글루코사민 함유제품	366	5.52
클로렐라제품	515	8.00	클로렐라제품	297	4.47
효모제품	196	3.05	감마리놀렌산 함유제품	289	4.36
인삼제품	172	2.38	효모제품	184	2.77
감마리놀렌산 함유제품	153	2.38	인삼제품	182	2.74
EPA/DHA 함유제품	152	2.37	EPA/DHA 함유제품	151	2.28
프로폴리스 추출물제품	128	1.99	유산균 함유제품	124	1.86
	5,668	88.11		5,835	87.91

표 13-4 건강기능식품의 분류

1. 영양소		1.1 비타민 및 무기질(또는 미네랄) (1.1.비타민A-(중략)-1.25.크롬) 1.2 식이섬유 1.3 단백질 1.4 필수 지방산
2. 기능성 원료	2.1 터핀류	2.1.1 인삼 2.1.2 홍삼 2.1.3 엽록소 함유식물 2.1.4 스피루리나/클로렐라
	2.2 페놀류	2.2.1 녹차추출물 2.2.2 알로에 전잎 2.2.3 프로폴리스 추출물
	2.3 지방산 및 지질류	2.3.1 오메가-3 지방산 함유 유지 2.3.2 감마리놀렌산 함유 유지 2.3.3 레시틴 2.3.4 스쿠알렌 2.3.5 식물스테롤/식물스테롤에스테르 2.3.6 알콕시글리세롤 함유 상어간유 2.3.7 옥타코사놀 함유 유지 2.3.8 매실추출물
	2.4 당 및 탄수화물류	2.4.1 글루코사민 2.4.2 N-아세틸글루코사민 2.4.3 뮤코다당 · 단백 2.4.4 식이섬유 (1.구아검/구아검가수분해물-(중략)-.14.호로파종자) 2.4.5. 알로에 겔 2.4.6 영지버섯 자실체 추출물 2.4.7 키토산/키토올리고당 2.4.8 프락토올리고당
	2.5 발효미생물류	2.5.1 프로바이오틱스 2.5.2 홍국
	2.6 아미노산 및 단백질류	2.6.1 대두단백
	2.7 일반원료	2.7.1 로얄젤리 2.7.2 버섯 2.7.3 식물추출물발효 2.7.4 자라 2.7.5 효모 2.7.6 효소 2.7.7 화분

건강기능식품의 용기 · 포장에는 다음 각호의 사항을 표시하여야 한다.

① 건강기능식품이라는 문자 또는 건강기능식품임을 나타내는 도형
② 기능성분 또는 영양소 및 그 영양권장량에 대한 비율(영양권장량이 설정된 것에 한한다)
③ 섭취량 및 섭취방법, 섭취 시 주의사항
④ 유통기한 및 보관방법
⑤ 질병의 예방 및 치료를 위한 의약품이 아니라는 내용의 표시

최근 건강기능식품의 분류는 식품공전, 식품첨가물공전 및 국제규격과 조화를 이루고 기준 · 규격의 합리적 개선 및 안전성 · 기능성을 확보하고자 '제품' 중심에서 '원료' 중심으로 바뀌었다.

식품의약품안전처는 건강기능식품 GMP 지정제도를 실시하고 있다. GMP 지정제도란 우수 건강기능식품 제조 및 품질관리 기준을 말한다. GMP는 Good Manufacturing Practice의 약자로 우수 건강기능식품 제조 기준으로 나타낸다.

소비자에게 신뢰받는 안전하고 우수한 품질의 건강기능식품을 제조하도록 하기 위한 기준으로서 작업장의 구조, 설비를 비롯하여 원료의 구입으로부터 생산 · 포장 · 출하에 이르기까지의 전 공정에 걸쳐 생산과 품질의 관리에 관한 체계적인 기준으로 식품의약품안전처장이 GMP 적용업소를 지정하고 있다.

Section 3 식품위생관리

소비자들은 식품특성에 따라 적합한 인증표시를 확인하고 구입하는 경우 더 좋은 제품을 선택할 수 있다. 식품의약품안전처는 소비자가 신뢰할 수 있는 인증제도의 마크만 식품에 표시할 수 있도록 식품위생법이 시행되는 것에 발맞춰 식품과 관련된 정부의 인증 마크를 쉽게 이해할 수 있도록 주요 인증제도와 내용을 소개하였다.

앞으로 식품에 민간협회나 학회 인증 또는 추천 등의 표시가 금지되고 국가가 인증한 마크만 표시됨에 따라 식품을 선택할 때 이들 인증마크를 꼼꼼히 살펴봐야 한다.

1. 위해요소중점관리기준(HACCP: Hazard Analysis Critical Control Point)

식품위생법 제48조에 근거하며 식품의 원료관리 및 제조 · 가공 · 조리 · 유통의 모든 과정에서 위해한 물질이 식품에 섞이거나 식품이 오염되는 것을 방지하기 위하여 각 과정의 위해요소를 확인 · 평가하여 중점적으로 관리하는 기준을 식품별로 정한다. 식품의 원재료부터 소비자가 섭취하기까지 발생할 우려가 있는 위해요소를 규명하고 이를 체계적, 효율적으로 관리하는 과학적 위생관리체계를 말한다.

HACCP 인증을 받기 위해서는 안전한 식품을 제조하기 위한 시설기준 등을 충족해야 하고 HACCP 관리계획을 수립하여 대장균, 중금속 등 인체 건강을 해할 우려가 있는 요소들을 사전에 예방할 수 있는 시스템을 갖추어야 하므로 HACCP 제품은 안전 · 위생이 철저하게 관리되는 제품으로 볼 수 있다.

(1) 대상식품

식품위생법 시행규칙 제62조 (위해요소중점관리기준 대상 식품)

1. 7개 의무 적용식품 : 어육가공품 중 어묵류, 냉동수산식품 중 어류 · 연체류 · 조미가공품, 냉동식품 중 피자류 · 만두류 · 면류, 빙과류, 비가열음료, 레토르트식품, 김치류 중 배추김치
2. 영업자가 자율적으로 적용하기 원하는 모든 식품

(2) 유효기간 : 1년

(3) 인증마크

2. 어린이 기호식품 품질인증

어린이 식생활안전관리 특별법 제14조에 근거하여 안전하고 영양을 고루 갖춘 어린이 기호식품의 제조 · 가공 · 유통 · 판매를 권장하기 위하여 식품의약품안전처장이 고시한 품질인증기준에 적합한 어린이 기호식품에 대하여 품질인증을 실시한다.

이 인증을 받기 위해서는 우선 HACCP 인증을 받아야하고 제품에 자연적으로 유래하는 비타민 · 무기질 함량이 높아야 하며 포화지방, 나트륨 등 어린이 건강 우려 성분의 함량은 낮아야 한다. 또 합성보존료, L-글루타민산나트륨, 타르색소 등을 사용하지 않아야 한다.

(1) 대상식품

[어린이 기호식품]

① 과자류 중 과자(한과류는 제외한다)/캔디류/빙과류, 빵류, 초콜릿류, 유가공품 중 가공유류/발효유류(발효버터유 및 발효유분말은 제외한다)/아이스크림류, 어육가공품 중 어육소시지, 음료류 중 과 · 채음료/탄산음료/유산균음료/혼합음료

② 면류(용기면만 해당한다) 중 유탕면류/국수, 즉석섭취식품 중 김밥/햄버거/샌드위치

(2) 인증마크

3. 친환경농산물 인증

친환경농업육성법에 근거하여 농림수산식품부, 국립농산물품질관리원은 친환경농업의 육성과 소비자보호를 위하여 농산물이 친환경농산물임을 인증하고 있다.

(1) 친환경농축산물 인증제도

① 친환경 농축산물 인증제도란 : 소비자에게 보다 안전한 친환경농축산물을 전문인증기관이 엄격한 기준으로 선별.검사하여 정부가 그 안전성을 인증해주는 제도이다.

② 친환경농축산물 : 환경을 보전하고 소비자에게 보다 안전한 농축산물을 공급하기 위해 유기합성 농약과 화학비료 및 사료첨가제등 화학자재를 전혀 사용하지 아니하거나, 최소량 만을 사용하여 생산한 농축산물을 말한다.

③ 친환경농축산물 관리 토양과 물은 물론, 생육과 수확 등 생산 및 출하단계에서 인증기준을 준수 했는지의 엄격한 품질 검사와 시중 유통품에 대해서도 허위표시를 하거나 규정을 지키지 않는 인증품이 없도록 철저한 사후관리를 하고 있다.

④ 친환경농축산물의 종류 및 기준
친환경농산물 인증 종류(2종류) : 유기농산물, 무농약농산물
친환경축산물 인증 종류(2종류) : 유기축산물, 무항생제축산물

표 13-5 친환경농축산물의 종류 및 기준

종류	기준
유기농산물 유기축산물	1. 유기농산물 : 유기합성농약과 화학비료를 일체 사용하지 않고 재배(전환기간 : 다년생 작물은 최소 수확 전 3년, 그 외 작물은 파종 재식 전 2년) 2. 유기축산물 : 유기농산물의 재배 · 생산 기준에 맞게 생산된 [유기사료] 를 급여하면서 인증기준을 지켜 생산한 축산물
무농약농산물 무항생제축산물	1. 무농약농산물 : 유기합성농약을 일체 사용하지 않고, 화학비료는 권장시비량의 ⅓이내 사용 2. 무항생제축산물 : 항생제, 합성항균제, 호르몬제가 첨가되지않은 [일반사료]를 급여하면서 인증 기준을 지켜 생산한 축산물

(2) 친환경 인증표시

새로운 친환경 인증로고는 국가가 인증한 품질 좋고 안전한 농식품임을 알 수 있도록 국새 모양의 초록색 사각표지로 소비자가 이해하기 쉽도록 단순화 하였다.

친환경 인증 종류별 표시방법

천연 · 무공해 · 저공해 등 소비자에게 혼동을 초래할 수 있는 표시를 하지 않는다. 또한, 토양이 아닌 시설 또는 배지에서 작물을 재배하되 생육에 필요한 양분을 외부에서 공급하거나 외부에서 공급하지 않고 자연용수에 용존한 물질에 의존하여 재배한 농산물은 양액재배농산물 또는 수경재배농산물로 별도 표시 한다.

① 유기

-유기농산물, 유기축산물, 유기재배 농산물 또는 유기농

-유기재배 ○○(○○은 농산물의 일반적인 명칭으로 한다), 유기축산 ○○, 유기○○

② 무농약

-무농약, 무농약농산물 또는 무농약○○

-무농약재배 농산물 또는 무농약재배○○

③ 무항생제

-무항생제, 무항생제축산물, 무항생제○○ 또는 무항생제 사육 ○○

④ 유기가공식품

-유기가공식품, 유기농 또는 유기식품

-유기농○○ 또는 유기○○

참고문헌

강금지 · 노성윤 · 류혜숙 · 이혜숙 · 최성숙, "쉽게 배우는 영양판정", 수학사, 2008.

강인희, "韓國食生活史", 삼영사, 2000.

건강매점 http://www.healthytuckshop.or.kr/

교육과학기술부, 유치원지도서 6. 건강과 안전

교육과학기술부, 제7차 초등교육과정

구재옥 외, "영양교육의 이론과 실제", 파워북, 2010.

권영창 · 가영희 · 성낙돈 · 조양자, "효과적인 교수-학습을 위한 교육방법론", 형설출판사, 2008.

김은경 · 박태선 · 박영심 · 장미라 · 이기완, "한국 신문에 게재된 식생활 전반에 관한 기사 내용의 영양과학적 분석 : 1960년 1월부터 1996년 6월까지", 제 2보: 특수영양, 건강 및 질병에 관한 영양정보의 분석 평가, 한국식생활문화학회지 11(4): 527~538, 1996.

김지은 · 박동연, "계획적 행동이론에 의한 초임 여성의 모유수유 실천의도 예측에 관한 연구", 대한지역사회영양학회지, 6(3), 331-339, 2001.

김청자 · 정진선, "상담의 이론과 실제", 동문서, 2005.

김청자 · 정진선, "아동상담심리", 태영출판사, 2006.

김현오 · 이용순 · 이현옥 · 문숙희 · 이현주 · 김애정, "영양교육 및 실습", 광문각, 2007.

김형태, "21세기를 위한 상담의 이론과 실제", 동문사, 2005.

김화영 · 강명희 · 조미숙, "영양상태판정", 신광출판사, 2006.

노안영, "상담심리학의 이론과 실제", 학지사, 2006.

노안영 · 송현종, "상담실습자를 위한 상담의 원리와 기술", 학지사, 2006.

대한영양사협회, http://www.dietitian.or.kr/

대한영양사협회 영양사 직무분석 http://www.dietitian.or.kr

류호경, "영양교육에 적용되는 이론과 실제에 관한 고찰", 밀양대학교 산업과학기술 5집, 1998.

마츠모토 치아키, "건강행동이론의 입문", 야스미디어, 2007.

모수미 · 구재옥 · 박양자 · 박영숙 · 손숙미 · 서정숙, "지역사회영양학", 교문사, 2010.

문수재 · 이명희 · 이영미 · 조성숙 · 이민준 · 이송미, "영양교육", 효일문화사, 1994.

박동연, "영양교육에 적용되는 이론과 모형", 지역사회영양학회지, 2(1), 97-104, 1997.

박성익 · 임철일 · 이재경 · 최정임, "교육방법의 교육공학적 이해", 교육과학사, 2007.

박영숙 · 이정원 · 서정숙 · 이보경 · 이혜상, "영양교육과 상담", 교문사, 2010.

박태수 · 고기홍, "개인상담의 실제", 학지사, 2007.

보건복지부, 2011년도 영양플러스사업 안내서

보건복지부, 국민건강증진종합계획(Health Plan 2010)

보건복지부 홈페이지 http://www.mohw.go.kr

손숙미 · 허귀엽 · 이홍섭, "나트륨 섭취량 추정을 위한 음식섭취빈도조사지와 Na Index를 이용한 간이음식섭취빈도조사지의 개발 및 타당성 검증에 관한 연구", 대한지역사회영양학회지, 10(5), 677~692, 2005.

서울특별시 강남구 보건소 어린이 영양마을 http://healthpia.gangnam.go.kr/

식품나라 http://www.foodnara.go.kr

식품의약품안전처 http://mfds.go.kr

오세영 · 조미란 · 김진옥, "성인 여성을 대상으로 한 지방섭취제한행동 변화단계에 따른 사회심리적 요인 분석", 대한지역사회영아학회지, 5(4), 615-623, 2000.

유경혜, "웹 사이트 영양정보의 메타데이터 분석 및 내용 평가", 충남대학교 대학원, 2005.

유태균 · 유혜라 옮김, "건강행동과 건강교육", 군자출판사, 2009.

윤현숙 · 양한라 · 허은실, "영양교육이 초등학교 학생의 영양지식 및 식품섭취의 다양성에 미치는 효과", 지역사회영양학회지, 5(3), 513~521, 2000.

이경애 외 7인, "나(Na)를 위한 나트륨 이야기 교재", 식품의약품안전청, 2007.

이경애 외 7인, "나(Na)를 위한 나트륨 이야기 지침서", 식품의약품안전청, 2007.

이경애, "활동주의에 근거한 초등학교 활동중심 영양교육 방안", 한국영양학회, 2003.

이영남 · 정은자 · 박란숙 · 허채옥 · 김현오 · 백희준 · 노성윤, "영양교육 및 상담", 수학사.

이정원 외 4인, "영양판정", 교문사, 2007.

장남수 · 강명희 · 정혜경, "지역사회영양학", 광문각, 2008.

전세열 · 강지용 · 김정균 · 김영현 · 신동주 · 서은숙, "영양교육과 상담", 지구문화사, 2010.

정명화 · 김신곤 · 권기 · 김준규 · 신경숙, "예비교사를 위한 교육방법의 이론과 실제", 학지사, 2005.

천성문 · 박명숙 · 박순득 · 박원모 · 이영순 · 전은주 · 정보희, "상담심리학의 이론과 실제", 학지사, 2010.

최연실, "상담면접의 원리와 기법", 영양상담의 이론 및 실무개발을 위한 workshop, 1998.

최영선, "국내외 영양관련 Web Page 자료 비교 및 영양정보화의 방향", 한국영양학회 추계학술대회, 15~19, 1999.

한국영양학회 2010년 한국인 영양섭취기준 개정판

한국지질 · 동맥경화학회, "이상지질혈증 치료지침(2판 수정보완판)", 2009.

한국표준직업분류-노동통계정보시스템 http://laborstat.molab.go.kr/

허은실 외 10인, "재량활동 인정도서 교사용 지도서 -싱글벙글 신나는 식생활", 경상남도 교육청, 2009.

허은실 외 10인, "초등학교 저학년 식생활 교재 -싱글벙글 신나는 식생활", 경상남도 교육청, 2009.

환경부 홈페이지 http://www.me.go.kr

2008년 국민건강통계-국민건강영양조사 제 4기 2차년도, 질병관리본부, 2009.

"2004년도 식품영양정보 언론모니터링 사업 종합보고서", 대한영양사협회, 2005.

"2010 소비자행태조사 보고서", 한국방송광고공사, 2010.

Carol Byrd-Bredbenner, "American Television : A source of nutrition education and information", J Community Nutrition, 5(4): 230~238, 2003.

Contento "The dffectiveness of nutrition education and implication for nutrition education policy, programs, and research : a review of research", J Nutr Educ., 27, 298~311, 1995.

Gerald Corey · Marianne Schneider Corey · Patrick Callanan, "상담 및 심리치료 윤리", 시그마프레스, 2008.

Guthrie C.A · Rapoport L. · Wardle J, "Young children's food preferences : a comparison of three modalities of food stimuli", Appetite, 35(1), 73-77, 2000.

http://series.lifestyler.co.kr/superkids

IR, Contento, "Nutrition education, linking research, theory, and practice", Jones and Bartlett Publishers, 2009.

Kimiyo Katsura · Yukiko Shmadzu · Teruko Ito, "Dietary for Health Promotion – The test by use of the food picture cards", Abstract book of the 2nd asian congress of Dietetics, 1998.

Lee KA, "Activity-based nutrition education for elementary school students", Kor j lyutr 36(4), 405-417, 2003.

Linda GS, "Nutrition counseling skills", Aspen publication, 1989.

Robert D.L., "Nutritional Assessment", Brown & Benchmark, 1993.

Yaroch A.L. · Resnicow K. · Davis M · Davis A · Smith M · Knan L.K., "Development of a modified picture-sort food frequency questionnaire administered to low-income, overweight, African-American adolescent girls", Journal of American Dietetic Association 100(9), 1050-1056, 2000.

INDEX Nutrition Education and Consultation

찾아보기

NEW 영양교육 & 상담 개정판

2011년 9월 1일 초판 발행
2017년 3월 15일 수정판 발행

저 자 김영현 · 유경혜 · 이병순
최향숙 · 한성희 · 허은실

발행인 주 병 오

발행처 지구문화사
JIGU PUBLISHING Co.
경기도 파주시 회동길 209
파주출판문화정보산업단지
영업부 (031) 955-7566 · 7577
편집부 (031) 955-7731
FAX (031) 955-7730

등록번호 1979년 7월 13일 제 9-57 호

ISBN 978-89-7006-558-8 정가 18,000 원